四川盆地古生界—上元古界
天然气成藏条件及勘探技术

王一刚　陈盛吉　徐世琦　主编

石油工业出版社

内 容 提 要

本书是在"九五"国家重点攻关项目研究成果及作者多年来研究工作积累的基础上编写而成的。书中较为详细地论述了四川盆地二叠系生物礁、石炭系和震旦—寒武系气藏的形成条件及所应用的先进技术方法和手段。建立了川东上二叠统碳酸盐缓坡沉积相模式，发现并确定了礁发育的有利地区，指出了碳酸盐海槽的有利分布范围；成功地应用新开发的 CDT 储层预测技术，实现了对石炭系储层的半定量预测。

本书可供从事天然气地质学的生产和科研人员使用，也可作为相关院校师生的参考书。

图书在版编目（CIP）数据

四川盆地古生界—上元古界天然气成藏条件及勘探技术／王一刚等主编．—北京：石油工业出版社，2001.8
ISBN 7-5021-3433-6

Ⅰ．四…

Ⅱ．王…

Ⅲ．①气藏－形成－四川盆地－古生代
②天然气－油气勘探－四川盆地

Ⅳ．P618.130.21

中国版本图书馆 CIP 数据核字（2001）第 042643 号

石油工业出版社出版
（100011 北京安定门外安华里二区一号楼）
石油工业出版社印刷厂排版印刷
新华书店北京发行所发行
*
787×1092 毫米 16 开本 14 印张 4 插页 355 千字 印 1—1200
2001 年 8 月北京第 1 版 2001 年 8 月北京第 1 次印刷
ISBN 7-5021-3433-6/TE·2554
定价：30.00 元

前　言

　　四川是我国也是全世界最早利用天然气的地方，其地下蕴藏着丰富的天然气资源。半个世纪以来，经过几代石油人的努力，在四川盆地震旦系到侏罗系共发现具有工业价值的油气储产层 21 层，油气藏数百个。到 2000 年以前，在盆地内所发现的天然气储量为 $9095.63 \times 10^8 m^3$，天然气产量也一直居全国第一，其中古生界—上元古界储层产出的天然气占年产量的 90% 以上。川、渝天然气工业的发展对促进四川省、重庆市及周边地区的经济发展起到了重要的推动作用。进入新世纪后，伴随着西气东输工程的启动，四川盆地丰富的天然气资源必将对我国经济的持续发展做出巨大的贡献。

　　四川盆地古生界—上元古界油气勘探开发始于 20 世纪 60 年代初期。1964 年 5 月在四川西南部的威远构造上首次发现了震旦系气藏。这次重大发现不但证实了我国最古老的地层中有工业气流存在，更重要的是开拓了下古生界乃至上元古界找油找气的新领域。1977 年在川东相国寺构造钻获石炭系气藏，从此开辟了四川盆地天然气勘探的新局面。随后以石炭系为主要对象开展勘探开发历时 22 年，取得了丰富的成果。1984 年在川东石宝寨构造上发现上二叠统生物礁气藏，由此揭开了寻找川渝生物礁气藏的序幕。"九五"期间，为了开拓新的勘探领域，保持四川盆地天然气勘探储量稳定增长，在"八五"科技攻关研究的基础上，应用含油气系统新理论，对四川盆地古生界—上元古界的天然气成藏条件和勘探技术等进行了科技攻关，在天然气成藏理论和勘探技术等方面取得了新的认识与进展。通过"川东上二叠统生物礁气藏形成条件及勘探目标评价研究"，在川东生物礁地质分布规律研究方面取得了重大突破，首次圈出川东上二叠统开江—梁平碳酸盐海槽的分布范围，指出沿海槽展布的陆棚边缘相是生物礁发育的有利区，建立了川东乐平统长兴组—雷口坡组（!）含油气系统生物礁气藏成藏模式，总结出生物礁气藏"近源、早成、罐装"的成因特征。为川东生物礁气藏的勘探指明了方向。围绕"川东石炭系深化勘探及新领域研究"，应用断层相关褶皱理论对川东的构造演化特征及构造动力学环境进行了分析，提出川东的构造动力学环境经历了早期拉张、中期过渡、晚期挤压的过程，与其对应地存在着早期伸展构造、中期反转构造、晚期挤压构造。在此基础上建立了 5 种构造演化地质模式。并应用含油气系统新理论，将石炭系成藏系统划分为 5 类，建立了 3 种石炭系天然气成藏模式，丰富和完善了石炭系天然气成藏理论。通过"加里东古隆起震旦—寒武系天然气勘探目标评价"研究，应用油藏地球化学新方法研究了烃类演化热蚀变，对油气运移的途径进行追踪与判识，取得了重大进展。运用古岩溶作用理论，建立了两种古岩溶地貌模式，明确提出了在岩溶斜坡上的残丘-洼地地貌是储层发育的最有利地区。提出了两种成藏模式和 3 种成藏类型，丰富了古隆起的成藏理论。对四川盆地下古生界碳酸盐岩气藏的成藏机制和富集规律有了新的认识。

　　在勘探技术方面提出了二叠系生物礁气藏勘探多元信息综合预测方法、地震二维模式识别技术、石炭系 DCI 薄层预测技术和 CDT 储层预测技术，以及震旦系 SEIS - LOG 储层预测技术，在生物礁气藏预测和薄层碳酸盐岩及隐藻白云岩储层预测等领域都展现了广阔的应用前景。评价出了一批大中型气田勘探目标，经济效益和社会效益极为显著。

本书是在上述研究报告的基础上改写而成的。主要撰写者：第一章至第九章由王一刚、刘划一、文应初、张帆、成世琦、罗蓉、任兴国等编写，王一刚修改定稿；第十章至第十三章由路中侃、陈盛吉、李忠权、黄平、沈小忱、魏小薇等编写，陈盛吉修改定稿；第十四章至第十七章由徐世琦、王廷栋、李国辉、包强、熊荣国等编写，徐世琦修改定稿。

在本书编写过程中，石油勘探开发科学研究院、西南油气田分公司及勘探开发研究院的领导、专家给予了指导和帮助，戴金星院士、宋岩教授给予了热情的支持和大力协助。戴金星院士为本书作序。谢姚祥总地质师对书稿提出了宝贵的修改意见，在此深表谢意。

作　者

目 录

第一章 四川盆地古生界气藏地层概况 ········· 1
  第一节 四川盆地东部上二叠统生物地层学 ········· 2
  第二节 石炭系的地层特征 ········· 5
  第三节 震旦、寒武系的地层特征 ········· 5

第二章 四川盆地东部上二叠统沉积相及沉积模式 ········· 8
  第一节 概述 ········· 8
  第二节 川东上二叠统沉积相 ········· 9
  第三节 开江—梁平海槽 ········· 12
  第四节 晚二叠世沉积发展史及沉积模式 ········· 15

第三章 四川盆地东部上二叠统层序地层学研究 ········· 20
  第一节 川东地区上二叠统碳酸盐理想沉积序列 ········· 20
  第二节 川东地区上二叠统单剖面层序分析 ········· 20
  第三节 川东地区上二叠统层序划分与对比 ········· 25
  第四节 川东上二叠统层序地层模式 ········· 29

第四章 四川盆地东部上二叠统生物礁分布规律 ········· 30
  第一节 生物礁类型 ········· 30
  第二节 生物礁岩相 ········· 31
  第三节 生物礁发育的阶段性与旋回性 ········· 35
  第四节 生物礁的形成条件及分布规律 ········· 37

第五章 四川盆地东部上二叠统生物礁气藏特征 ········· 39
  第一节 生物礁气藏类型 ········· 39
  第二节 生物礁气藏圈闭特征 ········· 40
  第三节 生物礁气藏储层特征 ········· 47
  第四节 生物礁气藏储层成岩作用 ········· 50

第六章 四川盆地东部乐平统—长兴组～雷口坡组（！）含油气系统特征 ········· 56
  第一节 生物礁气藏的"近源"特征 ········· 56
  第二节 生物礁气藏的"早成"特征 ········· 64
  第三节 礁气藏的"罐装"特征 ········· 67
  第四节 礁气藏成藏模式 ········· 68

第七章 四川盆地东部上二叠统生物礁气藏勘探方法 ········· 69
  第一节 上二叠统生物礁地震响应 ········· 69
  第二节 生物礁气藏预测失误的地质原因浅析 ········· 72
  第三节 生物礁气藏多元信息综合预测勘探方法 ········· 74

第八章 四川盆地东部上二叠统长兴组生物礁地震资料精细处理解释技术 ········· 78
  第一节 高分辨率及特殊剖面精细处理解释技术 ········· 78

  第二节 突变信息论储层预测生物礁技术 …………………………………… 80
  第三节 Compak 技术预测评价生物礁研究 ……………………………… 81
  第四节 宽带约束反演预测生物礁研究 …………………………………… 83
  第五节 生物礁地震二维模式识别方法研究 ……………………………… 85
第九章 四川盆地东部上二叠统生物礁测井响应特征及预测技术和方法 ……… 88
  第一节 上二叠统长兴组生物礁测井响应特征 …………………………… 88
  第二节 上二叠统生物礁相测井模式识别 ………………………………… 92
  第三节 上二叠统生物礁储层测井解释模型 ……………………………… 96
  第四节 上二叠统生物礁及礁气藏测井地质研究 ………………………… 100
第十章 四川盆地东部区域构造特征及构造动力学环境 ……………………… 103
  第一节 区域构造特征及构造演化 ………………………………………… 103
  第二节 构造动力学环境分析 ……………………………………………… 108
  第三节 构造垂向演化地质模式 …………………………………………… 114
第十一章 石炭系成藏系统和成藏模式 ……………………………………… 118
  第一节 石炭系天然气成藏要素 …………………………………………… 118
  第二节 石炭系天然气成藏系统 …………………………………………… 129
  第三节 石炭系天然气成藏模式 …………………………………………… 143
第十二章 石炭系储层识别与预测技术 ……………………………………… 146
  第一节 地层圈闭识别技术 ………………………………………………… 146
  第二节 岩性圈闭识别技术 ………………………………………………… 155
第十三章 石炭系大中型气田形成条件及评价方法 ………………………… 161
  第一节 大中型气田形成的地质因素 ……………………………………… 161
  第二节 大中型气田评价方法 ……………………………………………… 161
第十四章 加里东古隆起寒武—震旦系的烃源岩特征 ……………………… 163
  第一节 主要烃源岩的地质特征 …………………………………………… 163
  第二节 震旦系气藏的天然气特征 ………………………………………… 163
  第三节 烃源岩的有机质演化特征 ………………………………………… 168
第十五章 加里东古隆起古岩溶型储层特征 ………………………………… 171
  第一节 古岩溶作用特征 …………………………………………………… 171
  第二节 储集空间类型与储集类型 ………………………………………… 175
  第三节 储层有效空间结构特征 …………………………………………… 177
  第四节 储层具有低孔低渗、非均质性强的特征 ………………………… 179
  第五节 影响储层发育的四大主要地质因素 ……………………………… 180
  第六节 地震预测的方法探索 ……………………………………………… 182
第十六章 加里东古隆起圈闭类型特征 ……………………………………… 192
  第一节 圈闭类型 …………………………………………………………… 192
  第二节 圈闭评价条件分析 ………………………………………………… 192
  第三节 圈闭评价 …………………………………………………………… 195
  第四节 主要圈闭评价 ……………………………………………………… 195
第十七章 加里东古隆起天然气的运移聚集特征 …………………………… 200

第一节	早期油气的运移聚集特征	200
第二节	早期油气的成藏特征	201
第三节	晚期油气的运移聚集特征	203
第四节	晚期油气的成藏特征	204
第五节	资阳、威远气藏油气有效运移聚集模式	206
第六节	古隆起天然气成藏的控制因素分析	207

参考文献 ·· 209

图版说明及图版 ·· 213

第一章 四川盆地古生界气藏地层概况

四川盆地位于扬子板块的西北缘，其沉积基底由元古界变质岩系和少量酸—基性岩浆组成，在此之上为厚约12000m的震旦系和第三系（图1-1）的沉积盖层。从震旦系到中三叠统是浅海相沉积，以碳酸盐岩为主，局部夹有海陆过渡相或交互相，厚4000~7000m。中生界三叠系上统须家河组及其以上大多数为陆相沉积。

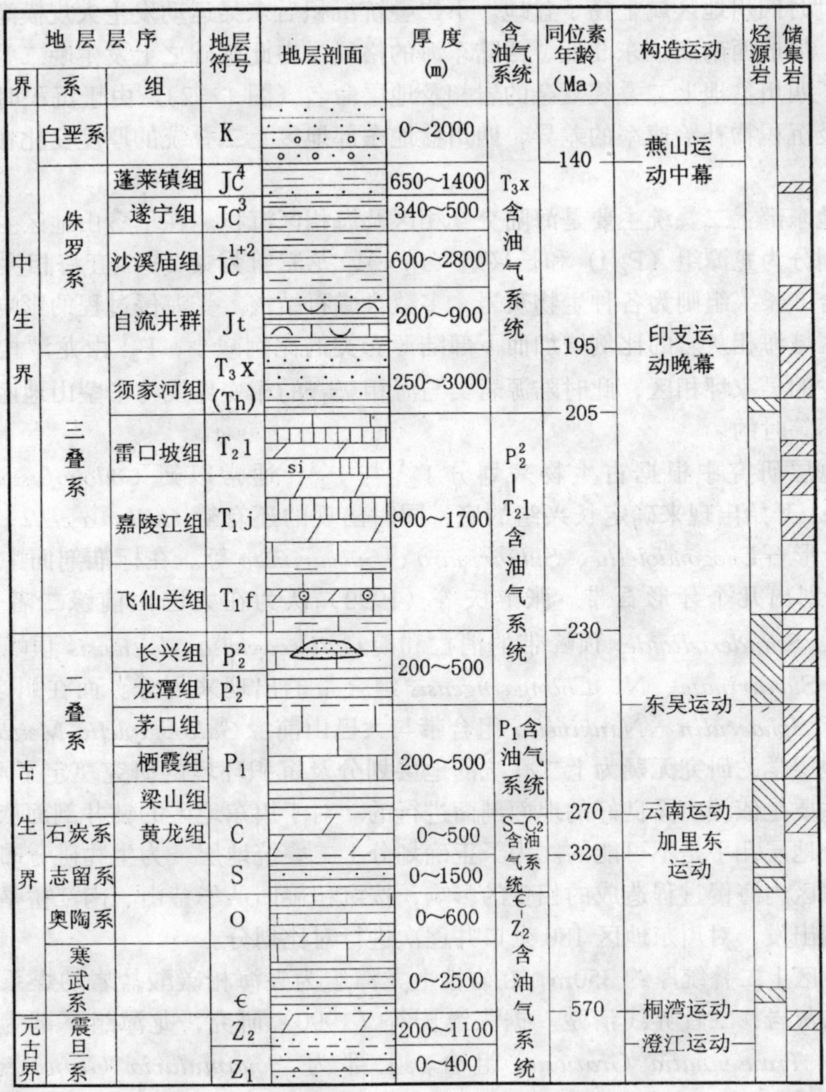

地层层序			地层符号	地层剖面	厚度(m)	含油气系统	同位素年龄(Ma)	构造运动	烃源岩	储集岩
界	系	组								
中生界	白垩系		K		0~2000		140	燕山运动中幕		
	侏罗系	蓬莱镇组	JC^4		650~1400	T_3x含油气系统				
		遂宁组	JC^3		340~500					
		沙溪庙组	JC^{1+2}		600~2800					
		自流井群	Jt		200~900		195	印支运动晚幕		
	三叠系	须家河组	T_3x(Th)		250~3000		205			
		雷口坡组	T_2l			P_2^2—T_2l含油气系统				
		嘉陵江组	T_1j		900~1700					
		飞仙关组	T_1f				230			
古生界	二叠系	长兴组	P_2^2		200~500			东吴运动		
		龙潭组	P_2^1							
		茅口组	P_1		200~500	P_1含油气系统				
		栖霞组								
		梁山组					270	云南运动		
	石炭系	黄龙组	C		0~500	$S-C_2$含油气系统	320	加里东运动		
	志留系		S		0~1500					
	奥陶系		O		0~600	$\in$—Z_2含油气系统				
	寒武系		$\in$		0~2500		570	桐湾运动—澄江运动		
元古界	震旦系		Z_2		200~1100					
			Z_1		0~400					

图1-1 四川盆地地层层序及含油气系统分布

四川盆地地层纵向上层系齐全，具有多层系、多旋回、厚度巨大等特点，形成了多套碳

— 1 —

酸盐岩系的储集层（上震旦统、上石炭统、上、下二叠统、上、下三叠统）及多套致密砂岩储集层（上三叠统、上、中、下侏罗统）。经过四十余年的勘探，截止1999年底，全盆地共探明天然气储量五千多亿立方米。通过"九五"前三年震旦—寒武系、石炭系、上二叠统的攻关研究，提出了一批大中型气田的勘探目标，为四川盆地天然气储量的增长和大中型气田的发现提供了可靠的依据。

第一节 四川盆地东部上二叠统生物地层学

一、上二叠统生物地层学

晚二叠世时四川地区属上扬子盆地。下二叠统沉积后东吴运动发生大规模海退，四川西部上升成陆，形成西南高、东北低、西陆东海的格局。在此基础之上发生晚二叠世海侵沉积过程，造成了四川盆地上二叠统复杂的岩相及地层命名（图1-2）。由于沉积时基底断块升降的影响以及沉积物补给速率的差异，四川盆地东部地区上二叠统的厚度变化在局部范围内也很大。

四川盆地东部上二叠统主要是海陆交互相区及海相区沉积。在华蓥山地区主要根据岩性将上二叠统划分为龙潭组（P_2^1l）和长兴组（P_2^2c），龙潭组为夹2~3套海相生物灰岩的含煤砂泥岩组合，长兴组则为各种生物灰岩，多数含燧石结核。受海侵过程的影响，在华蓥山往东往北的区域海相灰岩的比例增加而下部陆源岩类的比例减小，P_2^1由龙潭相区过渡为以海相灰岩为主的吴家坪相区，此时陆源岩类与海相灰岩的相变界线与华蓥山地区P_2^1l和P_2^2c的分界线是不等时的。

在区域地层研究中根据古生物来划分P_2^1与P_2^2，通常以鏟 Codonofusiella 的消失，Palaeofusulina 开始出现来确定长兴组的底，同时出现的还有鏟 Gallowayiella、菊石 Pseudotiolites 及牙形石 Enogondolella、Subcarinara、Subcarinate 等。在标准剖面中还进一步在P_2^1、P_2^2中各划出几个牙形石带。张继庆等（1990）认为在大巴山前缘二者界线应以鏟 Codonofusiella Schudertelloides 顶峰带的消亡和鏟 Gallowayiella Meitiensis 顶峰带及牙形石 Neogondolella Subcarinate、N. Changxingensis 组合带的出现来划分。而在川东南部丰都、石柱一带，鏟 Sphaerulin - Nankinella 组合带与大巴山前缘 Gallowayiella Meitiensis 顶峰带相当。生物地层学的研究无疑为上二叠统的地层划分及沉积环境的研究奠定了可靠的基础。但这些研究主要是依赖出露良好的地面剖面进行的。对于川东地区的钻井剖面依赖生物地层学研究来划分地层几乎是不可能的。为了正确划分上二叠统地层，为生物礁分布规律研究奠定基础，考虑区内海侵过程造成的相变的影响，按沉积旋回从华蓥山、南江桥亭、石柱冷水溪等地面剖面出发，对川东地区180余口井逐次进行对比划分。

华蓥山地区上二叠统厚约350m，在岩性上龙潭组为夹海相碳酸盐岩的煤系地层，长兴组为海相生物灰岩，二者界线清楚。据张继庆等（1990）研究，龙潭组下部为 Edriosteges Poyangensis - Transennatia Gratiosus 组合，上部为 Squamularia Granddis Tyloplecta Yantzenesis 组合。长兴组下部为含腕足类 Spinomarginifera Chengyenensis Araxathyris Araxensis 组合及 Sphaerulina Nankinella 鏟组合，上部富含 Palaeofusulina Sinensis 等高级鏟及有孔虫 Colaniella 组合，两组地层的生物地层界线清楚。

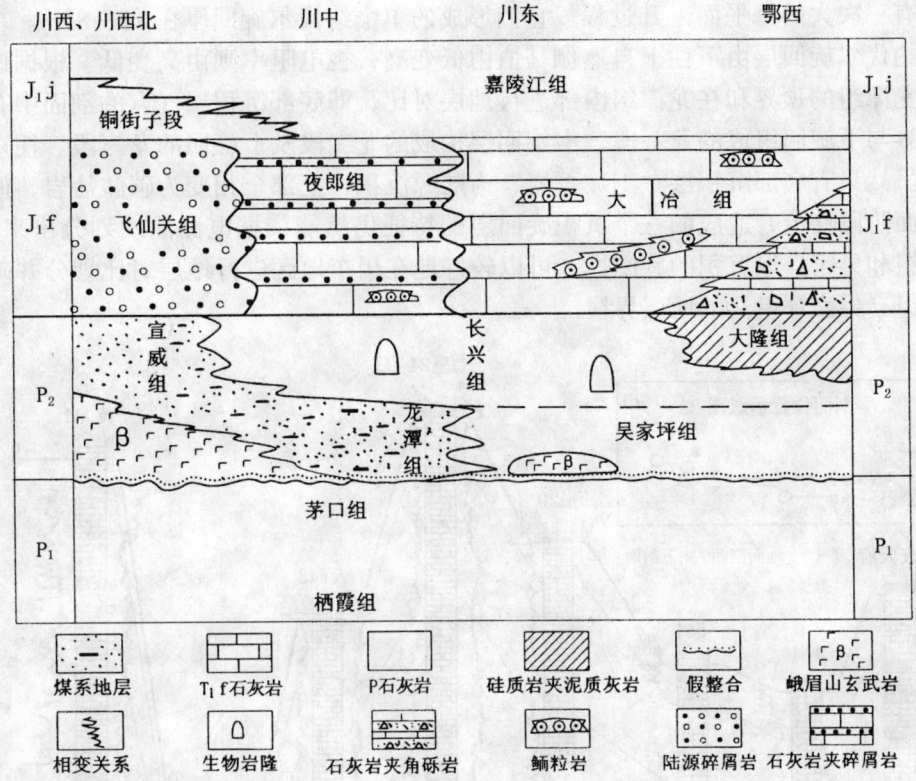

图 1-2 四川盆地上二叠统区域地层关系对比图

二、上二叠统的地层对比

(一) 上二叠统顶、底界划分

1. 底界

由于东吴运动的影响，川东地区上、下二叠统之间以一侵蚀面假整合接触，下伏阳新统因剥蚀作用侵蚀幅差多在 50m 左右。一般情况是阳新统石灰岩与龙潭组或吴家坪组底的粘土岩、凝灰岩/玄武质粉砂岩接触，在岩性及电测曲线上均易于划分。此时阳新顶部石灰岩显高阻、低自然伽马值而龙潭组（吴家坪组）上部为低阻、高自然伽马值。

2. 顶界

川东地区上二叠统长兴组与上覆下三叠统飞仙关组间没有明显的沉积间断，但在生物地层学上却有明显差异。二叠纪的大多数生物种属都未能延续到三叠纪，三叶虫、鏟及大多数腕足、钙藻灭绝，瓣鳃则繁盛起来。在许多地区飞仙关组底部为薄层状钙质泥岩或泥灰岩，它在电测上具有自然伽马值比长兴组高、电阻率比长兴组低的特征，据此很容易确定长兴组的顶界。

(二) 上二叠统地层划分对比

1. 龙潭组和吴家坪组

海侵沉积层序的相变是十分复杂的。海侵过程中海平面阶段性的上升（4 级旋回）形成大的沉积旋回则可以在大范围内进行对比。这种旋回在华蓥山南段龙潭组剖面中表现为含煤陆源碎屑岩与海相碳酸盐岩组合而成的约代尔（Yoredale）旋回层。经对比发现华蓥山地区龙潭组剖面由一个覆于阳新统风化面上的底部沉积层和三个约代尔旋回层组成（图1-3），即龙潭期有三次大的海平面上升过程。它们形成的单个约代尔旋回厚在15~85m。在钻井剖面上这种约代尔旋回层由下往上自然伽马值由低变高，视电阻率则由高变低。根据这种旋回性来划分龙潭组的顶界和在龙潭组内部进行地层对比，即底部沉积层（有的剖面中有玄武岩或辉绿岩）与下旋回组成的龙一段、中旋回层构成的龙二段及上旋回的龙三段。往东到吴家坪相区，虽然只有底部沉积层"王坡页岩"为陆源沉积，上部全相变为碳酸盐岩，但这种区域上海平面阶段性上升造成的三个沉积旋回层的特征仍然能依据电测曲线划分出来。因此，根据龙潭组和吴家坪组沉积的旋回性，可以较好地在川东地区进行地层对比划分并确定长兴组和龙潭组（吴家坪组）的地层界线。

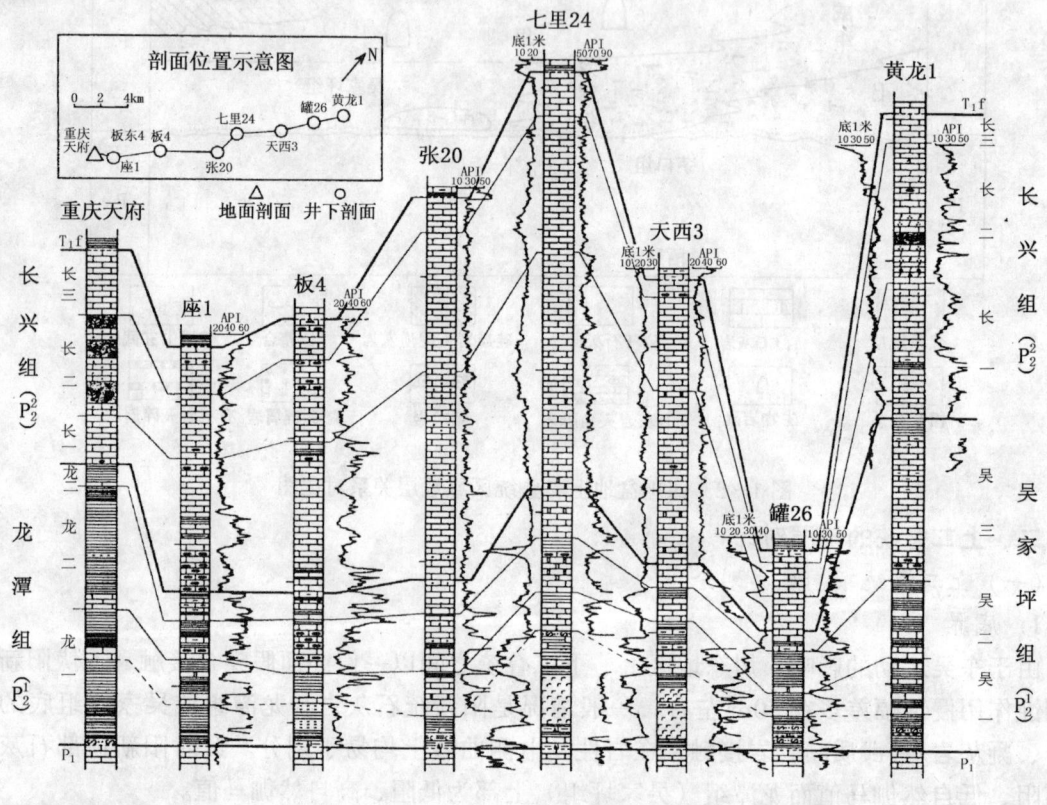

图1-3　四川盆地东部地区上二叠统对比图

2. 长兴组

长兴组是以碳酸盐岩为主的沉积层。在地层对比中缺乏岩性标志层和电性标志层，因此在组内作进一步的对比划分是有相当难度的。在一些非礁相的剖面中，长兴组的三分性比较明显。下部中－薄层状褐灰—深灰色生物泥晶灰岩，含燧石结核，自然伽马值相对较高。中部的石灰岩层厚增加，生物含量增加，色变浅而且燧石含量相对减少，有的剖面局部还有斑状亮晶胶结物出现，自然伽马值表现为相对低值。上部石灰岩又变为暗色薄到中层状生物泥晶灰岩，泥岩夹层及燧石结核或条带增加，有的还具有风暴作用形成的递变层理或假眼球状构造，自然伽马曲线由下往上逐渐增高。该长兴组的三段特征反映了沉积时海水由深逐渐变浅再变深的沉积过程。在地层对比中依次将这三段划分为长一段、长二段及长三段（图1-3）。

但在礁相的剖面中，长兴组的岩性和电性特征均随礁体发育情况不同而有明显变化。这种变化主要表现为：礁相灰岩质地较纯，少含泥质，不含燧石结核或燧石条带，自然伽马曲线表现为明显的低平。

当礁体生长发育在长三段顶，礁体生长速度大于海水变深速度时，长三段不会出现沉积水体变深的显示，相反表现出水体变浅的过程（如华蓥山老龙洞礁、涧水沟礁及铁山礁、卧龙河礁的礁核剖面）。

在四川盆地外缘地区如宣恩小关、广元长江沟、旺苍罐子坝、旺苍天台等剖面长兴组石灰岩相变为大隆组硅质岩及泥页岩，但向盆地内在九龙山龙4井、南江桥亭以及奉节、巫山等地剖面仅有长兴组上部相变为大隆组。这是晚二叠世海侵过程的反映。

第二节　石炭系的地层特征

石炭系在盆地内部大面积缺失，主要出露于盆地西北缘的龙门山一带，为一套较稳定的碳酸盐岩沉积，上、中、下统发育较全，下统岩关组、大塘组，中统威宁组，上统马平组。此外，在华蓥山亦有零星分布，近年经钻探证实在川东地腹亦普遍存在，可与鄂西的石炭系连为一体，但仅存留了中石炭统黄龙组。

对于川东石炭系而言，可分为上石炭统和下石炭统。产标准化石：*Fusukinella*（薄克氏小纺锤䗴）、*Eostaffella chongzuoenaus* Li（崇古始史塔夫䗴）及 *Tolynaminuna* SP.（毛团虫）等。

石炭系厚 0～76.2m，一般 30～50m，与上覆 P_1l、下伏 S_2h 呈假整合接触。主要由白云岩组成，仅部分地区于底部有硬石膏。根据岩性与电性特征，由下而上可划分为五段。

C_2hl^1：细—中晶去白云（膏）化灰岩、角砾灰岩及粉晶角砾白云岩，部分地区见硬石膏层。厚 0～23m，一般 5～10m。岩性致密，基质孔隙度一般小于1%，自然伽马与深浅双侧向电阻值特高，分别大于 60～100API 及 1000～5000Ω·m 左右。

C_2hl^2：亮、粉晶有孔虫砂屑白云岩。厚 3.5～29m，一般 10～26m。白云岩内孔隙分布较普遍，为最佳储层段（称之下孔隙层）。自然伽马与深浅双侧向电阻特低，分别在 30～60API 及 200～800Ω·m 左右。

C_2hl^3：粉晶角砾白云岩，部分于顶部或皆为粉晶灰岩。厚 0～7.57m，一般 3～5m。自然伽马双高峰值，40～80API，是石炭系中对比分段的重要标准层。

C_2hl^4：亮、粉晶有孔虫砂屑灰岩，夹生屑粉晶（角砾）灰岩与砂砾屑白云岩。厚 0～20m，一般 10～20m。自然伽马及深浅双侧向电阻中高值，15～50API 及 200～500Ω·m 左右。其中白云岩针状溶孔较发育，是石炭系储层段之一（称之上孔隙层）。

C_2hl^5：主要为生屑粉晶灰岩及砂屑粉晶白云岩。厚 0～16.5m，一般 10m 左右。自然伽马 30API 左右，深浅双侧向 1000～5000Ω·m。（据罗洪模等，1994）

第三节　震旦、寒武系的地质特征

四川盆地内上震旦统至志留系是一套海相层系，埋藏很深，除华蓥山断层出露中上寒武统以上地层弛，露头地区主要分布在盆地边缘。盆地下古生界勘探程度低，仅有几口井钻穿上震旦统。主要岩性为碳酸盐岩及碎屑岩，属于稳定的地台沉积。震旦、寒武系划分对比见表 1-1、表 1-2（据宋文海等，1995）。

一、震旦系的地层划分

（一）下统

1. 莲沱组：

盆地东北部为紫红色长石石英砂岩、岩屑砂岩、含砾砂岩夹凝灰岩（莲沱组）；盆地西南部，上部为砂岩、砂砾岩夹流纹岩（开建桥组），下部为玄武岩夹火山碎屑岩（苏雄组）；盆地中部为花岗岩、闪长岩及流纹英安岩。

2. 南沱组：

分布于盆地边缘，为一套砾岩、含砾泥岩、粉砂质泥岩。甘洛—西昌一带为列古六组，由冰湖相凝灰岩、凝灰粉砂质泥岩组成，厚 100~300m。城口一带为明月组，为一套火山碎屑岩，厚 647m。

（二）上统

1. 陡山沱组：

滨浅海至广海陆棚相砂岩、页岩夹石灰岩，盆地中部薄，向四周增厚（10~250m）。

2. 灯影组：

大套的藻白云岩、晶粒白云岩、砂（鲕）粒屑白云岩夹薄层砂、泥岩及硅质岩。根据岩性（藻类的富集程度）和结构特征进一步分为灯一（Z_2dn^1）、灯二（Z_2dn^2）、灯三（Z_2dn^3）和灯四（Z_2dn^4）4 个岩性段，以"蓝灰色泥岩"底为界划分出灯四（Z_2dn^4）和灯三（Z_2dn^3）。灯影组的厚度和岩性在盆地内较为稳定（表 1-1）。

表 1-1 震旦系划分对比

层位		地区 峨边	老龙1井	威15井	资1井	女基井
上统	灯影组 Z_2dn^4	301.8m	250.5m	38m		79.5m
	Z_2dn^3	38.2m	38m	52m	50.5m	197.5m
	Z_2dn^2	510.7m	488m	476m	446.5m	409.5m
	Z_2dn^1	189.3m	161m	77m	60.57m（未完）	37m
	陡山沱组	22.5m		11m		9m
下统	南沱组					
	莲沱组	玄武岩	花岗岩	黑云母石英闪长岩、粗面岩		
下伏层		前震旦系基底				

二、寒武系的地层划分

四川盆地寒武系一般厚度为600～1500m，共分四组一群。筇竹寺组为黑色页岩夹粉砂岩或石灰岩透镜体。沧浪铺组为砂岩、粉砂岩夹泥岩，局部为白云岩、石灰岩、砾岩。龙王庙组以碳酸盐岩为主，夹较多粉砂岩、泥岩。高台组为紫红色泥岩、黄灰色白云岩夹较多砂岩、粉砂岩和石膏，厚度稳定。洗象池群主要为一套浅色白云岩，而盆地东部夹石灰岩，西部夹砂岩、粉砂岩，可进一步分组（表1-2）。

表1-2 寒武系划分对比

现分层	原分层	川西南 省区域地层表（1974）	川南 省区域地层表（1974）	川东 四川石油局研究院（1985）	川北 省区域地层表（1974）
中上统	洗象池群	洗象池群	娄山关群	毛田组	缺失
				后坝组	
				平井组	
	高台组	陡坡寺组	西王庙群	石冷水组	
下统	龙王庙组	龙王庙组	清虚洞组	清虚洞组	孔明洞组
	沧浪铺组	遇仙寺组	金顶山组	金顶山组	阎王碥组
			明心寺组	明心寺组	仙女洞组
	筇竹寺组	九老洞组	牛蹄塘组	牛蹄塘组	筇竹寺组

第二章 四川盆地东部上二叠统沉积相及沉积模式

第一节 概 述

多年来对四川盆地上二叠统的沉积相已有过许多研究。前期的研究均按照威尔逊（1975）提出的碳酸盐台地沉积模式进行。1989年强子同等在对四川及邻区的上二叠统沉积特征进行系统研究后指出四川盆地上二叠统的沉积是海侵型的碳酸盐缓坡沉积，整个川东地区吴家坪期为典型的碳酸盐缓坡环境，长兴期为向碳酸盐台地转化的碳酸盐缓坡环境，而长兴期生物礁是碳酸盐缓坡上发育起来的海侵生物礁系列。❶ 此后的一些有关研究大多认同吴家坪期的沉积属碳酸盐缓坡沉积，长兴期则认为是具有内部分化（台隆、台沟等）的碳酸盐台地（镶边陆棚）。

阿尔（Ahr,1973）在研究阿拉伯海湾现代碳酸盐沉积环境时提出了碳酸盐缓坡（Carbonate Ramp）沉积模式。J.L.威尔逊（1975）将其与碳酸盐台地（Carbonate Platform）模式并列，认为同属于碳酸盐陆棚沉积环境。J.L.里德（1982、1985）、M.E.塔克（1990）等则用"碳酸盐台地"（Carbonate Platform）一词来概括所有浅海碳酸盐岩沉积环境，细分了碳酸盐缓坡、镶边陆棚（Carbonate Rimmed Shelves）及陆表海台地（Epeiric Carbonate Platform）、淹没台地等，并对碳酸盐缓坡模式进行了更细的分类。

碳酸盐缓坡环境实质上是包括滨岸在内的狭义的陆棚沉积环境。将四川东部地区上二叠统沉积相确定为碳酸盐缓坡，主要是从总体上看它不具备碳酸盐台地相（镶边陆棚相）的基本特征（图2-1）。具体体现为：

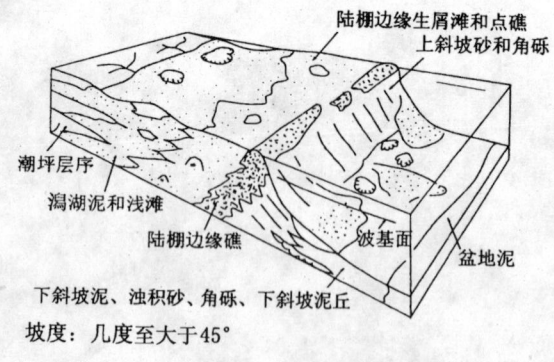
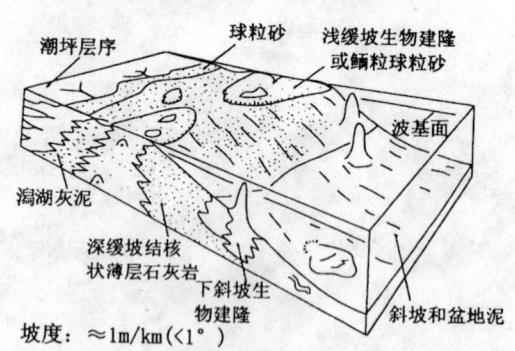

图2-1 碳酸盐镶边陆棚和碳酸盐缓坡沉积模式（据里德，1982）

（1）缺乏对连陆浅水台地区起障壁作用的高能边缘相带。即使在长兴中后期环深海槽的过渡带发育有陆棚边缘礁如见天坝生物礁、天东生物礁等，但这些礁是孤立分散的斜坡礁，

---

❶ 强子同等，四川及邻区上二叠统含油气地质研究，内部报告。

对向陆方向的浅海沉积区未能形成障壁。

(2) 缺乏台缘斜坡相带。台缘斜坡相是碳酸盐台地相的特征相带之一，它紧邻台缘高能相，常形成一个连续的窄相带，以斜坡相重力流沉积为特征。由于川东地区在长兴期未形成连续的边缘礁障壁或高能障壁，不存在连续的陡斜坡，故缺失该相带。

(3) 浅海碳酸盐沉积缺乏碳酸盐台地台内相带分化。在川东广大地区内，无论是吴家坪组或长兴组，石灰岩主要是深灰色生屑泥粒—粒泥岩，缺乏波浪作用的沉积构造。除点礁组合外，几乎未见到亮晶胶结的滩相颗粒岩。此外，也缺乏台地相中常见的台地潟湖相的泥晶灰岩。大范围的晴天浪底之下的浅海碳酸盐沉积是低坡度陆棚即碳酸盐缓坡相的特征。

四川东部地区上二叠统的沉积特征表明在长兴期沉积环境由碳酸盐缓坡向碳酸盐台地演化的同时，沉积相区分化加剧，开江、梁平地区转变为深水海槽环境，并形成了环开江—梁平海槽的陆棚边缘相。

第二节 川东上二叠统沉积相

东吴运动使四川盆地大部分地区上升成陆，峨眉山玄武岩的喷溢及剥蚀作用使上二叠统沉积初期在四川盆地形成西南高、东北低，西陆东海的古地理格局，在四川东部形成一个向北东方向倾斜的斜坡。在此背景之下持续的海侵形成了颇具特色的海侵碳酸盐缓坡沉积，在峨眉—筠连地区为陆源区，向南江、城口、利川海水逐渐加深，沉积相带自西向东大至呈同心弧展布。研究区在龙潭（吴家坪）期属碳酸盐浅缓坡—深缓坡环境（图2-2），长兴期则为深缓坡—海槽沉积环境（图2-3）。

一、陆相

陆相主要分布在成都—筠连以西地区，其分布范围随海侵的发展逐渐缩小。其西部以冲积相为主，早期玄武质砂岩较发育。其东部主要为河流沼泽相，为含煤沉积，有重要的可采煤层。

二、浅缓坡及潮缘层序——海陆交互相

浅缓坡及潮缘层序由浅海生物泥晶碳酸盐岩和含煤陆源碎屑岩构成的约代尔旋回层组成。它们是在滨岸潮坪、沼泽和晴天浪底之上的浅水潮下环境中沉积的，因此习惯上被称为海陆交互相。这些沉积层中的碳酸盐岩、多数泥质岩及部分砂岩以至有的煤岩中均含有浅海相腕足化石。可能因海侵的缘故，在浅缓坡区没有形成高能海滩或沙坝沉积体。在晚二叠世早期该相带主要分布在南充—长寿以西即龙潭相区，晚期西迁到成都—泸州以西。

三、深缓坡相

深缓坡相是川东地区的主体相区。除分散的点礁相外，主要岩石类型为褐灰—深灰色生屑粒泥岩、泥粒岩，常因硅化形成燧石团块或条带。富含正常浅海生物化石。这些岩层中缺乏波浪成因的沉积构造，但有的具有粒序层、小型丘状层理等，表明它们沉积于晴天浪底与最大风暴浪底之间的深缓坡区。该相区可进一步划分为内、外两个次级相。

（一）内深缓坡相

内深缓坡相的生屑泥粒岩、生屑粒泥岩多为中—厚层状，颜色以褐灰色为主，燧石团块呈分散状或串珠状分布（图版Ⅰ-4），其内常见生物化石。石灰岩层面有时可见波状起伏，并具少量粒序层，层间偶夹薄层泥质夹层（1~3cm厚）。生物化石有的保存较好，可见生物扰动迹。在生屑泥粒岩中偶尔可见亮晶胶结斑。该相带岩层的特征表明它们形成于深缓坡水

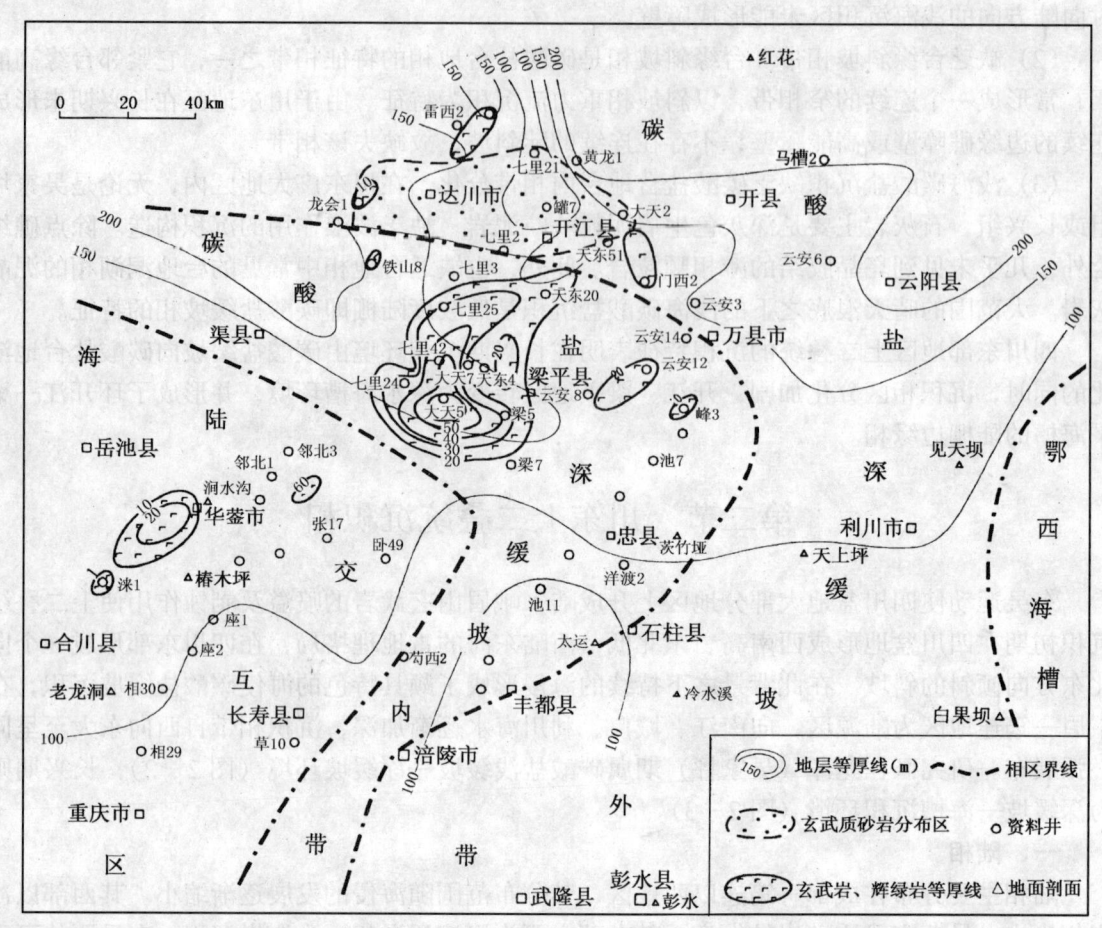

图2-2 四川盆地东部上二叠统龙潭(吴家坪)组沉积相分区图

体较浅的向陆区域,可能在平均风暴浪底至晴天浪底之间。一些风暴作用的痕迹在风暴间歇期被强烈的生物扰动破坏。该相带在长兴期最发育,其上有点礁分散分布。

(二) 外深缓坡相

该相的岩层层厚较深缓坡薄,色也更深,生屑含量更低,为深灰色薄—中层状生屑粒泥岩,有时也见泥粒岩。燧石团块常呈条带状,有时形成层状硅质岩,层间泥质夹层较内深缓坡相更为常见且更厚,风暴成因的沉积构造如丘状、洼状层理(图版Ⅰ-5)、粒序层等更常见,许多生物化石具有被搬运、破碎的特征。这些说明该相岩层沉积于深缓坡上水体较深的平均风暴浪底到最大风暴浪底之间。该相带中亦发育有分散的点礁。

四、海槽相

该相带岩层具有色暗、粒度细、水平层理发育和含远洋浮游生物化石组合等特征(图版Ⅰ-6),有时含有较多的火山物质,缺乏浅海生物化石群,为深水低能环境产物。与现代沉积环境类比,其水深可能在150~200m以下。根据沉积物类型,可分为两类不同的海槽相。

(一) 硅质海槽相

该相区即习称的大隆相区,主要分布在研究区外的东部鄂西地区及东北部城口以及西北的广元、旺苍地区。岩性以泥岩及硅质岩为主,水平层理发育,含有广海浮游生物化石如菊石、微体有孔虫及放射虫、钙球、骨针等,有时可见粒序层及异地埋藏的浅海生物化石,可

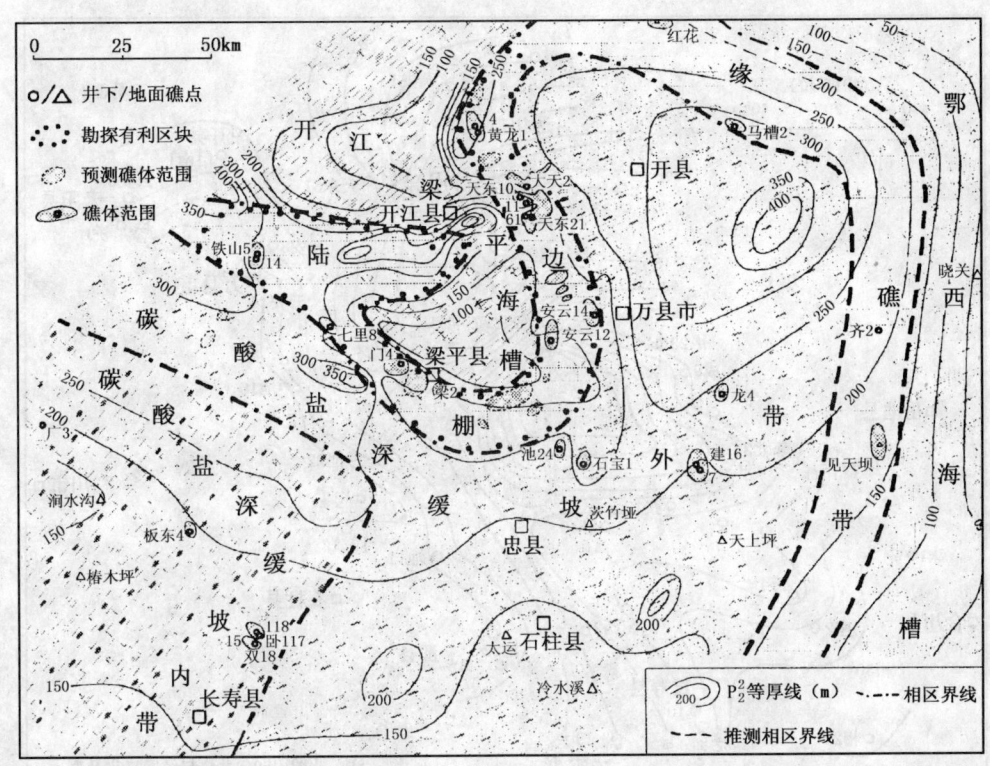

图 2-3 四川盆地东部上二叠统长兴组沉积相分区图

能为风暴回流带入的沉积。该相在鄂西地区发育较早,在晚二叠世早期即存在。在四川东北区及广元区发育较晚,有的在长兴后期才出现。

（二）碳酸盐海槽相

本次研究首次在四川东北部地区发现碳酸盐海槽的分布。区内碳酸盐海槽相到长兴期才开始发育,主要分布在川东北部的开江、梁平地区,称为"开江—梁平海槽"。该海槽往西向达县、平昌方向延伸,可能与广旺海槽相通,往北东则与城口海槽相连。该相的岩层主要是暗色薄层状含钙球、骨针、放射虫、微体有孔虫及细小生屑的生物泥晶岩、泥质泥晶灰岩及少量硅质泥岩或硅岩。完整的生物化石主要是钙球、骨针、放射虫及微体有孔虫,有时也见异地埋藏的䗴、有孔虫等。所含生屑通常破碎、细小,不能辩认,有时含量可达30%～40%。显微镜下常见泥纹及条形颗粒定向（图版Ⅱ-1、2、3）。碳酸盐海槽水深可能较硅质海槽浅,因一般情况下这些石灰岩只能在方解石补偿深度之上形成。但其泥质含量较高,在长兴组的自然伽马等值线图上,海槽相区显示为高值区（图2-4）。

碳酸盐岩海槽相地层厚度变化较大。在薄区,长兴组厚度不足100m（上二叠统厚200m左右）,远远低于研究区内的平均厚度250m（上二叠统平均厚350m）,属欠补偿型。而厚区厚度明显大于区内平均值,属补偿型。这种厚度的变化主要与该区晚二叠世基底断块的差异沉降有关（图2-5）。

五、陆棚边缘相

该相带环海槽带状分布,是深缓坡与海槽过渡相带。同深水海槽一样,区内陆棚边缘相在长兴期才开始发育。该带的沉积背景为深水斜坡,其主要特征是发育陆棚边缘礁。陆棚边缘礁呈串珠状分散分布,其礁体明显较缓坡内的点礁大,如见天坝生物礁出露面积约

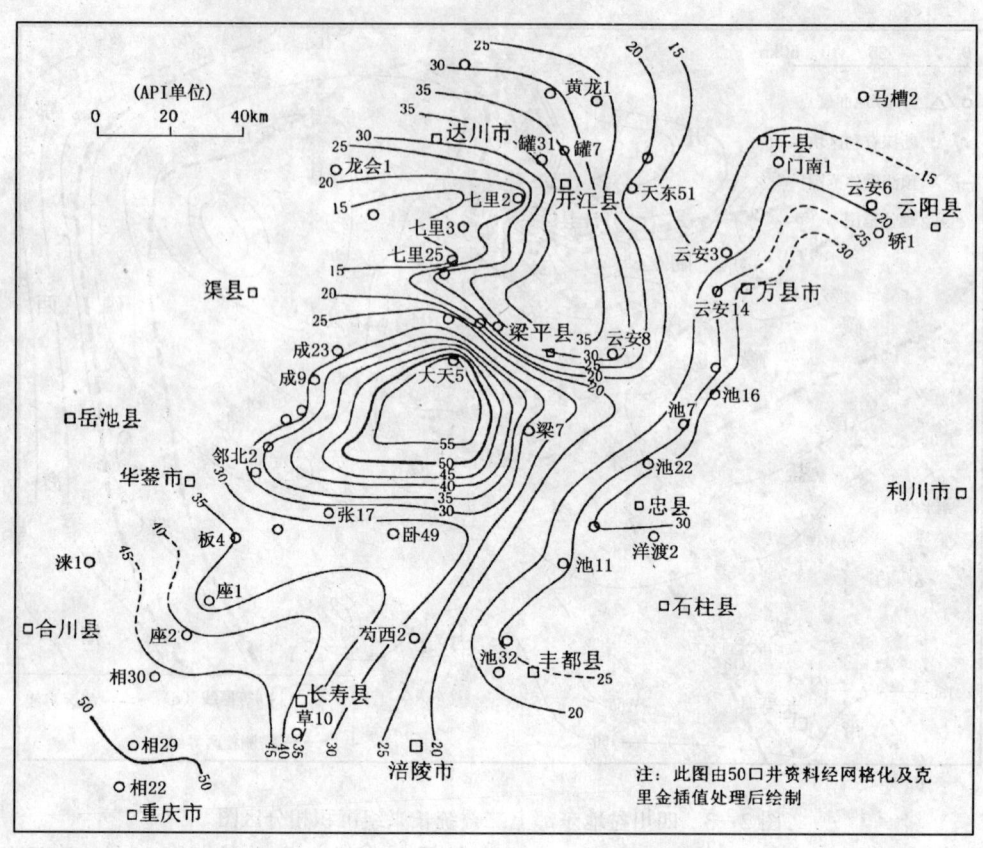

图2-4 四川盆地东部上二叠统长兴组自然伽马等值线图

$10km^2$,井下钻遇的天东生物礁为$28.8km^2$,铁山生物礁面积大于$11.7km^2$(断层上盘礁体)。从地面出露的生物礁来看,陆棚边缘礁与缓坡内的点礁礁组合有明显差异。见天坝生物礁属陆棚边缘礁,它位于海槽相与深缓坡相过渡带,礁体相带前后不对称,礁前塌积相发育。对于井下钻遇的边缘礁,由于受录井资料限制,对于礁组合整体相带分布状况尚不完全了解。区内陆棚边缘礁体尚未连成堤礁状形成障壁,陆棚边缘相带的厚度在开江—梁平海槽东侧、南侧均小于其后深缓坡带厚度(图2-6),这些特征都说明此时研究区尚未成为碳酸盐台地(镶边陆棚)环境。

研究区陆棚边缘相带的地质特征及规模可与北美二叠盆地重要的生物礁油气成藏带西北陆棚边缘礁带对比。目前的勘探成果已证实区内的陆棚边缘相带是大中型生物礁气藏成藏的最有利相带。

第三节 开江—梁平海槽

一、开江—梁平海槽成因浅析

本次上二叠统沉积相研究取得的重大进展之一就是发现了晚二叠世时存在于四川盆地东部地区的开江—梁平海槽。该海槽的形成、演化及充填、消亡主要受控于南秦岭区二叠纪的扩张作用。据罗志立(1981)的研究,处于黄汲清的扬子准地台、华南褶皱系、松潘甘孜褶皱系和三江褶皱系四个构造单元交汇区的四川西部,由于华力西期古板块的转向俯冲,或者

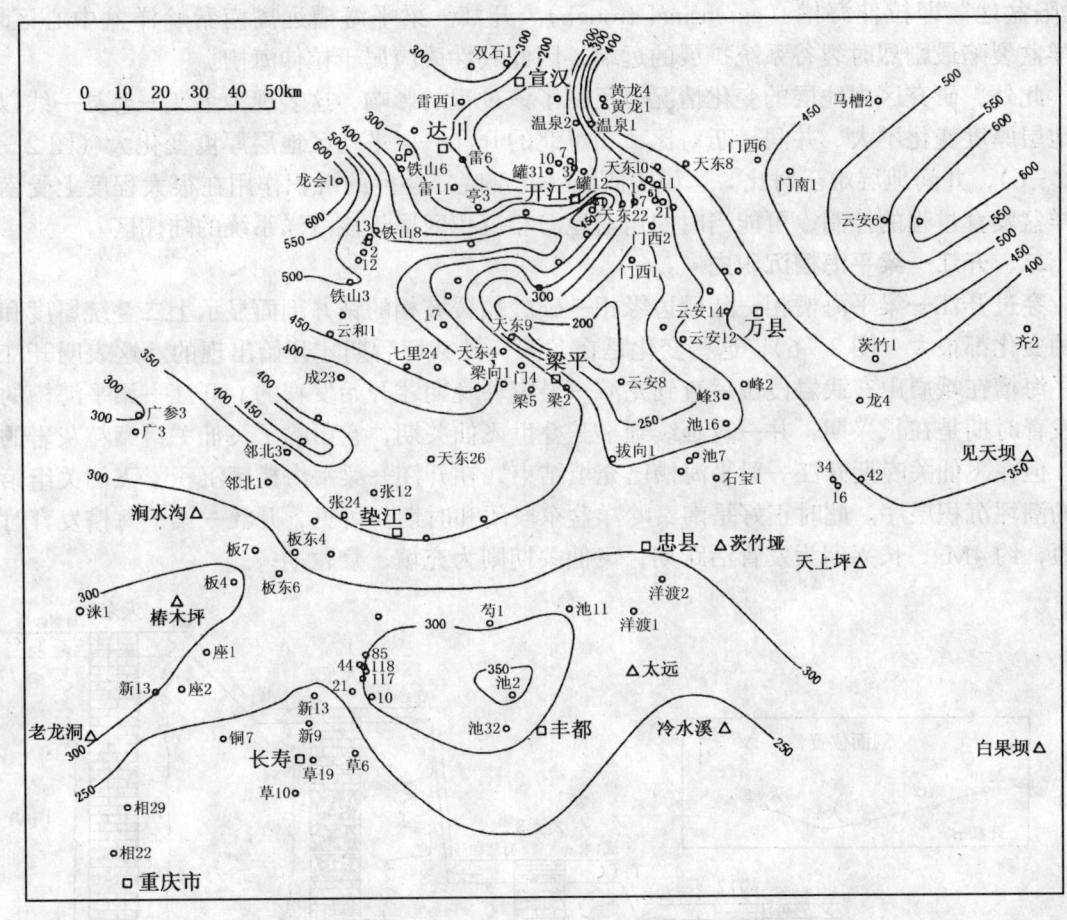

图 2-5 四川盆地东部上二叠统等厚图（单位：m）

说三江弧向北凸出，结束了长期以来的以地壳挤压为主的造山运动阶段，造成应力松弛，自中泥盆世开始拉张进入"地裂运动"阶段。到晚二叠世峨眉山玄武岩大规模喷溢标志着地裂运动达到高潮。钻井及地面地质调查证明，研究区在晚二叠世早期也发生过相当规模的玄武岩喷溢（图 2-2），表明在远离地裂运动中心的川东地区此时亦处于张应力场中。在此情况下，基底拉张造成的断块升降必然会影响到晚二叠世的沉积过程。王成善等（1998）认为我国南方二叠纪沉积盆地是在伸展构造背景下形成的，认为此时南方板块周边的秦岭海、甘孜—理塘洋、金沙江洋以至古西太平洋都处于伸展条件下，因此在南方板块内的某些"软弱"地区可能形成张性盆地。

杜远生等（1997）在研究秦岭构造带的盆地格局时，根据在陕西勉略地区蛇绿构造混杂带三岔蛇绿岩套中最新发现石炭纪放射虫指出，南秦岭勉略洋盆在加里东末期—海西早期尚未闭合，二叠纪是南秦岭裂陷开裂最剧烈时期，到早三叠世裂陷盆地才逐渐由开裂到萎缩。南秦岭区位于研究区北侧，其二叠纪的拉张应与川滇地裂运动源于同一大地构造背景。由于研究区远离勉略—紫阳洋盆裂陷中心，因此在晚二叠世该洋盆开裂最盛之时，海槽才延展到川东北地区。这也就是研究区北部深水海槽逐渐向南扩的起因。离散型板块边缘盆地的一系列演化被认为存在于大陆裂谷与被动边缘之间，这是板块构造基本理论的一部分。罗森达尔（Rosendahl，1987）将从裂谷到被动边缘的演化过程划分为 7 个阶段，其初期即第一阶段为

"拗陷盆地"即拉伸海槽（extensinal trough）。开江—梁平海槽远离南秦岭洋盆中心区域，是洋盆裂陷最剧烈时裂谷系统扩展的远端，因此其性质应属于拉伸海槽。

此外，研究区内地层的变化情况也反映了该过程的影响，这表现为垫江—忠县一线以南的地层厚度变化不大、井间易于对比，而以北的开江—梁平地区地层厚度变化大（图2-5、图2-6），井间地层难于对比。这说明研究区北部晚二叠世的沉积作用在很大程度上受南秦岭洋盆发育过程的控制，可能当时四川盆地海相沉积区属于该海洋系统的陆棚区。

二、开江—梁平海槽沉积史

穿过开江—梁平海槽相—陆棚边缘相—碳酸盐缓坡相的钻井剖面显示上二叠统厚度和岩性的变化都很大（图2-6），这些变化是在龙潭—吴家坪后期才开始出现的。这表明开江—梁平海槽在峨眉山玄武岩侵位后直到龙潭—吴家坪晚期才开始发育的。开江—梁平海槽的主要发育时期是在长兴期，并一直延续到早三叠世飞仙关期，它影响了飞仙关组鲕粒灰岩的分布。但在飞仙关晚期开江—梁平海槽已充填结束，在开江—梁平海槽区沉积了飞仙关组第四段的潮坪沉积层序。此时正好是南秦岭洋盆东段闭合时期。可见，开江—梁平海槽发育时期较短，约4Ma，长兴期为发育活跃期，飞仙关期则为充填、衰亡期。

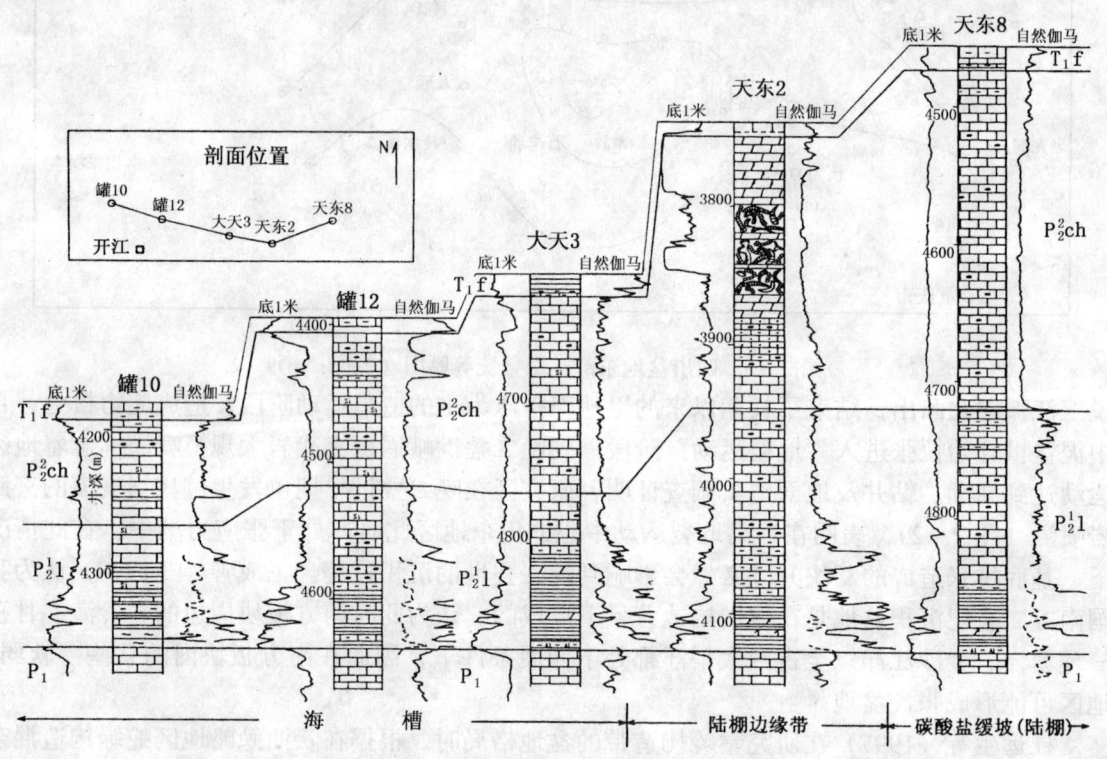

图2-6 四川盆地东部上二叠统海槽相—碳酸盐缓坡相地层对比图

研究区以东的鄂西海槽是硅质海槽，它在早二叠世即已存在，在晚二叠世长兴期它发展成连接南秦岭洋和右江弧后拉张盆地的通道（王成善等，1998）。鄂西海槽一直发育到早三叠世嘉陵江期，即在发育时间和规模上，鄂西海槽都明显超过了开江—梁平海槽。

迄今为止，在鄂西海槽边缘只发现了见天坝礁，而在开江—梁平海槽边缘则已通过钻井、地震等发现了十余个边缘礁。环开江—梁平海槽的边缘礁之所以如此发育，可能与该海槽发育过程表现得更为活动，具有生长性有关。环开江—梁平海槽的这些边缘礁都是在开江

—梁平海槽已具有相当规模的长兴中期才开始发育，而见天坝生物礁则在长兴初期便开始发育，这显然与鄂西海槽发育时间更早有关。

三、古断裂对开江—梁平海槽的影响

拉伸海槽的发育与张性断裂的活动有关，即拉伸海槽的边缘及海槽内有同沉积断层存在。但开江—梁平海槽发育时间较短，使得这些断层在地震和钻井上都难于识别。

许多研究者都认为川东地区，尤其是其北部地区古断裂远较四川盆地其它地区发育。这些古断裂不但与晚二叠世玄武岩的喷溢活动有关，而且还决定了开江—梁平海槽的发育。参照区内古断裂的走向，根据玄武岩的喷发及沉积相区的突变界线受古断裂控制的普遍认识，可以确定出研究区内影响上二叠统沉积的古断裂（图2-7）。这些张性断裂造成的断块的相对升降不但对研究区上二叠统沉积相的分布状态有影响，而且对其沉积厚度也有决定性作用。

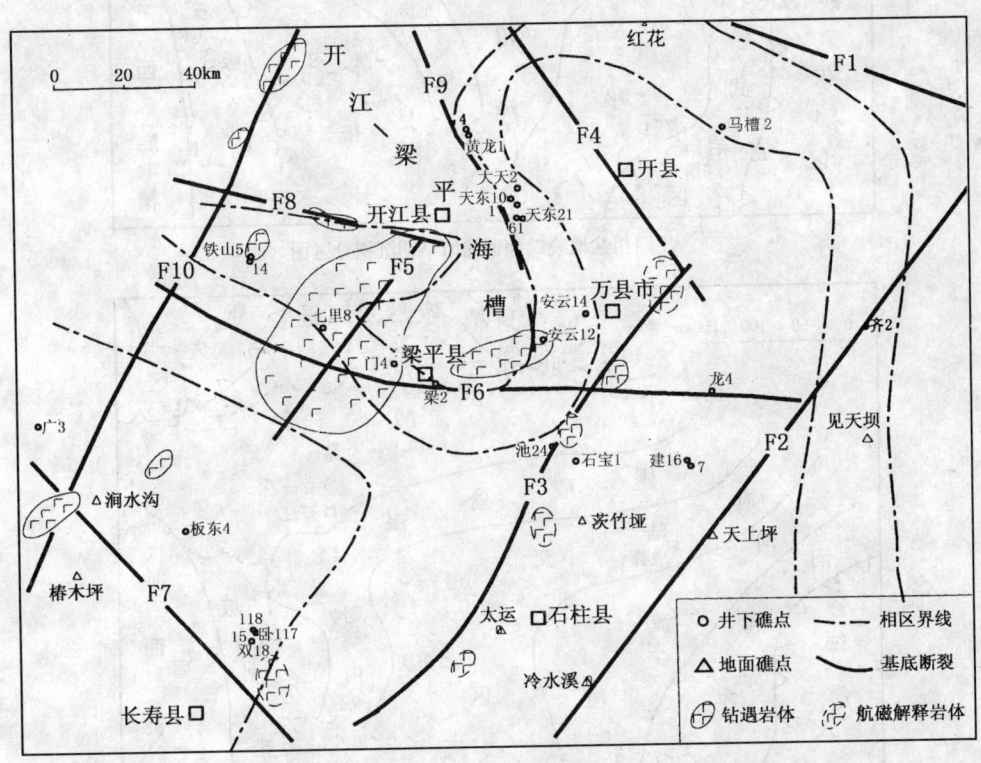

图2-7 四川盆地东部晚二叠世基底断裂分布图

第四节 晚二叠世沉积发展史及沉积模式

四川东部地区晚二叠世沉积环境分带随海侵的发展而发生变化和迁移，其过程如图2-8、图2-9所示。在龙潭/吴家期的早期，海槽位于鄂西恩施以东，研究区主要为碳酸盐深缓坡区及浅缓坡、潮缘沉积的海陆交互区。此时海陆交互区前沿在达川、开江、万县、石柱一带。成都—南充一线以南及华蓥山以西为陆相沉积区（图2-8A）。在显著的沉积作用发生前，受地裂运动影响在区内发生玄武岩喷溢。从分布上看，玄武岩喷溢主要沿北东向和北西向两组基底断裂发生，喷发中心在梁平西北，似为二基底断层交汇点。从钻井资料看，研

究区内玄武岩厚度一般小于50m，说明地裂运动强度远弱于四川西部康滇地区。在玄武岩喷溢区以北开江沙罐坪区是玄武质砂岩分布区，这表明了当时沉积物搬运方向（图2-8A）。

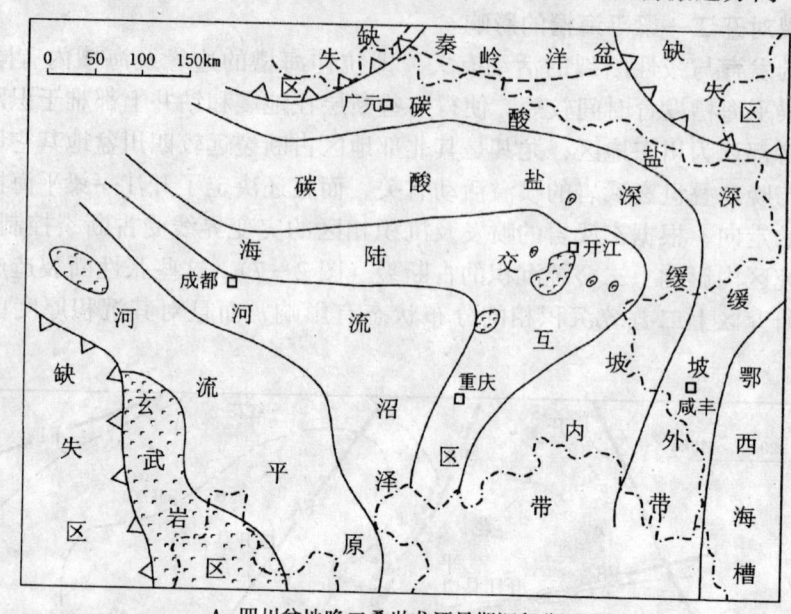

A. 四川盆地晚二叠世龙潭早期沉积分区图

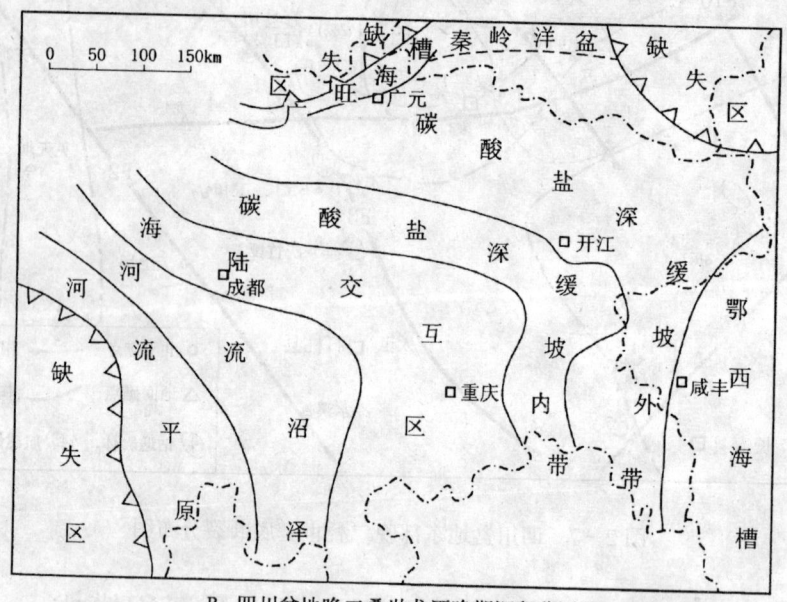

B. 四川盆地晚二叠世龙潭晚期沉积分区图

图2-8 四川盆地晚二叠世龙潭期沉积分区图

龙潭/吴家坪晚期，陆相沉积区向西退到成都以南。至泸州一线以西，海陆交互区前沿则在南充、渠县至长寿一线。此时广元北部海槽开始形成，东部鄂西海槽略有扩大，研究区广大地域为碳酸盐深缓坡沉积区（图2-8B）。到长兴早期，海陆交互区已退出研究区，研究区内主要是碳酸盐深缓坡区（图2-9A）。广元海槽向东南方向有所扩大，城口海槽形成并与鄂西海槽相连。研究区内开江—梁平海槽开始发育。此时研究区内陆棚边缘礁带尚未形成，仅在深缓坡区水体较深的下斜坡部位发育有见天坝、开县红花生物礁。缓坡内则有彭水

— 16 —

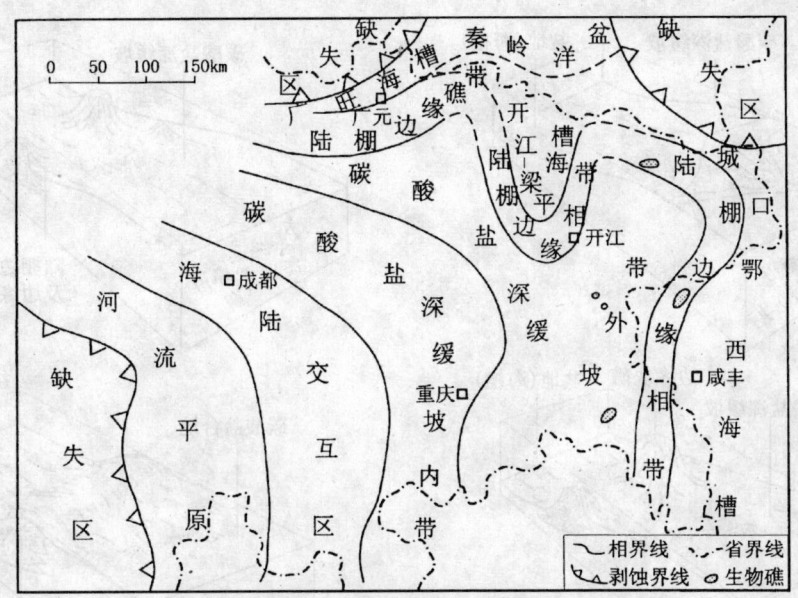

A. 四川盆地晚二叠世长兴早期沉积分区图

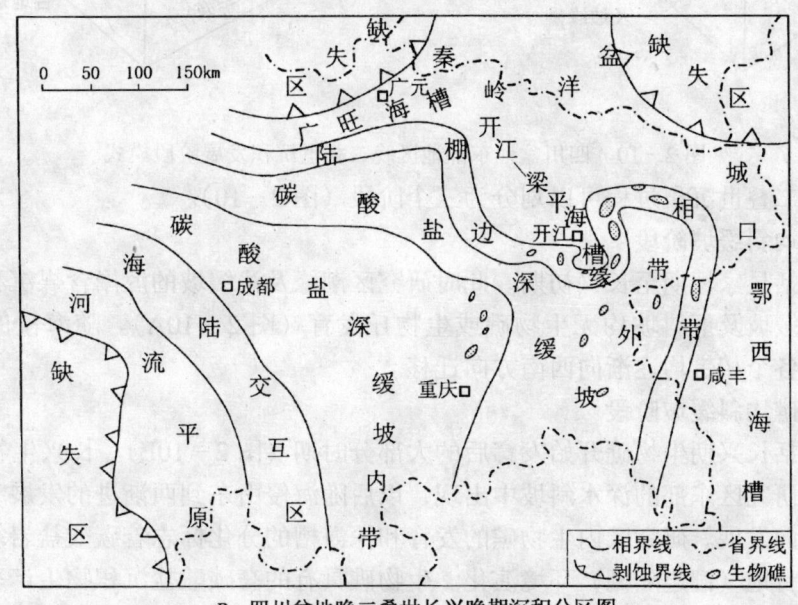

B. 四川盆地晚二叠世长兴晚期沉积分区图

图2-9 四川盆地晚二叠世长兴期沉积分区图

礁及宝1井礁、池24井礁等生长。

长兴中—晚期广元—旺苍海槽、城口海槽进一步扩大,与开江—梁平海槽连通在研究区北部形成大范围的深水海槽区。研究区沉积地形分异加剧,沉积作用使碳酸盐缓坡变浅,而基底的下沉和海侵使海槽区变深。此时边缘礁及缓坡上点礁大量发育(图2-9B),连续的陆棚边缘礁带形成。这些礁体发育在时间上具有东部、东北部早,西部、西南部晚的特点,且东部不少礁体如华蓥山区出露的点礁,一直发展到长兴末期,礁顶潮坪泥晶白云岩直接与上覆飞仙关组泥岩接触。陆棚边缘相带的边缘礁由下斜坡礁发展而成,它们有的连接成个体较大的块状礁体,但尚未形成线状堤礁。

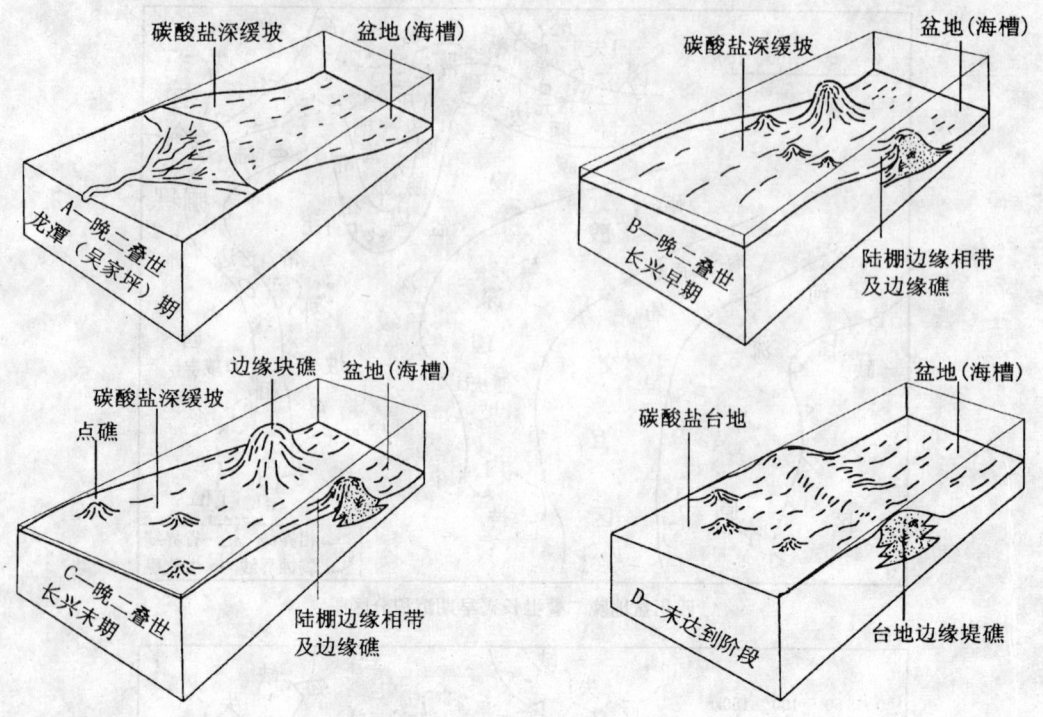

图2-10 四川盆地东部地区晚二叠世沉积发展阶段模式

研究区晚二叠世沉积过程可以划分为三个阶段（图2-10）。

一、无礁均斜缓坡阶段

该阶段包括吴家坪期至长兴初期。此时研究区潮缘及浅缓坡的滨岸含煤沉积区分布范围较大，整个深缓坡及下斜坡均无生物礁或生物丘发育（图2-10A）。随海侵的发展，浅缓坡、深缓坡的各个相带均逐渐向西南方向迁移。

二、斜坡礁均斜缓坡阶段

该阶段包括长兴期生物礁开始发育后的大部分时期（图2-10B）。长兴生物礁是海侵生物礁，它先在研究区东部的深水斜坡中出现，以后随海侵由东到西渐进的发展，海侵礁逐渐向西及西南方向发展。研究区内生物礁的发育和深海槽的分化标志着碳酸盐岩缓坡沉积环境开始向碳酸盐台地（镶边陆棚）环境演化。生物礁具有的高碳酸盐沉积物生产率有助于使碳酸盐缓坡环境坡度变缓、水深变浅。深水海槽的分化有利于边缘礁的生长发育。

三、块状边缘礁均斜缓坡阶段

该阶段为长兴末期（图2-10C）。下斜坡礁体发展成为块状边缘礁，在陆棚边缘相带这些块状边缘礁呈不规则串珠状分布。在开江—梁平海槽东侧天东—黄龙地区单个块状边缘礁的面积大的可达$33.4km^2$，礁体间距平均约5km。碳酸盐缓坡内的点礁个体虽然较小，但数量很大，如华蓥山南段北碚天府地区在七公里距离内出露了老龙洞、文星场、楼梯沟等六个礁体，这些礁体的沉积作用对环境有明显的影响。在长三沉积期，东部的剖面如石柱打风坳剖面、沙罐坪地区钻井剖面及天东8井等都表现为海水变深的沉积旋回，而华蓥山地区的礁剖面及铁山礁、卧11井礁等都表现为沉积海退的海水变浅沉积旋回。

长兴期沉积作用的继续发展有可能使上二叠统的碳酸盐缓坡沉积最终转化为碳酸盐台地

沉积模式	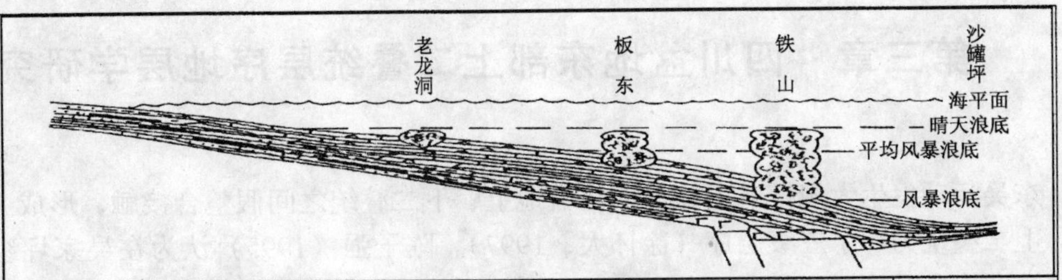 老龙洞 板东 铁山 沙罐坪 —海平面 —晴天浪底 —平均风暴浪底 —风暴浪底					
沉积相带	陆相	海陆交互相	深缓坡内带相	深缓坡外带相	陆棚边缘礁相	海槽相（盆地相）
代表性岩类	砂岩、泥岩、煤岩	砂岩、泥岩、生屑灰岩	燧石生屑灰岩、生屑泥晶灰岩、礁灰岩、白云岩	燧石条带灰岩、硅质灰岩、生屑泥晶灰岩、礁灰岩、白云岩	燧石条带灰岩、硅质灰岩、生屑泥晶灰岩、礁灰岩、白云岩	放射虫钙球骨针灰岩、硅质岩、粉晶生屑灰岩
颜色	紫色、杂色、灰色、黑色	褐色、黄色灰色、黑色	褐色、灰色、灰白色	灰色、灰黑色、灰白色	灰色、灰黑色	深灰色、灰黑色
成层性	厚层至薄层	厚层至薄层	块状至中层	块状至薄层	块状至薄层	薄层为主
沉积构造	单向流层理、水平层理、干裂	交错层理、水平层理、波痕	均质层理、水平层理、波状层理、粒序层理	水平层理、球状层理、洼状层理、粒序层理	水平层理、波状层理	水平层理、微波状层理
生化物石	植物化石	植物化石、腕足、有孔虫	腕足、棘屑、钙藻、有孔虫海绵、水螅	腕足、棘屑、钙藻、有孔虫海绵、水螅	腕足、棘屑、钙藻、有孔虫、海绵、水螅	放射虫、钙球、骨针、微体有孔虫

图 2-11 四川盆地东部晚二叠世沉积模式图

沉积，而且块状陆棚边缘礁将发展成为有明显障壁作用的台地边缘堤礁，并在浅水地区形成广阔的台地潟湖（图 2-10D）。但是，四川盆地长兴期的沉积过程在尚未到达此阶段便因地质上的突发事件造成生物群大量灭绝而突然终止。到三叠系沉积后，才逐渐演变为由下三叠统飞仙关组鲕粒滩构成的台缘高能障壁坝的碳酸盐台地。[❶]

四、上二叠统沉积模式

川东上二叠统长兴生物礁气藏是一种岩性圈闭气藏，可以说没有生物礁就没有川东上二叠统生物礁气藏，从这个意义上讲，沉积相对生物礁气藏的成藏有着最基本的控制作用。通过川东地区 180 口钻井剖面地质测井资料对比，地面露头资料及大量地震解释资料综合研究，重新认识了上二叠统沉积相及分布规律，建立了长兴组碳酸盐缓坡相沉积模式（图 2-11）。该沉积相模式对开江—梁平海槽的确认，明确了川东地区上二叠统长兴组沉积相展布及其对生物礁及生物礁气藏的类型、分布规律的控制，这是生物礁研究工作的重大进展。

川东地区上二叠统长兴组沉积相包括深水海槽相、陆棚边缘相和碳酸盐缓坡相。其中陆棚边缘相带是陆棚边缘礁发育相带，因而该相带也就是陆棚边缘礁气藏发育的有利带；碳酸盐缓坡相带则是较小规模的点礁发育分布区。

[❶] 王一刚等，川东下三叠统飞仙关组鲕滩粒灰岩的分布及其含油气性研究，四川石油管理局地质勘探开发研究院，内部报告，1984。

第三章 四川盆地东部上二叠统层序地层学研究

东吴运动发生大规模海退，使四川盆地上、下二叠统之间假整合接触，形成Ⅰ型层序界面。上二叠统为一个三级层序（徐怀大，1997）。陈子强（1995）认为在吴家坪组与长兴组之间存在一个Ⅱ型层序界面，龙潭相区龙潭组顶部"压煤灰岩"代表了三级沉积层序的首次海侵。在首次海泛面之上以碳酸盐台地相沉积或礁相沉积为主，由许多向上变浅的碳酸盐沉积序列退积叠加形成各种碳酸盐建隆。南方晚二叠世吴家坪末期至早三叠世的沉积构成了一个完整的三级沉积层序。该层序发育顶、底层序界面（SB），海进体系域（TST），最大海泛面凝缩段（CS）及高水位体系域（HST）。在海平面上升过程中，位于不同古地理位置其沉积发生了分异，形成了以长兴组为代表的碳酸盐岩型海进体系域及以大隆组为代表的硅质岩型海进体系域，二叠系和三叠系的分界不是层序界面，而是最大海泛面。

第一节 川东地区上二叠统碳酸盐理想沉积序列

在详细研究川东盆地内部典型露头剖面（南江桥亭、石柱冷水溪），对照川西盆地边缘陆源碎屑为主的沉积剖面特征的基础上，建立了川东地区晚二叠世碳酸盐沉积的理想沉积序列，并以此作为川东地区上二叠统进一步层序地层分析的基础。

川东上二叠统碳酸盐岩理想沉积序列（图3-1）为碳酸盐缓坡—潮坪环境下的向上变浅沉积序列。该沉积序列由8个标准微相组成（图版Ⅱ-4、5、6、7、8，图版Ⅲ-1、2、3、4、5）：①泥质灰泥岩微相；②骨针、钙球、生屑灰泥岩—粒泥岩微相；③鲢、球粒、生屑粒泥岩—泥粒岩微相；④生屑泥粒岩微相；⑤棘屑颗粒岩微相；⑥生屑、砂屑泥粒岩—颗粒岩微相；⑦含生屑粉砂质泥岩—页岩微相；⑧滨岸—潮坪含煤沉积微相。理想沉积序列中部粒度较粗的泥粒岩、颗粒岩白云化程度较高（图版Ⅲ-7、8），溶蚀作用较强，属于深缓坡内带沉积；下部硅化程度较高（图版Ⅲ-6），为碳酸盐深缓坡外带沉积，顶部泥页岩含煤、弱硅化，为滨岸、潮坪环境下沉积。

第二节 川东地区上二叠统单剖面层序分析

一、露头剖面层序分析

（一）南江桥亭剖面上二叠统层序分析

该剖面位于四川盆地北部，上二叠统厚240余米，主要由各种生物粒泥岩、泥粒岩组成，少量颗粒岩及泥质灰泥岩，底部为薄层含煤沉积与下二叠统分界，为海侵背景下碳酸盐缓坡—陆棚边缘过渡带沉积。参照理想沉积序列，该剖面上二叠统共识别出23个向上变浅沉积序列和5个完整层序（图3-2）。

向上变浅沉积序列一般由理想序列中的2~4个微相构成，厚度数米至十余米。通常4~5个变浅沉积序列构成一个层序，代表一个相对海平面变化周期内的沉积。层序顶部多见有早期淡水作用特征的颗粒岩，反映相对海平面下降到最低时的局部短暂暴露或沉积作用暂停。

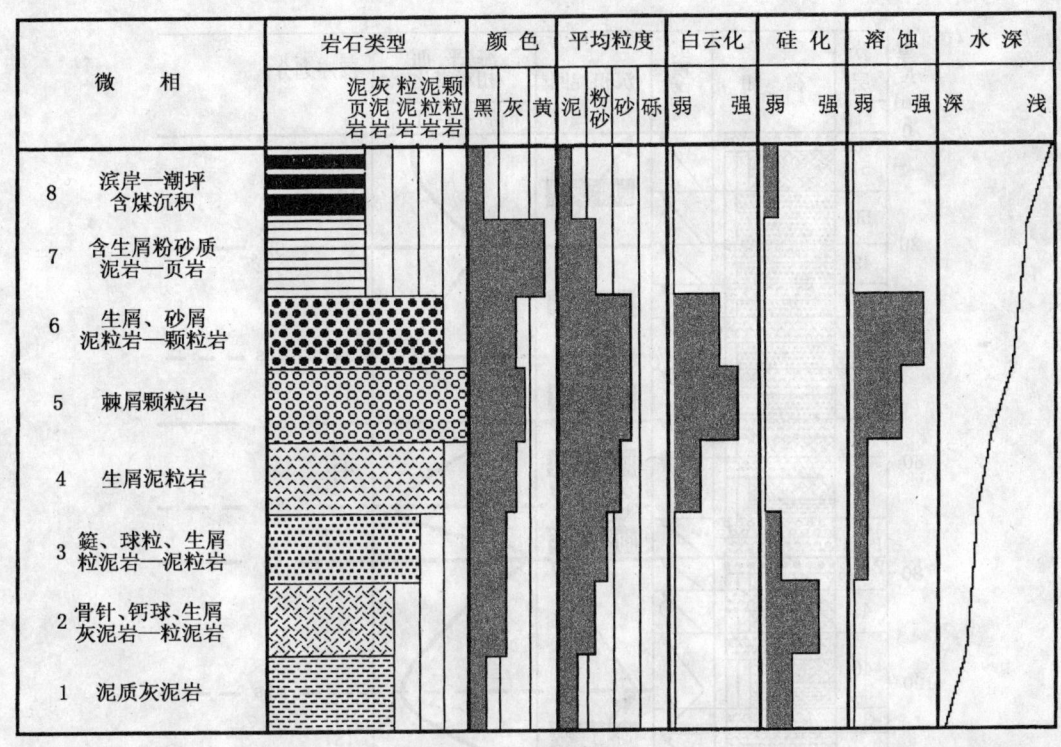

图3-1 川东上二叠统碳酸盐理想沉积序列

上下二叠统之间为一个Ⅰ型层序界面（SB_0）。其上为灰色中—薄层生屑泥粒岩，底有90cm碳质页岩，为前滨—浅缓坡相；之下为放射虫、骨针硅质岩，为深水海槽相；SB_1、SB_2、SB_3、SB_4、SB_5为Ⅱ型层序界面，岩性上变化不明显，其划分依据为沉积旋回及理想沉积序列模式，海平面在界面处都处于相对下降趋势。

体系域分为海进体系域和高位体系域。海进体系域表现为向上变厚的沉积旋回，高位体系域表现为向上变薄的沉积旋回，相带组合为浅缓坡—深缓坡内带—深缓坡外带—过渡带—海槽。

（二）石柱冷水溪剖面上二叠统层序分析

冷水溪剖面位于研究区东部，四川盆地内部沉积特征与南江桥亭剖面相似，上二叠统由五个完整层序及一个海进体系域叠覆而成。上下二叠统之间的层序界面SB_0为Ⅰ型界面，上二叠统内部的层序界面SB_1—SB_5为Ⅱ型层序界面。

Ⅰ型界面（SB_0）上为吴家坪组底部"王坡页岩"和残积层、煤、粘土岩沉积，产腕足类 *Dictyoclostus marrgaritatus*，其下为茅口组灰白色巨厚层状灰岩。

SB_1处于33与34层之间，上为黑色硅质板岩，层理清晰，层面平整；其下为灰色厚层不等粒含生屑含白云质灰岩，产腕足类：*Phricodothyris* sp.、*Notothyris triplicata* Diener。

SB_2处于36与37层之间，之上37层为黑色硅质板岩及硅质生屑灰岩，层次清晰；之下36层为深灰色薄至中厚层状隐至微晶质灰岩。

SB_3为40与41层之间，即吴家坪组与长兴组的界线，41为浅灰色中至厚层假鲕—凝块状微晶质含有孔虫灰岩，局部重结晶，产䗴 *Sphaerulina* sp. 及 *Palaeafusulina* sp. 等；40层为深灰色薄至中厚层状隐至微晶质灰岩，层面不整，产腕足类"*Ovaia*" sp.。

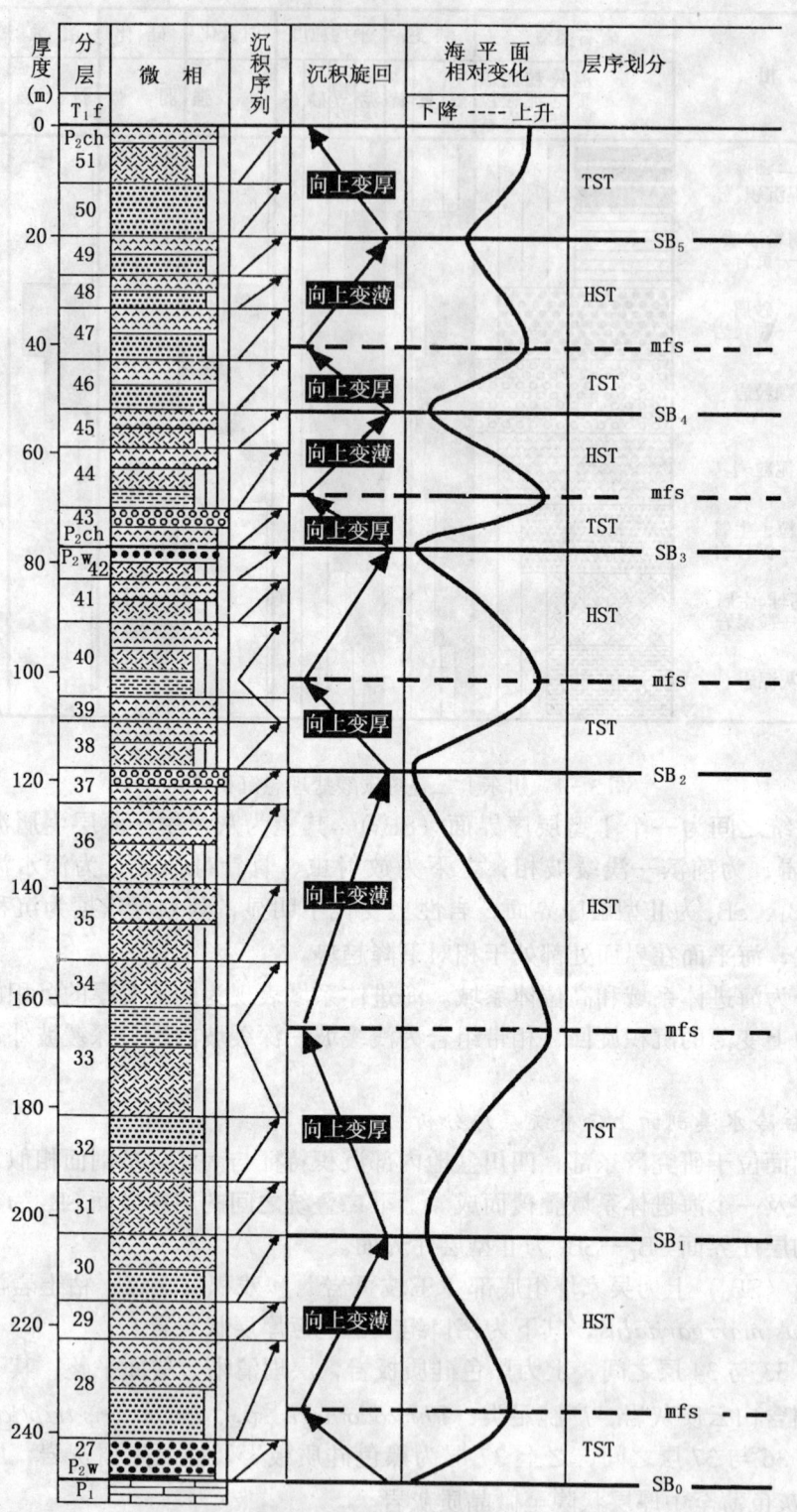

图 3-2 南江桥亭剖面上二叠统层序分析图

SB₄ 位于 42 与 43 层之间，43 层为灰色中至厚层状隐晶质含白云质有孔虫灰岩，层次不

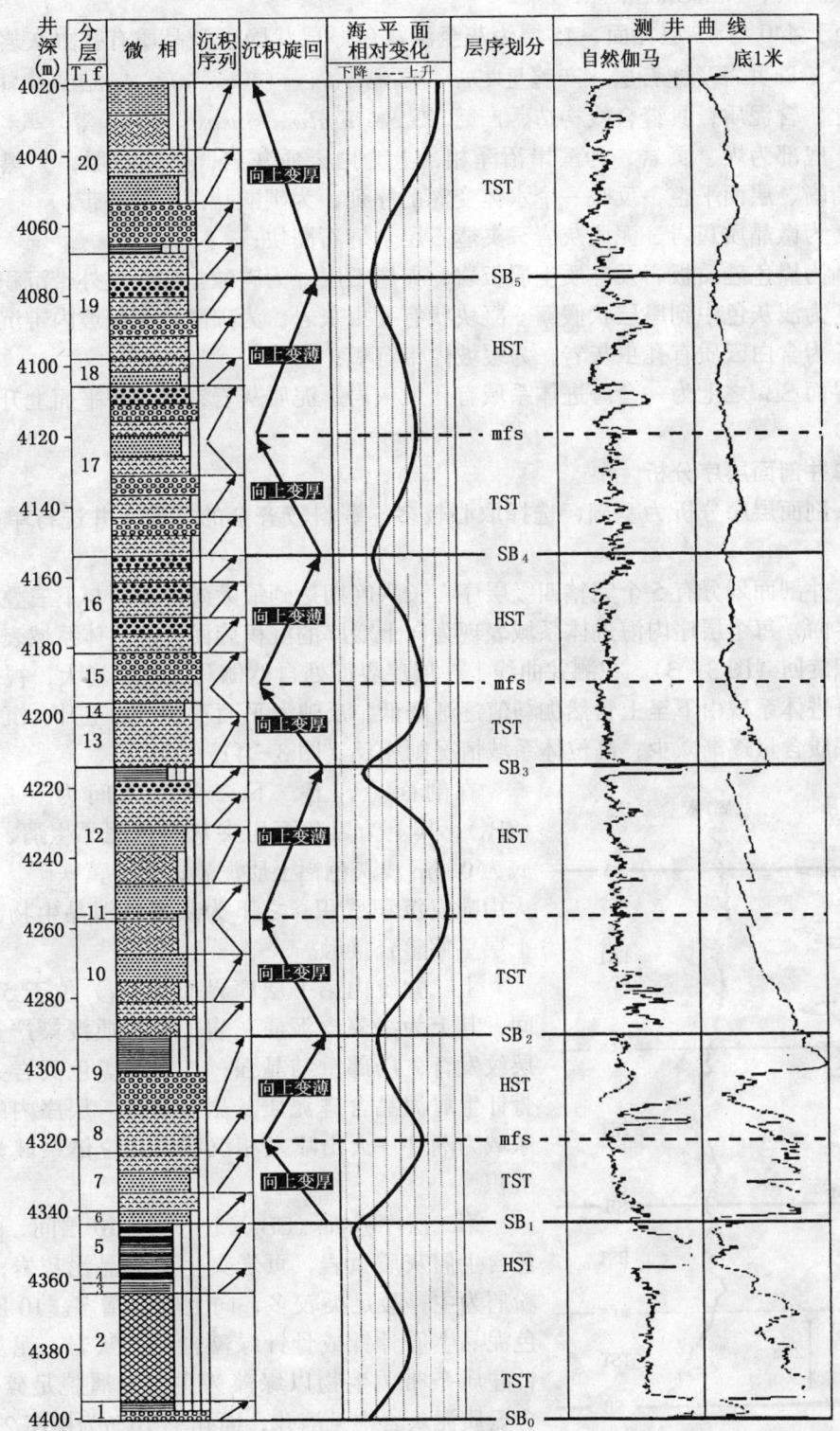

图 3-3 梁向 1 井上二叠统剖面层序分析图

清晰，局部重结晶，无燧石团块；42 层岩性同上，含泥质量，见钙质页岩、硅质层，产鏟

Sphaerulina sp., *Nankinella* sp.。

SB₅处于440与45层界面，45层为灰至深灰色厚层状隐至微晶质有孔虫灰岩，夹土黄色、黑色水云母页岩及燧石层，产腕足 *Orthotelina ruber* (French)、*Acosarina* sp. 等；44层岩性同上，含泥质，具缝合线构造，产鏟 *Palaeofusulina sinensis* Sheng 等。

层序1底部为煤、页岩，为滨岸沼泽相，上为白云质灰岩，夹燧石层，为黑色硅质板岩，层理清晰、层面平整，反映一个水体变深的序列，为碳酸盐深缓坡外带；

层序2为微晶质灰岩、泥质灰岩，夹燧石层、燧石团块；

层序3为黑色硅质板岩及硅质生屑板岩，夹燧石层，为碳酸盐深缓坡外带沉积；

层序4为浅灰色中到厚层状假鲕—凝块状有孔虫灰岩，为碳酸盐深缓坡内带沉积；

层序5为含白云质有孔虫灰岩，为缓坡内带沉积；

层序界面SB₅之上为一套海进体系域有孔虫灰岩、泥质灰岩，代表海平面上升，达到最大洪泛面。

二、单井剖面层序分析

以露头剖面层序分析为基础，选择取心较多、资料较齐全的梁向1井进行单井层序分析。

梁向1井剖面划分有5个完整四级层序，长兴晚期达到最大海泛面，与下三叠统飞仙关组无层序界面，每个层序内海进体系域表现为向上变厚的沉积旋回，高位体系域表现为向上变薄的沉积旋回（图3-3）。在测井曲线上，层序界面处自然伽马值突然增大，视电阻率突然降低；海进体系域由下至上自然伽马值逐渐降低，反映海平面不断相对上升，沉积形成的碳酸盐岩泥质含量逐渐减少；高位体系域情况则相反（图3-4）。

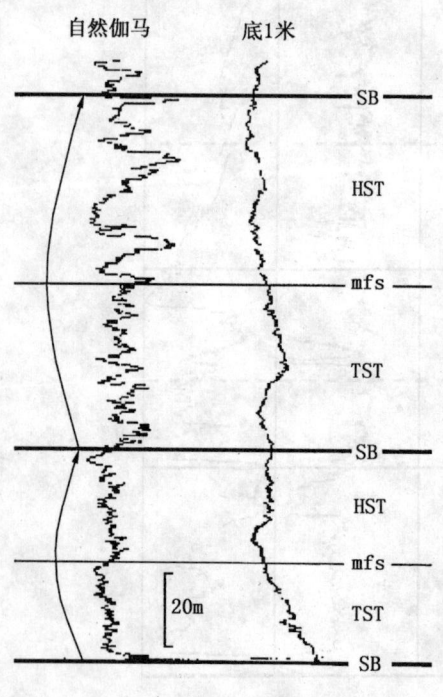

图3-4 层序界面和体系域测井曲线特征

在剖面上，上、下二叠统之间为一层序界面（SB₀），其上为黑色页岩夹灰黑色泥晶生屑、泥灰岩，底为0.5m浅灰色铝土质泥岩，富含黄铁矿，为潮坪—火山喷发沉积残积；之下为灰褐色泥晶生物灰岩，与上层呈假整合接触。

上二叠统内第一层序界面（SB₁）位于5、6层之间，其上为绿藻含泥质灰岩，有机质浸染严重，微细层纹发育，局部重结晶强；其下为黑色页岩夹深灰色骨针生屑泥晶含硅泥质灰岩及煤层。层序内的海进体系域为潮坪—火山喷发相沉积，高位体系域为潮坪相沉积。

第二层序界面（SB₂）位于9、10层间，9层为黑色含生屑灰质页岩，页岩夹生屑泥晶泥灰岩，生物以粉屑为主，腹足类较多，向上骨针增多。10层为深灰色泥晶生屑骨针或骨针绿藻含泥质灰岩、泥灰岩，夹针硅质条带，生物以绿藻为主，介屑腕足碎片较多，含云质泥灰岩中见溶孔，面孔率10%为层序2沉积。

第三层序界面（SB₁）位于12、13层之间，之上13层岩性为深灰色泥晶绿藻含泥质灰岩，有机质泥质较重，局部断续泥纹发育，生物以绿藻为主，大致顺层排列，为层序 3 沉积，之下 12 层岩性同上，弱白云化、硅化普遍。

第四层序界面（SB$_4$）介于 16、17 层之间，之上为褐灰、浅灰色粉—亮晶绿藻灰岩，质纯，重结晶强而普遍，生物含量为 40%～65%，以绿藻为主，局部红藻发育。海水活动强烈，台内浅滩相为层序 4 沉积，之下为深灰色泥晶藻灰岩，结构较均一，泥质含量 8% 左右，有机质侵染较重，夹粘土岩条带，二叠钙藻为主，伞藻较多，局部古鏟富集，棘屑、腕足等普遍。

第五层序界面（SB$_5$）介于 19、20 层之间，二层岩性变化不大，19 层发育二叠钙藻为泥晶结构，20 层发育亮晶藻屑。层序 5 的海进体系域储集能力差，富含生物，生油能力较好，高位体系域白云化程度较高，储集能力较好。

第五层序界面（SB$_5$）之上为一套海进体系域；在二叠纪末，海侵范围最大，海平面上升达到最大洪泛面。

第三节　川东地区上二叠统层序划分与对比

以三个典型露头剖面和梁向 1 井剖面层序地层分析为基础，依据层序界面及体系域的电测曲线特征，可从区域上对川东地区上二叠统进行层序划分与对比。

一、研究区西南—东北向横剖面层序划分对比

在该方向上选择兴文川堰—相 22 井—座 2 井—梁向 1 井—罐 7 井剖面（图 3-5）进行层序地层分析，自下而上划分出五个层序，六个层序界面。

龙潭期发生三次大的海侵，相应沉积三个层序。层序 1 内海进体系域在剖面上自西南—东北相带为河流沼泽相—火山喷发相—潮坪相沉积，火山喷发相位于梁平地区，由于该区基底断裂玄武岩喷发，无海相沉积。高位体系域相带为河流沼泽相—滨岸沼泽相—潮坪相，其中滨岸沼泽相在相 22 井—座 2 井区。

层序 2 的层序界面属于 II 型层序界面。沉积相序列从层序界面向上表现为：从滨岸沼泽相—潮坪相—浅缓坡—深缓坡内带—深缓坡外带的旋回，表示可能有海岸上超向下迁移的作用过程。海侵体系域沉积从西南向东北由陆源砂质泥岩、泥质砂岩，发展成为潮坪的泥灰岩、灰泥岩。高水位体系域表示海面上升过程中沉积的退积。

层序 3 的层序界面也属于 II 型层序界面。其沉积相序列同层序 2，不同的是相带明显向西南迁移、超覆，在高位体系域晚期表现出一个相对的海退沉积。该层序界面在区域上相当于晚二叠世早、晚期沉积分界面。

层序 4 和层序 5 继续为海侵过程，研究区相序为深缓坡内带—外带—过渡带—海槽，表现出一个向西南方向超覆的趋势和海平面上升过程中的退积，在缓坡上发育生物礁。

二、研究区东西向横剖面层序划分对比

对东西方向选择了三条剖面，即雷 6 井—罐 7 井—天东 2 井（图 3-6）、梁向 1 井—拔向 1 井—石宝 1 井和座 2 井—卧 117 井—池 2 井—冷水溪，进行层序划分与对比，以此建立川东地区层序地层格架。

研究区南部剖面在龙潭期出现三次大海侵，形成 3 个海进体系域。第一次海侵时，相带组合为滨岸残积—滨岸沼泽相—潮坪相；第二次海侵时在平面上相带岩性组合为海相硅质灰岩—石灰岩夹燧石团块、条带—滨岸沼泽含煤沉积（座 2 井）；第三次海侵时为浅缓坡—深缓坡内带—深缓坡外带，海相硅质灰岩相向西进一步扩展。高位域情况类似。三次大的海侵

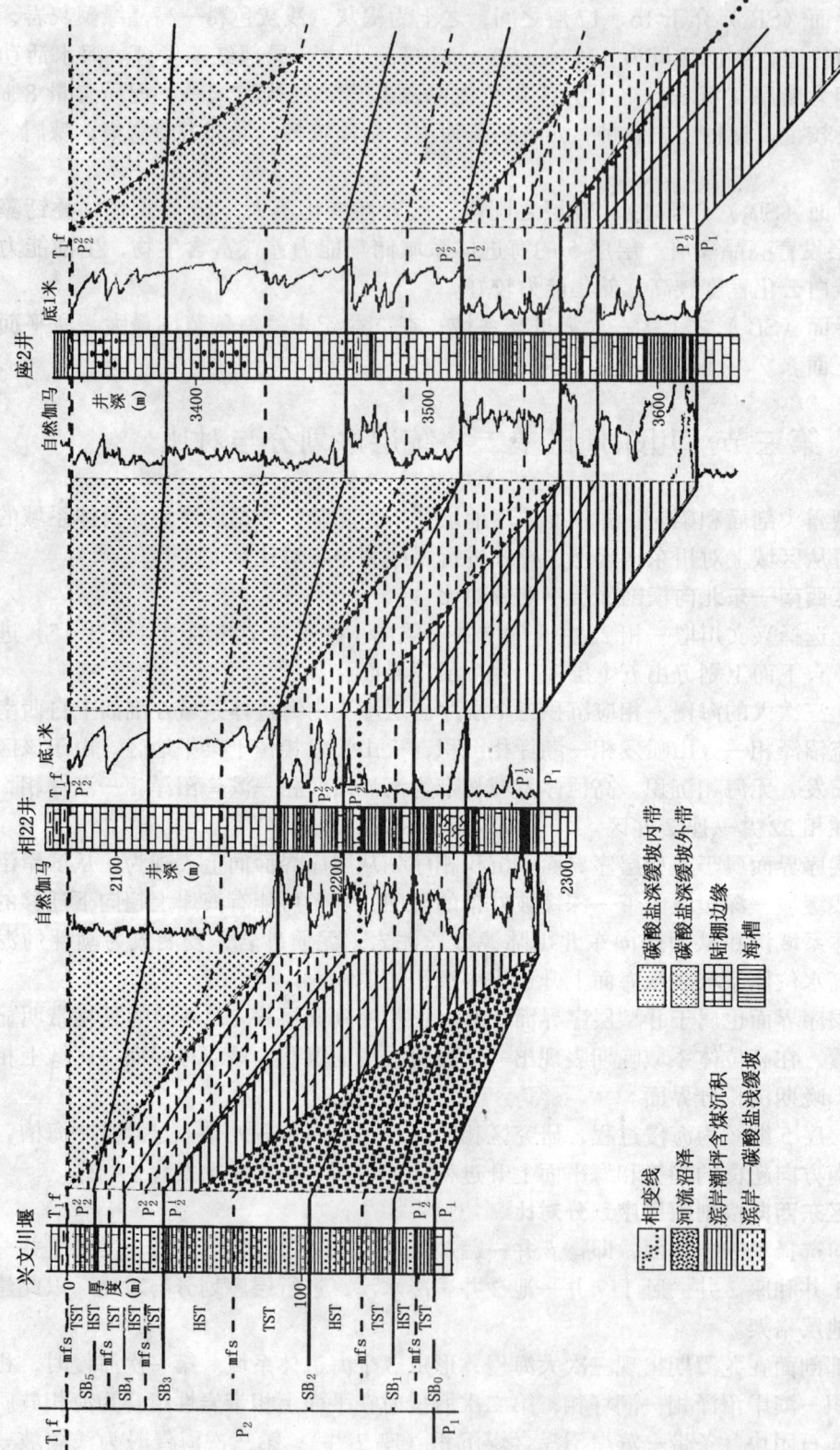

图 3-5 兴文川寨—南江桥亭横剖面上二叠统层序划分、对比图
SB—层序界面；mfs—最大洪泛面；HST—高位体系域；TST—海进体系域

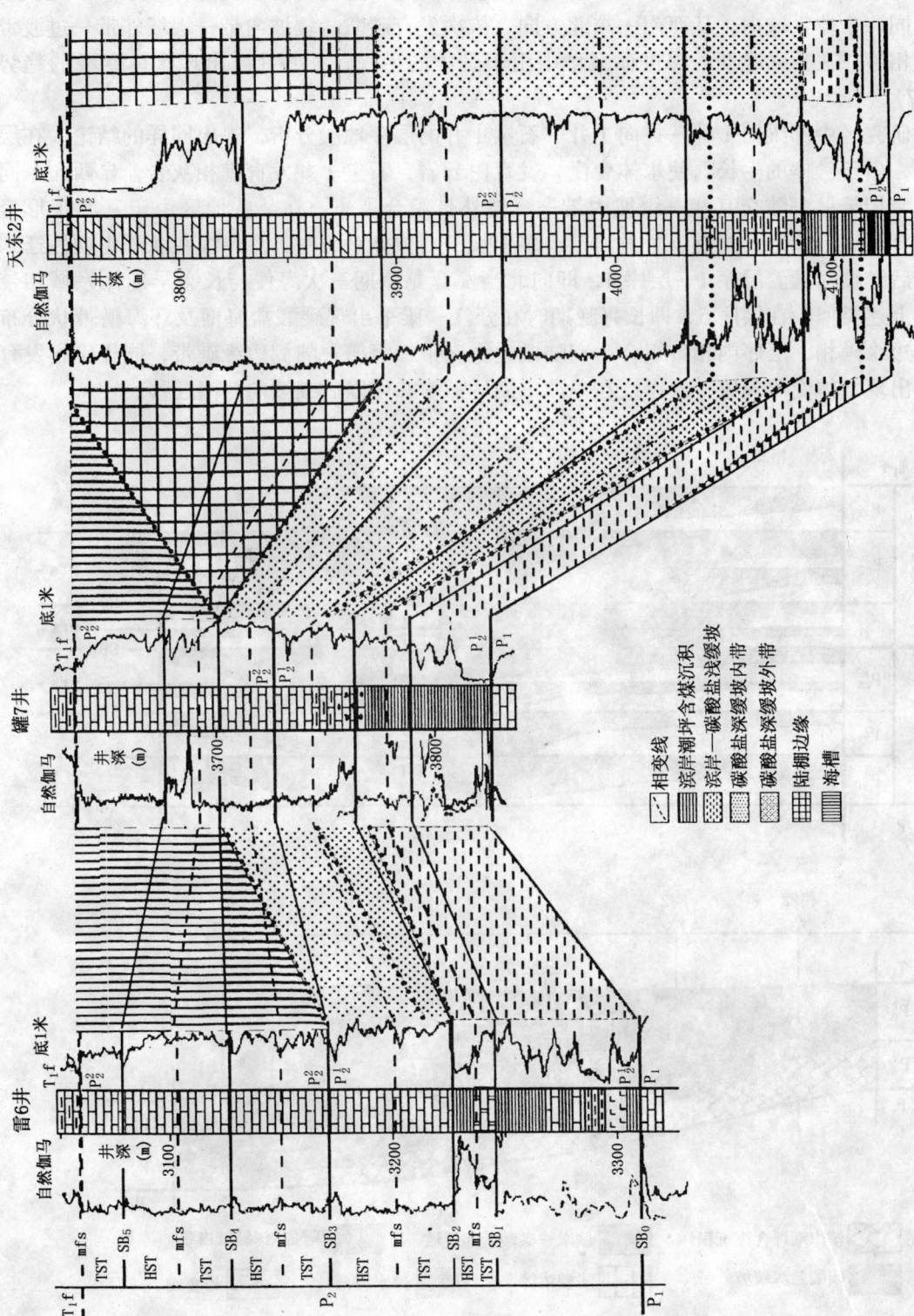

图 3-6 雷 6 井—天东 2 井剖面层序划分对比图

使海岸由东向西迁移，到龙潭晚期迁到卧117井区。

长兴期继续保持海侵，海岸线继续向西迁移，研究区完全为海水覆盖，形成两个沉积层序。在同一个体系域内，从西南—东北方向，依次发育碳酸盐缓坡内带—缓坡外带—过渡带—海槽相带。在长兴晚期，海进体系域中由于礁体的生长，某些井区出现水体变浅的趋势（卧117）。

对研究区中部梁向1井—拔向1井—石宝1井的层序地层分析，得出同样的结论。在层序4内，由于礁体的生长，使水体变浅，发育白云岩，石宝1井发育礁相灰岩，自西向东同一体系域相带呈海陆交互相—缓坡内带—缓坡外带组合展布，在某些地区由于基底正形隆起，发育点礁，如老龙洞礁、卧龙河礁，多生长于高位体系域中，海岸线在龙潭中期西迁到梁平以后继续西迁。层序1—层序4，即向北当发育龙潭期三次海侵与长兴早期体系域相带组合与上述类似。在层序5，即长兴晚期时在开江—梁平出现碳酸盐海槽及环海槽带状分布的陆棚边缘礁相，层序内相带组合为：陆棚边缘礁带—海槽—陆棚边缘礁带，同样礁相发育地区，出现水体变浅现象，海岸线在龙潭中期达雷6井区以后继续向西南迁移。

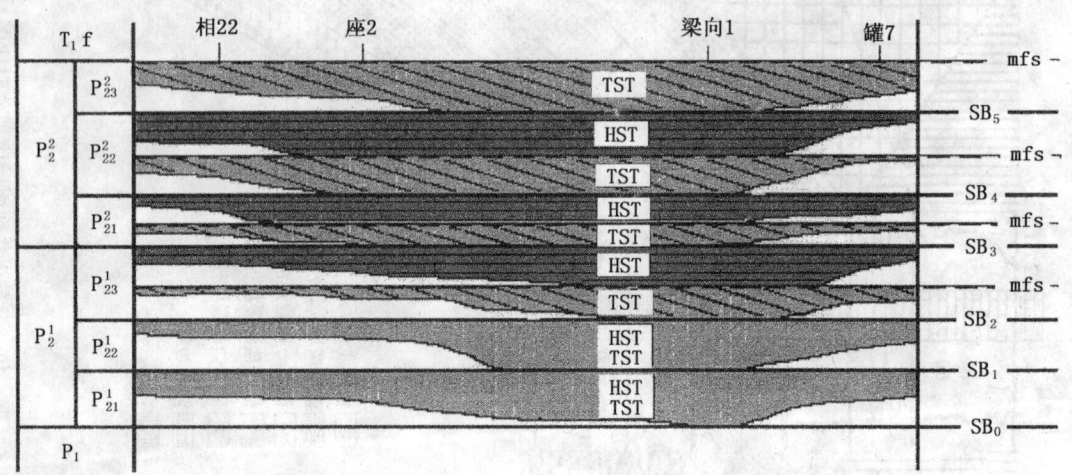

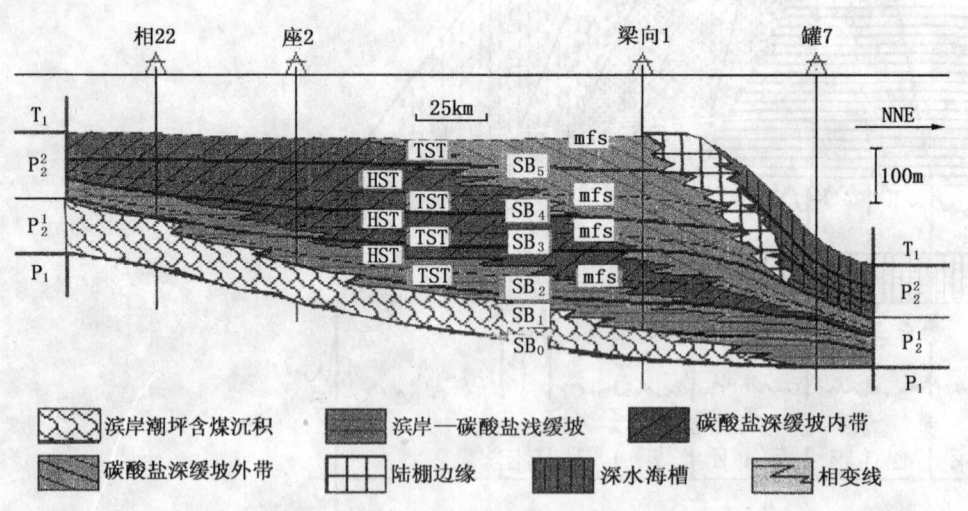

图3-7 川东地区上二叠统层序地层模式

第四节 川东上二叠统层序地层模式

　　研究区上二叠统底界以一侵蚀不整合面或假整合面为层序界面，自下而上发育五个四级层序。龙潭期有三次大规模海侵，龙潭末期出现一个相对的海退。长兴期继续海侵，到晚期达到最大海泛面。沉积相组合为：滨岸、潮坪—浅缓坡—深缓坡内带—深缓坡外带—边缘带—海槽，表现为向西南方向超覆趋势和海平面上升过程中的退积型沉积。海进体系域主要由泥质粉砂岩、粉砂质泥岩、碳质页岩、煤层、玄武质砂岩、泥岩、泥晶灰岩、硅质泥岩、生屑灰岩等自东北向西南，自东向西逐渐向上和向陆加积；高位域为碳质泥页岩、颗粒灰，岩、白云岩等泥粒岩—粒泥岩、颗粒岩，表现为向陆退积趋势，自东、东北向西、西南方向海侵的过程。与此同时来自西部康滇古陆的陆源岩类不断向东、东北充填，在层序1到层序3的高位域晚期出现相对海退时有陆源岩沉积。川东地区上二叠统层序地层模式如图3-7。

　　综上所述，长兴陆棚边缘礁主要发育于层序4内及二叠系顶部的海进体系域；点礁在川东东部发育于层序4，西部发育于层序5及其以上地层中。明确了礁体发育和层序后，在今后的进一步研究中，可通过地震资料的层序地层解释预测陆棚边缘礁。

第四章 四川盆地东部上二叠统生物礁分布规律

第一节 生物礁类型

一、主要造礁生物门类

关于川东地区上二叠统生物礁主要造礁生物的古生物学特征及生态学特征，国内许多研究者已进行了较为深入细致的研究（范嘉松，1988；强子同等，1985；徐志川，1989；张维等，1992；Wang Shenghai et al，1994）认为主要的造礁生物有以下几类。

（一）钙质海绵类

钙质海绵是川东地区上二叠统生物礁中最重要的造架生物之一，其属种较多，主要包括串管海绵（*Sphinctozoa*）、纤维海绵（*Inoza*）和硬骨海绵（*Sclerospongiae*）三类。

（二）水螅类

水螅类在川东地区上二叠统生物礁中数量较海绵少，但也是重要的造礁生物。主要有两种类型，一类为板状水螅，起粘结和遮盖作用；另一类为团块状水螅，起造架作用。

（三）藻类

藻类在川东地区上二叠统生物礁的形成中起了重要的稳固礁体和增强抗浪能力的作用。参与造礁作用的主要是古石孔藻（*Archaeolithoporella*）、管壳石（*Tubiphytes*）及少量蓝绿藻。

（四）其它造礁生物

上二叠统生物礁中还有其它造礁生物，如珊瑚类、苔藓虫类等。它们在海绵、水螅生物礁中含量较少，但起造架作用。

据陆廷清等研究（1998），钙质海绵不像珊瑚那样可以任其向上生长，它的个体小，为串珠状、链状、柱状，少数为分枝状。当钙质海绵个体长到一定程度时，生命力开始衰退，但还没有死亡时，皮壳状的古石孔藻就开始一层层地包裹它。一旦海绵体被全包裹或缠绕，其进水孔或出水孔被堵塞，水道系统失去功能，海绵体将死亡。早期死亡的、被古石孔藻包裹或被其它生物所缠绕的这些海绵体，为后来的海绵生长或其它底栖生物提供了稳固的基层，同时也为适合生活于粗粒沉积物之上的生物提供了理想的生活场所。这一过程被 Kidwell（1986）描述为古代和现代底栖生物群落发生演替的主要营力之一。因海绵的再生能力很强和上述独特的繁殖方式，在环境相适应下，新的一代海绵生物很快又发育起来，如此反复地循环生长发展，就形成了具有抗浪性格架的海绵生物礁。

二、生物礁类型

根据第二章对四川盆地东部上二叠统沉积相的分析，上二叠统长兴组生物礁可以依其所处的沉积相带分为两类。它们的主要造礁生物都是海绵、水螅及藻类，但礁体的相带组合有明显的区别。

（一）陆棚边缘礁

陆棚边缘礁位于碳酸盐缓坡和海槽的过渡带上。在研究区内发现的边缘礁都是井下钻遇的，它们分布在环开江—梁平海槽的陆棚边缘相带，如黄龙礁、天东礁及铁山礁等。而地面

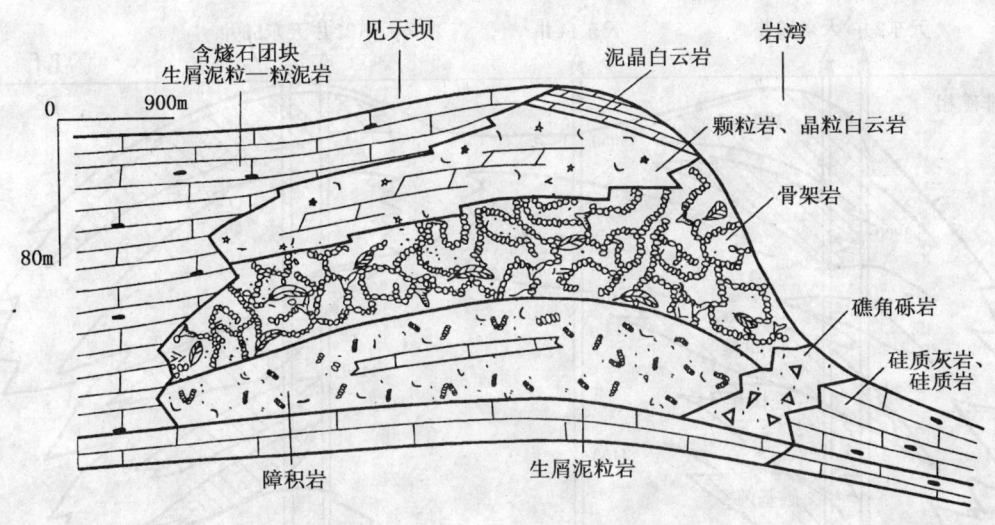

图 4-1 边缘礁微相组合示意图

出露的边缘礁则只在湖北利川发现了东临鄂西硅质海槽的见天坝生物礁。见天坝生物礁的相带组合具有边缘礁的典型特征，礁前、礁后相带分化明显（图 4-1）。而环开江—梁平海槽的各边缘礁因系钻井剖面揭示，目前尚不具备对礁体相带做详细研究的条件，但它们位于相变带的特征十分清楚。这些礁体中有的规模较小，如门 4 井礁只有一口井钻遇，礁核相厚仅 50m。但目前已钻遇的大多数边缘礁规模较点礁大，如天东生物礁已有 13 口井钻遇，地震预测生物礁分布面积达 33.4km²，其高宽比很小。

从目前钻遇井较多的铁山生物礁、天东生物礁看，这些生物礁具有 2 个以上成礁旋回（图 4-2），礁核相和礁滩相的侧向相变十分明显。此外，从一些岩心上可见边缘礁的骨架岩微相中有较多的亮晶胶结物充填的骨架孔，表明造架生物的生长环境具有较高的能量。

（二）点礁

这里所指的点礁是长兴期碳酸盐缓坡上的对称礁，其礁体高宽比多大于 1/10，呈扁平丘状。点礁的面积一般较小，研究区地面出露的礁体宽度小于 2000m，井下一般都是单井钻遇。其相带对称分布（图 4-3），不象边缘礁能分出礁前、礁后。与边缘礁相比，点礁的骨架岩微相中亮晶充填的架间孔明显要少得多，有时甚至很难见到，这是深缓坡环境能量较低的表现。

点礁的高能滩相沉积一般在礁基（丘）部位和礁翼部位，白云化作用和溶解作用可以在这些地方形成良好的孔隙性储层。由于点礁发育过程中同边缘礁一样因海平面周期性上升而具有旋回性，因而在钻遇礁体的各部位都可能有白云岩储层发育。

第二节　生物礁岩相

在对长兴组生物礁的研究中使用的礁的概念包含了礁复合体的含义，即生物礁系指礁发展过程中形成的各个有关相的总体或组合。在许多文献中，根据对现代礁和地面出露的古代礁的研究结果将礁相细分为骨架相、礁顶相、礁坪相、礁后砂相、潟湖相、斜坡相和塌积相（Longman, M.M, 1981）。但在研究井下钻遇的生物礁时，受条件限制很难根据录井资料

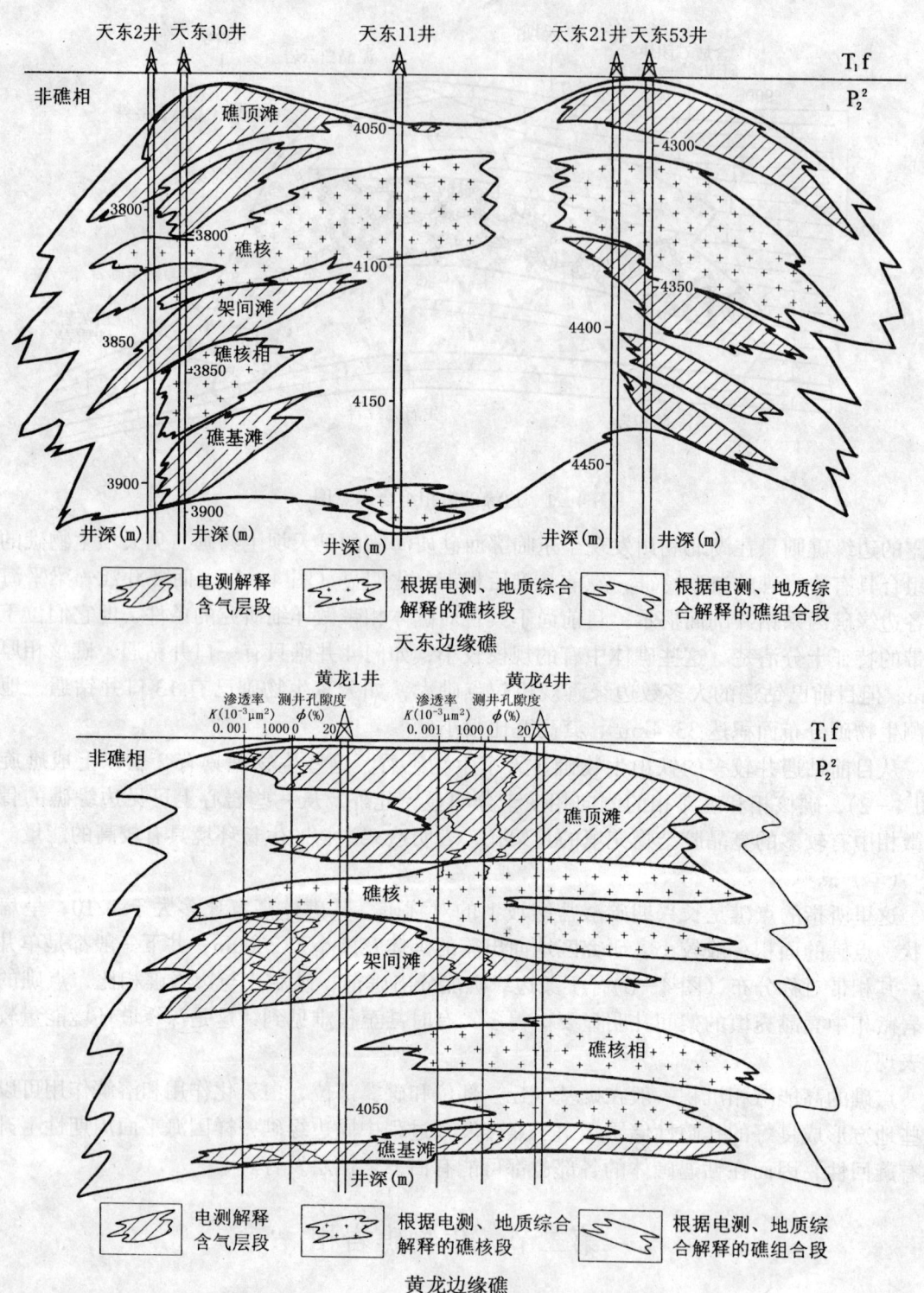

图 4-2 上二叠统长兴组边缘礁储层对比图

识别出上述各相带。因此，在实际研究中根据油气勘探的需要将其简化，划分为礁核（骨架）相、礁滩相、礁顶潮坪相三个大相。现将此三个大相及非礁相分别简述于下。

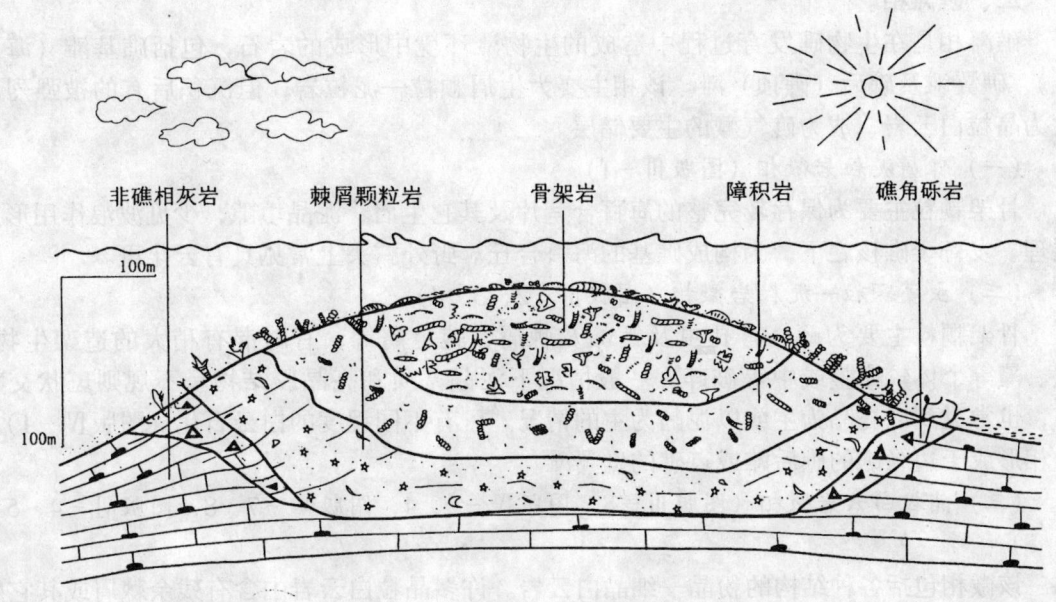

图 4-3 点礁微相组合示意图

一、礁核（骨架）相

礁骨架相是生物礁的主体或核心，呈块状，它含有的各种造礁生物化石具有反映生态关系的原始结构，其数量一般在 10%～30%。长兴组生物礁的主要造架生物是海绵和水螅。华蓥山地区礁骨架相灰岩为灰白色，但在开江—梁平地区的边缘礁骨架灰岩为深灰色。

（一）障积岩微相

枝状、丛状串管海绵（多为纯管海绵）、纤海绵及丛状四射珊瑚等原地生长，其间充填细碎生屑、灰泥及少量保存较好的腕足等化石，形成于浪基面附近。

（二）骨架岩微相（图版Ⅰ-1）

各种海绵、水螅及少量泡口目苔藓虫等相互联结、粘结搭架，有时有古石孔藻包壳及管壳石粘结，有大量的各种喜礁生物化石。可依据主要造架生物种类及架间孔内的填隙物进一步细分亚类。其中以亮晶胶结物为主的形成于浅水高能环境，以灰泥及破碎生物为主的反映受护浅水环境，但也可能形成于波浪作用带。

（三）粘结岩微相

由小形体的串管海绵、纤海绵、硬海绵及水螅组成骨架，古石孔藻发育，有时可形成厚达 5mm 的包壳，构成次生骨架。架间孔相对较小，内部常充填球粒生屑等，形成于能量偏低的浅水环境。

（四）礁角砾岩微相（图版Ⅰ-2）

由被波浪破碎的骨架岩、粘结岩以及障积岩造成的各种角砾堆积而成，一般分选、磨圆较差，形成于礁坪浅水环境，有时可见角砾外有古石孔藻包壳发育。沿礁斜坡重力搬运到礁翼或深水的礁角砾岩砾间常充填灰泥。一些礁中可见砾间有球文石胶结物。钻井取心中常见礁角砾岩夹于礁骨架相及其它岩石微相中。若有大套礁角砾岩发育于礁骨架相及其它岩类之下，则是礁翼或礁斜坡的特征。

二、礁滩相

礁滩相是在生物礁发育过程中造成的生物滩环境中形成的岩石,包括礁基滩(海百合丘)、礁翼滩及礁后(礁顶)滩。该相主要为生屑颗粒—泥粒岩,但沉积后有的被强烈白云化为晶粒白云岩,成为礁气藏的主要储层。

(一)棘屑泥粒岩微相(图版Ⅲ-1)

骨架颗粒主要为保存较完整的海百合茎片及其它生屑、泥晶填隙,少见波浪作用形成的层理。发育于礁核之下,为构成礁基的海百合丘。野外露头上常见具有云化斑。

(二)虫藻颗粒—泥粒岩微相(图版Ⅲ-2、3、4)

骨架颗粒主要为䗴、有孔虫及钙藻及棘屑、腕足屑等,有时混有稍大的造架生物屑,虫、藻等个体较完整或中等破碎。一般情况下泥晶基质和亮晶胶结物呈不规则斑状交替分布,也常见到以亮晶为主或以泥晶为主的情况。可有不同程度的白云石化(图版Ⅳ-1)。该微相形成于边缘礁的礁后滩或点礁的礁翼滩。

(三)晶粒白云岩微相(图版Ⅲ-8,图版Ⅳ-2、4,图版Ⅴ-7、8,图版Ⅵ-4、5、6、7、8)

该微相包括各种结构的粉晶—细晶白云岩。许多晶粒白云岩中含有残余棘屑或其它生屑幻影以及原岩结构幻影,它们表明这些晶粒白云岩的原岩为生屑泥粒岩类(图版Ⅴ-3、4),故将其列于礁滩相。其中多孔晶粒白云岩为主要天然气储层。

也见到少数具有残余造架生物骨架或幻影的白云岩,但这类白云岩多属微粉晶白云岩。(图版Ⅴ-1、2)

三、礁顶潮坪相

对长兴组生物礁而言,该相形成于礁体生长加积速度超过海平面上升速度造成的极浅水环境中,其岩性一般很细。化石稀少,有时富腹足类(图版Ⅰ-7、8)。

(一)泥晶白云岩微相

该微相在地面剖面中可细分出若干类型,如纹理状泥晶白云岩(图版Ⅰ-3、8)、花斑状泥晶白云岩等,并具有暴露标志及古岩溶标志,常见于长兴组顶部。在井下不易细分,电测常显示较高的自然伽马值,可通过岩屑录井测井识别。

(二)藻叠层石灰岩微相

见于少数地面礁体顶部。藻叠层石可呈弱起伏或小型柱状,偶见核形石状。

(三)腹足泥晶灰岩微相及结构不均一的泥晶灰岩微相

主要或只含小个腹足类化石及其碎片,可部分白云化(图版Ⅰ-7)。

四、非礁相

非礁相包括两大类,即长兴期的碳酸盐深缓坡相和碳酸盐海槽相。

(一)碳酸盐深缓坡相

主要特征可概括为:

(1)层状(非块状),有时有泥质夹层;
(2)富含浅海生物化石,可含较多的钙质海绵骨针;
(3)生屑粒泥岩为主,次为生屑泥粒岩;
(4)含燧石团块或不规则燧石条带,或强烈硅化为硅质灰岩;
(5)颜色通常是深色的。

根据结构及构造等具体特征可将碳酸盐深缓坡相进一步划分出若干微相,但对于钻井剖面意义不大，故此略去。

(二) 碳酸盐海槽相（图版Ⅱ-1，2，3）

该相的一些主要特征前已述及，其主要微相一般不出现在有生物礁的钻井剖面中，因为上二叠统的沉积是海侵序列。海槽相的主要微相如下。

1. 含骨针、钙球、放射虫粉屑生物泥晶灰岩微相

色暗，泥质重，常含有骨针及钙球或骨针及放射虫或三种生物均有，有时有微体有孔虫。可有泥纹。

2. 粉屑生物泥晶灰岩微相

基本特征同上一微相，但所含骨针、钙球、放射虫稀少或偶见，生屑为粉砂级、不可辨识门类或种属，可含较多泥质或泥纹。

第三节 生物礁发育的阶段性与旋回性

生物礁是生物因素和环境因素共同作用的产物，其中环境又是起决定作用的因素。在适合的环境中生物礁发育后，生物作用又会在一定的范围内影响环境。而环境的变化又可以使礁体死亡、重新发育或发生迁移。这就使生物礁的发育具有阶段性，并使生物礁沉积层序具有旋回性。

一、生物礁发育的阶段性

詹姆斯（James，1984）将生物礁的发展划分为四个阶段，即定殖期、拓殖期、泛殖期和统殖期。在地面出露完整的剖面上，长兴组生物礁发育的这种阶段性很清楚。现将研究区内长兴组生物礁发展阶段性的特征简要归结如下（图4-4）。

阶段	结构	代表生物	形态	群团	岩类	分异度	水动力
统殖期		腹足类 蓝绿藻	介壳状 板状	居住者	泥粒—颗粒岩	低	弱—强
泛殖期		水螅 海绵 Tabulozoa 苔藓虫 古石孔藻	块状 半球状 皮壳状 结壳状 不规则状	造架者 粘结者 居住者 喜礁者 穴居者	粘结岩 骨架岩 礁砾岩 角砾岩	高	强
拓殖期		串管海绵 腕足	枝状 丛状	障积者 居住者	障积岩	较高	较强
定殖期		海绵 有孔虫 腕足 棘屑	枝状	障积者 居住者	障积岩 漂浮岩 盖覆岩 泥粒—颗粒岩	较低	弱

图4-4 四川盆地东部上二叠统长兴组生物礁生长旋回模式

(一) 定殖期（Stabiliyation）

定殖期是礁基海百合丘形成阶段。在风暴流造成的地形高部位或其它原因形成的海底地

形高部位发育以海百合为主的生物群落,大量的棘屑加积形成了初始地貌隆起即海百合丘。它位于晴天浪底之下,少见流水作用形成的层理,粒间充填灰泥为主,属深水丘。

(二) 拓殖期 (Codkonigation)

为造架生物开始固着生长阶段。海百合丘顶部首先有皮壳状硬海绵,水螅及蓝绿藻葡匐生长形成固定底质,然后有柱状、枝状钙质海绵（主要为串管海绵）、管壳石、珊瑚等障积造架生物固着生长,附礁生物腕足、有孔虫、钙藻等也大量繁殖。灰泥及生屑在固着生物间大量沉积,生物作用造成的沉积速度明显高于非礁地区,使初期礁体地貌隆起更加显著,水体变浅,更有利于生物生长繁盛。

(三) 泛殖期 (Diversion)

礁体生长进入波浪作用带,各种生物大量繁殖,造架生物如各种钙质海绵、水螅、苔藓虫、管壳石等分异度迅速提高,不同环境中发育的造礁生物群落形成不同类型的礁骨架。粘结生物群团也充分发育进入礁骨架中。生物群的大量繁盛使礁环境水体进一步变浅,当礁顶接近海平面时将向侧向发展、迁移。此时风浪的作用可使礁骨架破坏形成大量砾石,这些砾石可能在礁脊附近聚集或顺礁斜坡搬运到礁翼部,形成各种礁角砾岩。

(四) 统殖期 (Domination)

礁体加积增长达到平均海平面,形成极浅水环境并间歇暴露（潮坪环境）,使窄盐度造礁生物群大量死亡,只有为数不多的广盐性物种如腹足类、蓝绿藻类等生存,使生物分异度突然降低。

沉积物具有潮坪环境的许多特征,发育准同生泥晶白云岩、藻叠层石灰岩,出现干裂、石膏假晶,以及强烈淋滤组构等。此时在纵向上礁体停止发育。

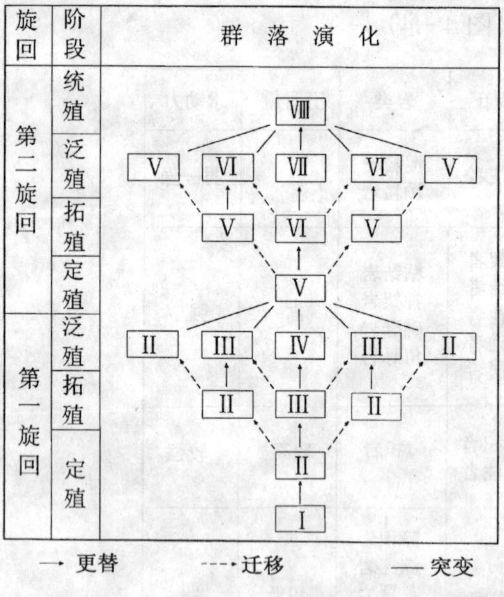

二、生物礁发育的旋回性

生物礁的旋回性与长兴期的海侵过程有关。当海平面相对稳定时,造礁生物在适合的微环境内开始定殖生长,随着造礁生物的生态发展,生物礁逐渐发育而具有阶段性。在这种情况下形成的礁体沉积是一个由礁体生长造成的向上变浅的层序,但这种礁体生长层序可以因突然的海平面上升或基底断块的快速下降而终止。如在长兴早期发育的彭水生物礁在形成了 11m 厚的礁核沉积后停止了生长,其上覆盖了厚 59m 的具有明显风暴沉积特征的黑灰色薄—中层状含燧石结核的生屑粒泥岩,表明礁体因水体迅速变深而"淹死"。

有些礁体在海水周期性变深后又重新开始生长发育,使生物礁的沉积层序具有多个旋回,如华蓥山双河洞水沟生物礁。该礁体在长兴中期开始发育,第一成礁层序进入泛殖期后,由于海平面快速上升使礁体中止发

图 4-5 川东华蓥山涧水沟生物礁生物群落演化过程

罗马数字为生物群落编号。Ⅰ—有孔虫粗枝藻群落;Ⅱ—海百合—腕足群落;Ⅲ—钝管海绵群落;Ⅳ—水螅—串管海绵—古石孔藻群落;Ⅴ—海百合—有孔虫群落;Ⅵ—水螅—硬海绵群落;Ⅶ—串管海绵—水螅群落;Ⅷ—腹足—蓝绿藻群落

育，其上沉积了一套有孔虫棘屑颗粒—泥粒岩，局部含燧石团块。之后礁体又重新发育，经历定殖期、拓殖期、泛殖期直至统殖期，沉积了第二成礁层序，在剖面上构成了二个生物礁沉积旋回。

图4-5为华蓥山涧水沟生物礁的生物群落演化过程。生物礁发育的阶段性与旋回性和生物群落的演化有直接关系。生物礁群落演化有更替、迁移、突变三种形式。

（1）更替：由于生物的大量繁殖、生物遗体的大量堆积而逐渐改变了环境条件，使原生存的群落渐渐不适应新环境而进行调整形成新的群落。

（2）迁移：在更替过程中原生物群落向环境条件未明显变化的礁体侧向迁移，通常是迁向水深相近的部位。

（3）突变：由于海水快速上升而使在一个生态环境中生存的群落消亡并在新的环境中形成新的生物群落，常发生在礁体"淹死"或由泛殖期进入统殖期的演化中。

第四节 生物礁的形成条件及分布规律

一、生物礁形成的背景条件

对现代生物礁的研究结果表明，它们只生长在清洁温暖的热带海洋中，这样的环境条件对古代生物礁也是同样重要的。

（一）气候

上二叠统的海相灰岩中含有大量的、多门类的钙质生物化石，如䗴、有孔虫、钙藻、海绵、水螅、珊瑚、苔藓虫、海百合、海胆、三叶虫、腕足、腹足、瓣鳃、头足等，无疑是温暖海水的反映。龙潭组中的含煤沉积也说明当时的湿热环境。古地磁研究结果认为峨嵋地区晚二叠世处于2.7°S位置，说明四川盆地当时处于赤道附近的热带海洋环境，这是生物礁能够发育的必要条件。

（二）海水清洁度

晚二叠世前期即龙潭—吴家坪期为海侵初期。此时源区地势较高，剥蚀强，陆源物搬运量大。海陆交互相带前缘达到达川、开江、万县、石柱一带（图2-8、图2-9），整个研究区都有泥质岩沉积。这说明其时海水较浑浊，不适合生物礁发育。到长兴期，持续的海侵使海岸远离研究区，海水逐渐变得清洁，为生物礁的发育创造了条件。该因素也许也与生物礁先出现在远离陆源区的鄂西地区，在研究区形成海侵礁系列有关。

二、生物礁的分布规律

在温暖清洁的热带海洋中，有利于生物礁发育的位置是海水能不断供应氧气和养分的地方。这些地方往往是海底地形发生变化使海流方向发生改变，或易于形成波浪的地方。陆棚边缘、台地边缘、海岸带、海底火山及其它原因如断块升降、沉积作用造成的地形隆起，都可以成为有利于生物礁发育的地方。

对四川盆地东部上二叠统长兴组生物礁而言，其分布的控制因素比较清楚的是沉积相或沉积环境。其分布规律为：

（1）边缘礁较集中地分布在碳酸盐缓坡与海槽过渡带的陆棚边缘相带上。

（2）点礁随机分散地分布在广阔的碳酸盐深缓坡区。

在范围广阔的碳酸盐缓坡上，是什么因素控制了这些点礁的分布，目前尚不很清楚。不少人提出是因海底地形变化形成一些次级洼槽、隆起，从而控制了点礁的分布，也有人认为可能是区内基底断裂的活动控制了点礁的分布。这些都是完全可能的，但要证实还需要进一步提供地质资料和地球物理资料予以说明。

对边缘礁而言，在其发育的有利相带内，是什么原因使某个礁体发育在其特定的位置上，就目前研究水平而言尚难于回答。因为这很可能是某种随机的原因造成的，如它可能发育在风暴流沉积造成的微正地形上。不言而喻，这个问题对点礁来说，就更是困难了。

第五章 四川盆地东部上二叠统生物礁气藏特征

第一节 生物礁气藏类型

1984年2月四川石油管理局在四川忠县石宝1井上二叠统长兴组发现了川东地区第一个生物礁气藏。迄今为止在川东地区已有50余口井钻遇生物礁,发现生物礁气藏9个[1]。根据对川东上二叠统沉积相的研究,川东上二叠统长兴组生物礁气藏可分为陆棚边缘礁气藏和点礁气藏两种类型(图5-1)。

沉积相带	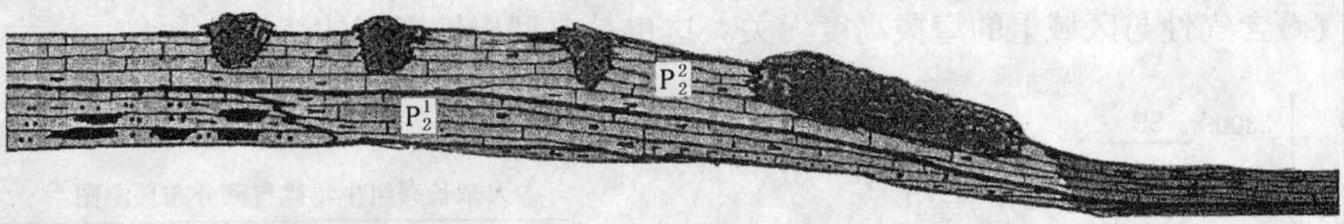 \multicolumn{3}{c}{（剖面示意图 P_2^1, P_2^2）}		
气藏类型分布及规律	点礁气藏	边缘礁气藏	裂缝性气藏
	分散分布在缓坡主体带内。非礁相地层可连续对比,礁相同期沉积隆起明显。礁体规模较小,一般小于5km²,个别达5~6km²。储量一般小于10×10⁸m³	沿海槽与缓坡过渡带成群、成带展布。礁前、礁后地层横向变化明显。礁体规模较大,一般大于10km²。储量一般大于30×10⁸m³	尚未发现礁气藏
储层特征	\multicolumn{2}{l}{储集岩主要为白云石化的礁滩颗粒岩。储集空间主要为晶间、粒内、粒间、铸模等先期孔隙经埋藏期溶解作用形成的各类次生溶孔,属孔隙型和裂缝—孔隙型储层}		
评价	礁体小而分散分布,勘探难度大,钻探成功率低,一般为小型气藏,以兼探为益,可作为勘探礁型气藏的后备区块	礁体规模较大,地质分布规律明显,勘探有利区带清楚。可形成大中型气藏,是礁型气藏勘探的最有利区块	
实例	板东礁、双龙礁、建南礁气藏	铁山礁、天东礁、黄龙礁气藏	

图5-1 四川盆地东部上二叠统生物礁气藏类型

一、边缘礁气藏

川东上二叠统长兴组陆棚边缘礁在环海槽的陆棚边缘过渡相带上成群、成带较密集展布,形成有利的油气聚集带。目前在川东地区发现的具有一定规模的边缘礁气藏均在开江—梁平海槽陆棚边缘相带内,如铁山、黄龙、天东、云安边缘礁气藏。边缘礁气藏具有气藏圈闭面积大(较点礁气藏面积大,一般大于10km²)、储量较高(一般单个礁气藏储量大于30×10⁸m³)的特点。因此边缘礁气藏是很有价值的勘探目标。

二、点礁气藏

点礁气藏形成于碳酸盐深缓坡主体带内分散分布的点礁之中,礁体规模较小(一般小于5km²),气藏储量较小(一般小于10×10⁸m³,以3~6×10⁸m³居多)。点礁气藏系统试井边

---

[1] 王一刚等,川东上二叠统生物礁气藏形成条件及勘探目标评价研究,国家"九·五"科技攻关项目,1998。

界响应明显，一般为中深层小型气藏。川东地区典型的点礁气藏有板东、双龙、石宝寨等礁气藏。点礁气藏规模虽小，但其数量多（重庆天府地区7km距离内有6个礁体出露地表），亦具有可观的资源量，且点礁气藏也不乏储层厚、孔隙度高的高产气井（如板东4、双15井等），因而也是不可忽视的勘探目标。

第二节 生物礁气藏圈闭特征

一、礁气藏圈闭

四川盆地东部地区所钻获的长兴组生物礁气藏属地层圈闭中的岩性圈闭气藏。虽然它们中有不少位于背斜构造高部位，但气藏分布范围与背斜形态无关，大多数气藏都不对称地"悬挂"在背斜构造的一翼（图5-2）。铁山礁气藏位于断垒上，属构造—岩性复合圈闭气藏（图5-3）。一些礁气藏，如云安礁气藏位于靠近向斜轴部的低部位，储层中部海拔为−4445.40m（图5-4），而产水的黄泥堂礁（梁2井）储层中部海拔为−1996.95m，说明礁气藏含气性与区域上的海拔高度无关。这也是典型岩性圈闭的特征。

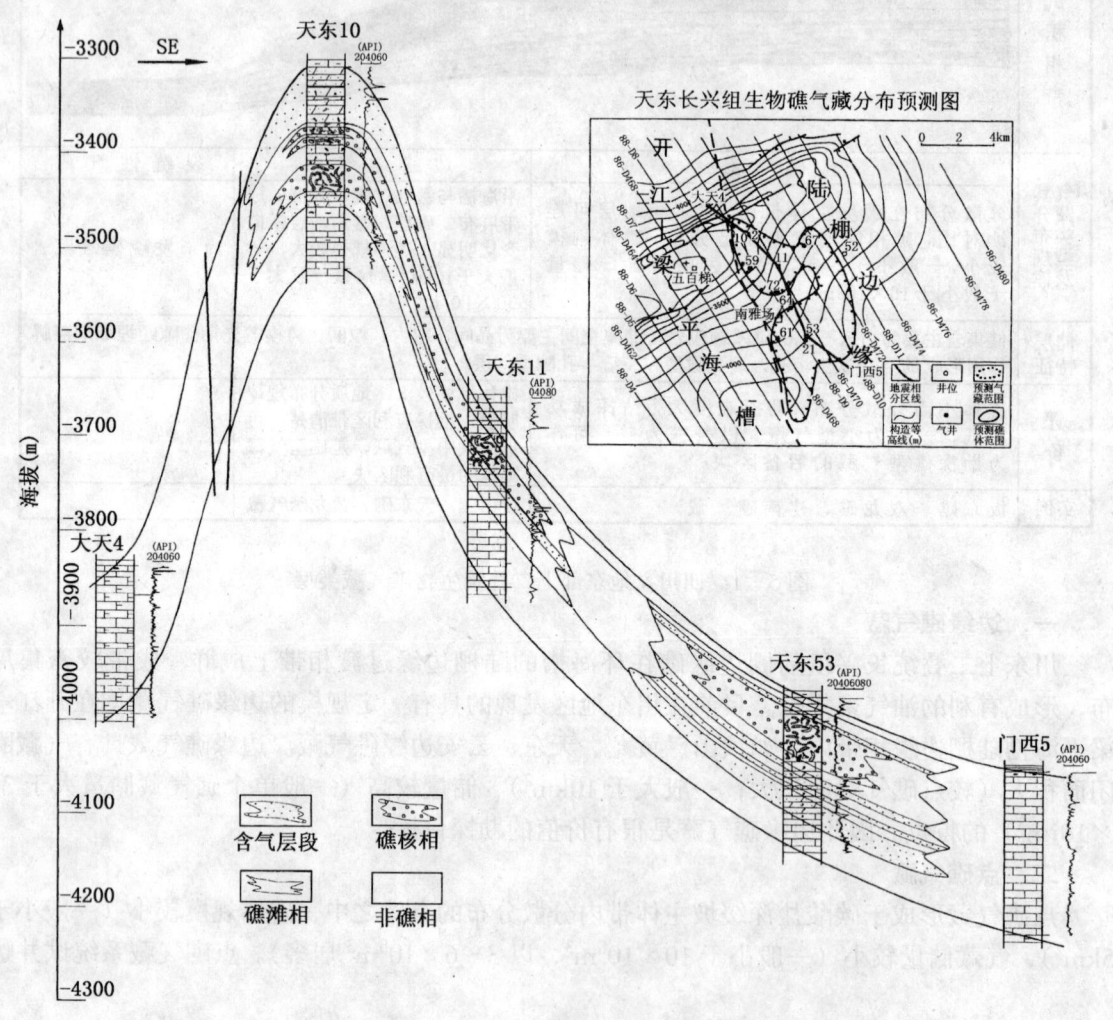

图5-2 川东上二叠统长兴组天东边缘礁气藏特征

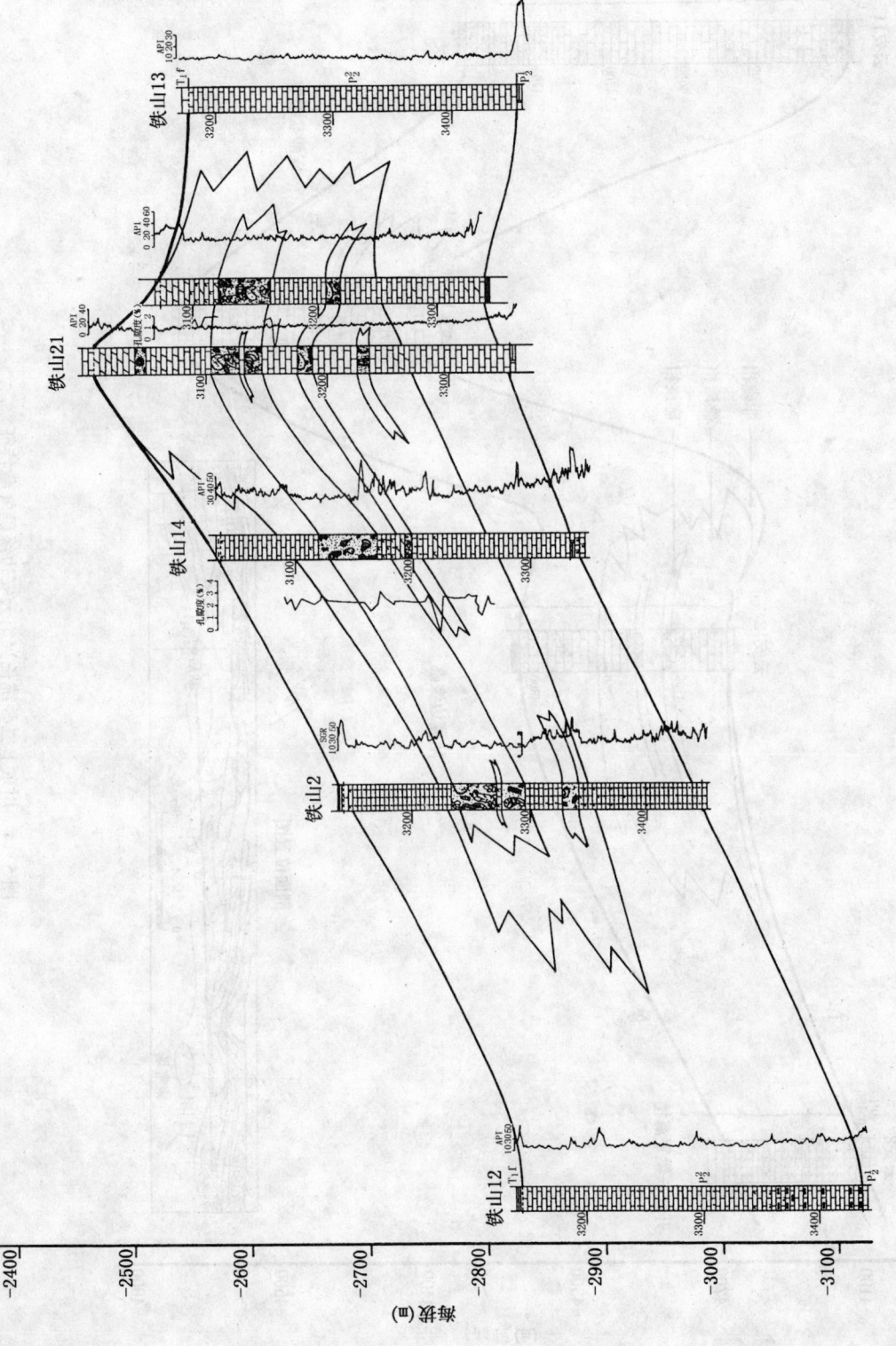

图 5-3 川东上二叠统长兴组铁山边缘礁气藏特征

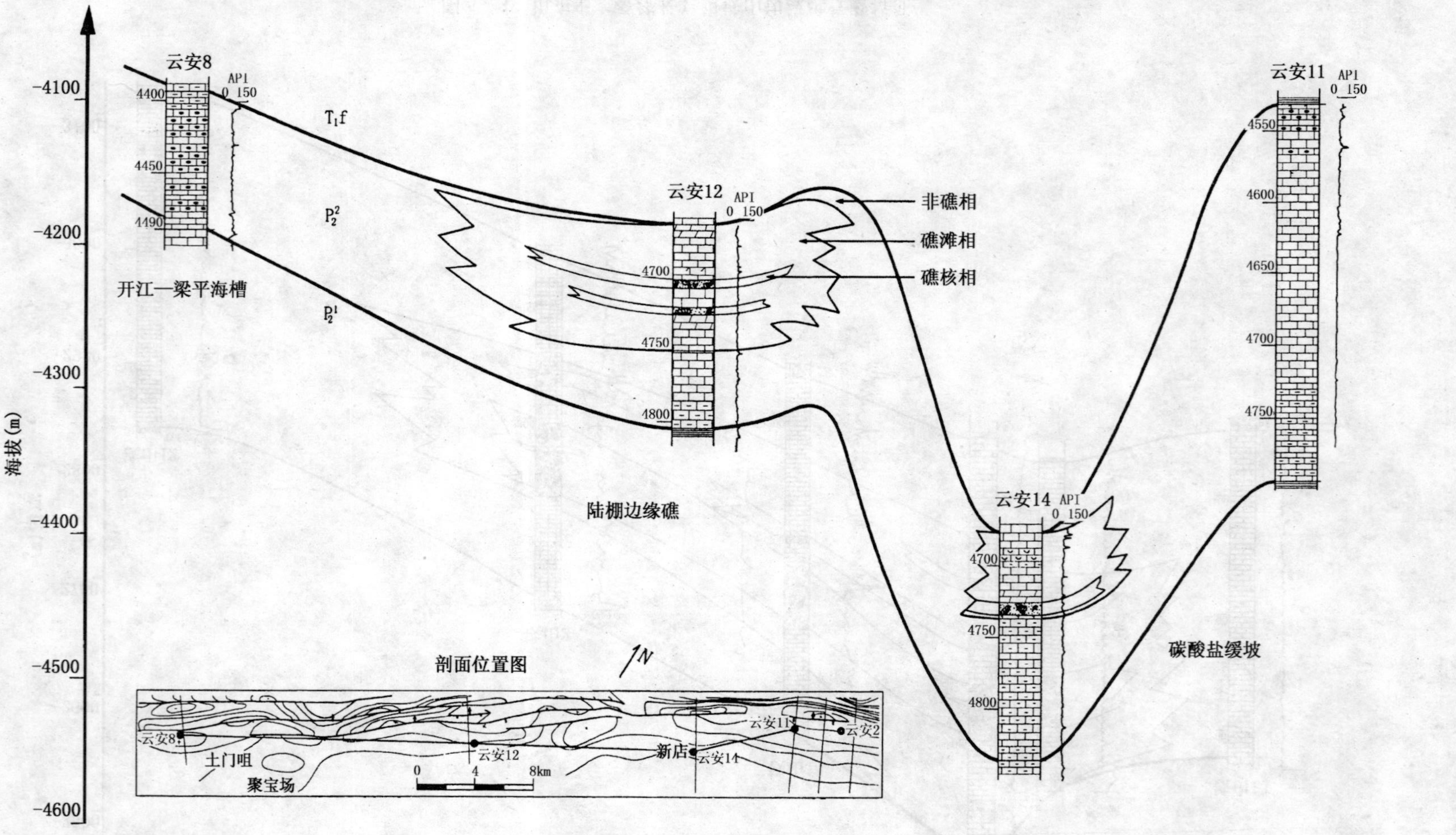

图 5-4　川东上二叠统长兴组云安边缘礁气藏特征

二、礁气藏储层岩性

礁气藏的储层本质上是孔隙性的，主要是礁滩相的生屑泥粒—颗粒岩经过成岩作用改造后形成的孔隙性晶粒白云岩。受沉积作用的控制，礁体在沉积过程中就成为包围在生屑泥晶灰岩、泥晶白云岩以及飞仙关组的泥岩、泥灰岩等致密岩石中的孤立丘状体。经压实和胶结作用后，包围礁体的致密碳酸盐岩孔隙系统丧失使礁体封闭。礁体中各相带的孔隙系统也因成岩作用的进程不同而发生变化，部分礁滩相在埋藏期经不同程度的白云石化和强烈的溶解作用而成为烃类的有效储层，这些储层呈孤立的透镜体状被封闭在致密碳酸盐岩中。因此沉积作用和成岩作用是形成礁气藏岩性圈闭的主要基础。

三、礁气藏盖岩

盖岩是形成有效圈闭的决定性因素之一。对于生物礁气藏的岩性圈闭而言，除了圈闭上覆的盖层而外，盖岩还包括在侧向上起封堵作用的致密碳酸盐岩。

四川盆地东部上二叠统生物礁气藏都具有厚度大、封堵性很好的顶盖层。如板东 4 井点礁气藏顶部为 13m 的泥晶白云岩，飞仙关组底部为 13m 的钙质泥岩，下部为约 170m 厚的泥晶灰岩，构成了良好的顶盖层。它们封堵的气藏虽然气柱高度仅有百余米，但却有很高的剩余压力（压力系数达 1.73）。天东边缘礁气藏顶部的天东 10 井在气藏储层之上为 40m 的礁顶潮坪含石膏泥晶灰岩、白云质泥晶灰岩、飞仙关组底部为 18m 的泥灰岩，下部为 60m 的泥晶灰岩，它们封堵的气藏高度逾千米且还有显著的剩余压力（压力系数为 1.42）。

在地表条件下采用井下岩心标本做的压汞实验数据表明，礁顶潮坪泥晶白云岩、飞仙关组底部的泥灰岩或钙质泥岩、飞仙关组下部泥晶灰岩的突破压力分别为大于 50MPa、250MPa 及 70MPa，其封堵气柱的高度分别为 689m、3370m 及 959m。在气藏条件下由于围压的存在盖岩孔喉缩小将使封堵能力明显增加。据板东 4 井样品测试资料，气藏上部飞仙关组泥灰岩、泥晶灰岩样品突破压力为 259MPa，相应的封堵气柱的能力高达 3548.3m。可见，在没有断层、裂缝破坏的情况下，生物礁气藏顶部盖层是具有足够封堵能力的。

生物礁气藏侧向封堵的盖岩是长兴组致密非礁相灰岩及被强烈胶结的礁相灰岩，这些岩石样品的突破压力在 63.4～286.2MPa。礁体间一般都有相当的距离。因此，和礁气藏顶部盖层一样，侧向盖岩有足够的封堵能力保证礁气藏岩性圈闭的有效性。

四、断层对礁气藏的影响

一般情况下长兴组生物礁的规模较区内背斜构造小，因此能影响生物礁气藏圈闭的构造因素主要是断层。当起封闭作用的断层切过礁体储层时形成断层—岩性复合圈闭（如铁山礁气藏），相反，当非封闭性的断层切过礁体储层时则使岩性圈闭破坏。如黄泥堂生物礁受断层破坏，所钻的两口生物礁井（梁参井、梁 2 井）均产水（梁参井产微气），即是被断层破坏的岩性圈闭的实例（图 5-5）。

五、礁气藏的流体及压力

生物礁气藏的气水分布状况及其气藏压力特点都与生物礁气藏是典型岩性圈闭气藏密切相关。川东地区上二叠统礁气藏无区域性的气水界面，高部位的圈闭可以产水，如黄泥塘礁储层中部海拔 -1500m，而低部位礁产气，如云安 14 井礁储层中部海拔 -4450m。气藏的流体性质及压力状态与圈闭保存完好情况相关。无断层切割的圈闭，如个体较小的板东礁、双龙礁等点礁气藏有很高的压力，而有断层破坏的圈闭，如建南礁、黄泥塘礁及铁山礁等，压力较低。这些特点反映礁气藏圈闭是孤立的、彼此互不连通的岩性圈闭的特征。

除产水的礁体外，目前川东地区发现的礁气藏充满度高，都产纯气，电测解释也无明显

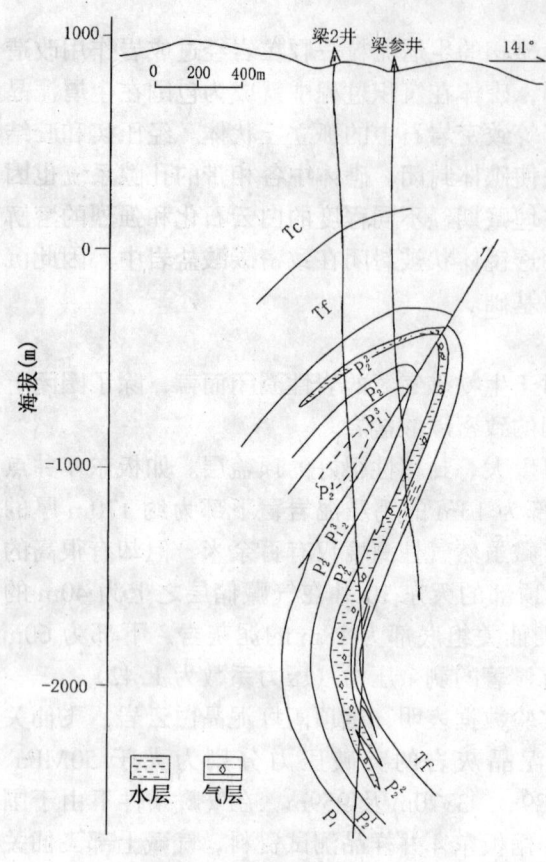

图 5-5 川东长兴组黄泥堂礁实钻剖面图（据陈季高，1988年修改）

的底水或边水。川东生物礁气藏的驱动方式是气体弹性驱动。在邻区华蓥西的涞1井礁气藏是气水同产，其结果与电测解释的气水同层相吻合。石柱复向斜的建南礁气藏是有边水的礁气藏，气藏南部虽有正断层切过，但断层并未破坏该岩性圈闭，断层两盘具有统一的气水界面。

（一）天然气性质

本研究取得礁气藏气样6个，有关测试数据列于表5-1。表中可见所有样品的 N_2 含量都低于 1.0%，He含量为 0.02%～0.03%，且礁气藏天然气中 CO_2 的 $\delta^{13}C$ 为 -16.19‰～-2.20‰，说明长兴组生物礁气藏的天然气是生成于地壳的有机成因气，而非来自地幔的深源气。在所有礁气藏中只有板东4井有少量凝析油产出。在天然气组成上，板东4井的重烃量也明显较其它气藏的高。如表中所列，各样品干燥系数均大于99%，而 C^{2+}/总烃值均小于1%，表明生物礁气藏的天然气均属成熟度很高的干气。这些天然气的 H_2S 含量均很低。此外，$\delta^{13}C_1$、$\delta^{13}C_2$ 及 $\delta C_2-\delta C_1$ 分析值的差异表明礁气藏的天然气在气源上有差异。板东4井 $\delta^{13}C_1$ 是 -32.39‰，$\delta^{13}C_2$ 是 -29.56‰，$\delta C_2-\delta C_1$ 为 2.83‰。表明其天然气较之于其它气藏的更富来自于煤型烃源岩的气。这种差异与礁体类型或礁体所处相带有关，说明天然气是近源的，而且主要是通过垂向运移进入礁圈闭的（详细讨论见第六章第一节。）

（二）礁气藏地层水性质

有关生物礁气藏和生物礁产水井的水样测试结果列于表5-2中。所分析样品均为 $CaCl_2$ 型水，矿化度在 51.98～108.10g/l，表明礁气藏的地层水是地下深层水文地质封闭性良好的条件下形成的。值得注意的是这些样品中有的可能是受污染的地层水，如宝1井水样pH值偏低、矿化度偏低，可能是有酸化液或凝析水混入。

（三）礁气藏压力

四川盆地东部（包括华蓥西、石柱复向斜地区在内）共有13个上二叠统长兴组生物礁测得了地层压力资料，其中礁气藏9个（表5-3）。天东边缘礁气藏的天东10井、天东21井相距6.7km（图5-2），气层中部海拔相差693.79m，将天东10井地层压力52.42MPa换算到天东21井气层中部-4030.13m为54.46MPa。与天东21井地层压力54.45MPa非常接近，这说明天东礁气藏具有统一的压力场。铁山边缘礁气藏的情况也类似，它不但有统一的压力场，且动态试井表明井间是相互连通的。

从表5-3中可看出，生物礁气藏的压力系数变化较大，黄泥堂礁（梁2井）仅为0.99，双龙礁（双15井）则达到了2.24。若气藏压力系统与静水压力相关，在川东生物礁

表 5-1 川东上二叠统长兴组生物礁气藏气分析数据表

井号\参数	C_1 (%)	C_2^+ (%)	C_1/总烃 (%)	$C_1+C_2^+$	C_2^+/C_1 ×100	iC_4/nC_4	$\dfrac{C_2}{C_2+C_3+C_4}$	H_2S (%)	CO_2 (%)	N_2 (%)	H_2 (%)	He (%)	$\delta^{13}C_1$ (‰)	$\delta^{13}C_2$ (‰)	$\delta^{13}C_3$ (‰)	$\delta^{13}C_4$ (‰)	$\delta^{13}C_{CO_2}$ (‰)	$\delta C_2-\delta C_1$
宝1井	92.46	0.18	99.81	514	0.19	—	—	0.39	6.30	0.57	0.08	0.02	−31.10	−31.95	—	—	−2.20	−0.85
天东10	95.99	0.30	99.69	320	0.31	—	—	0.19	2.79	0.71	0	0.02	−30.78	−30.60	—	—	−5.28	0.18
张23井	97.10	0.31	99.68	313	0.32	—	—	0.13	1.90	0.56	0	0.02	−32.56	−33.58	—	—	−6.45	−1.02
板东4井	97.61	0.86	99.13	113	0.88	0.83	0.65	0	0.97	0.46	0.07	0.02	−32.39	−29.56	−25.63	−26.46	−3.72	2.83
铁14	97.90	0.29	99.07	338	0.30	—	—	−0.08	0.77	0.92	0	0.03	−31.55	−33.38	—	—	—	−1.83
铁21	98.04	0.25	99.75	392	0.25	—	—	0.08	0.67	0.92	0	0.03	−31.43	−33.37	—	—	—	−1.94

气藏地层条件下天然气密度 0.255g/cm³、地层水密度 1.065g/cm³ 时，设气藏埋深 3500m，气藏高度 400m，由于气水密度差造成的气藏压力系数为 1.046。这说明除了黄泥堂礁和建南礁气藏外，其余礁和礁气藏都有剩余压力。黄泥堂礁和建南礁气藏地层压力偏低的原因可能与圈闭被断层切割有关。

表 5-2 川东上二叠统长兴组生物礁气藏地层水分析资料

井号	密度 (g/cm³)	pH	离子浓度 (mg/l)							水型	矿化度 (g/l)	取样条件
			$K^+ + Na^+$	Ca^{2+}	Mg^{2+}	Ba^{2+}	Cl^-	SO_4^{2-}	HCO_3^-			
宝1	1.0506	5.0	10649	6875	1429	0	32006	920	103	CaCl	51.98	气井，酸化后分离器采样
梁2	1.0642	6.5	28112	3578	1016	0	51597	221	1478	CaCl	86.00	水井
广3			30713	2693	315	258	52776	0	692	CaCl	87.45	水井
涞1	1.0471		16395	6594	537	0	38001	微	882	CaCl	62.41	气水同产，酸化后分离器采样
建7			39123	2450	262	0	64179	151	1937	CaCl	108.10	水井，酸浸后采样

表 5-3 川东地区上二叠统长兴组生物礁（气藏）压力数据表

礁（气藏）类型	礁（气藏）名称	井号	地面海拔 (m)	产层中部海拔 (m)	地层压力 (MPa)	压力系数	级别划分
边缘礁（气藏）	天东礁	天东10	424.64	-3336.34	52.42	1.42	高压
		天东21	296.95	-4030.13	54.45	1.28	
	南门场礁	门4	534.16	-2934.00	48.01	1.41	
	铁山礁	铁山5	511.46	-2570.49	35.00	1.15	常压
		铁山14	455.86	-2709.25	34.80	1.12	
		铁山21	526.07	-2492.69	31.08	1.05	
	黄龙场礁	黄龙1	712.34	-3213.35	43.40	1.13	
		黄龙4	421.81	-3191.19	42.52	1.18	
	云安厂礁	云安12	436.01	-4220.64	53.39	1.17	
	黄泥堂礁	梁2	807.07	-1996.95	27.18	0.99	
点礁（气藏）	双龙场礁	双15	384.29	-3597.36	87.42	2.24	超高压
	卧龙场礁	卧117	357.06	-3582.36	74.34	1.19	
	张家场礁	张23	309.11	-3096.46	60.72	1.82	高压
	广安礁	广3	322.15	-3872.65	71.40	1.74	
	板东礁	板东4	365.00	-3150.23	59.61	1.73	
	石玉寒礁	石宝1	324.44	-3680.77	44.58	1.14	常压
	建南礁	建44	1203.23	-2581.71	36.33	0.98	

按川东地区上二叠统生物礁气藏压力系数情况，可分为（图5-6）：

(1) 欠压的，压力系数小于 1.00，如黄泥堂礁和建南礁。

(2) 常压的，压力系数为 1.00～1.20，如黄龙场礁、铁山礁、云安厂礁、南门场礁、石宝寨礁。

(3) 高压的，压力系数为 1.20~2.00，如天东礁、广安礁、板东礁、张家场礁、卧龙河礁、双龙场礁。

高压的礁气藏除天东边缘礁气藏外，其余均为点礁（气藏）。它们主要分布在川东的西南区，地层压力系数高于 1.70。

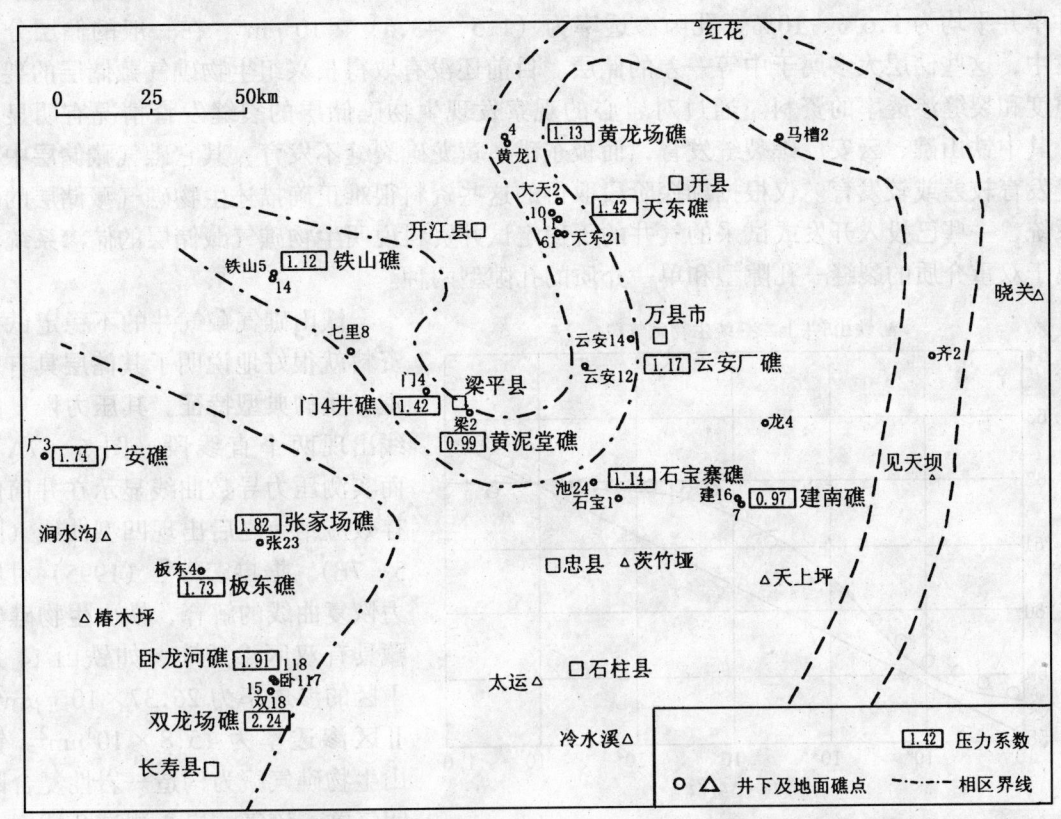

图 5-6 川东地区二叠系长兴组生物礁气藏压力系数分布图

异常高压产生的常见原因可能有高密度卤水、泥岩的欠压实、矿物脱水、烃类热成熟时排出的高压流体及区域构造应力等。从川东地区上二叠统具体情况来看，不可能由前三种原因造成礁气藏的异常高压。川东这些点礁气藏之所以成为高压气藏与它们本身储层呈孤立小透镜体状有关。这些小的储渗体互相间不连通且封闭性好，靠断层、裂缝作为烃类输入成藏的通道。因此烃源岩热成熟产生的高压及区域构造应力造成的高压可通过这些通道传输到孤立的礁气藏中。在这种情况下，封闭条件愈好的礁气藏会有愈高的剩余压力。

第三节 生物礁气藏储层特征

一、生物礁气藏储层的物性特征

生物礁气藏储层主要是礁组合中与礁发育相关的礁滩相颗粒岩经白云石化后形成的礁滩相的颗粒白云岩或晶粒白云岩。主要的储集空间有晶间孔、晶间溶孔、粒内溶孔、粒间溶孔、铸模孔、超大溶孔及溶沟等。储层类型为孔隙型或裂缝—孔隙型。储层储集岩平均孔隙度为 6.29%，平均渗透率为 $29.19\times10^{-3}\mu m^2$，平均有效储层厚度为 23.9m，气井平均产能

为 $35.8\times10^4\text{m}^3/\text{d}$，储渗性居四川碳酸盐岩储层前列。

作为一种岩性圈闭的气藏，生物礁气藏的储层主要是孔隙性的。但其储渗系统因各气藏成藏的地质条件不同而有所不同。由储层岩心小岩样测试的物性数据主要代表了储层孔隙系统（有学者称为"基质"）的特征。从川东地区目前已取得的分析数据看，储层孔隙度按产气井单井平均为 $1.6\%\sim10\%$，孔隙渗透率为 $(1.5\sim43.6)\times10^3\mu\text{m}^2$。在一般的储层分级方案中，这些储层大多属于中等—差的储层。目前还没有取得长兴组生物礁气藏储层的裂缝孔隙度和裂缝渗透率的资料。通过对岩心的观察发现生物礁储层的裂缝发育情况有明显差异，其中铁山礁、云安厂礁裂缝发育，而板东礁、黄龙礁裂缝不发育，其它礁气藏储层中的裂缝发育较差或较发育。仅根据勘探阶段取得的这些资料很难正确描述生物礁气藏储层的储渗系统，一些已投入开发或试采的气井的不稳定试井资料说明生物礁气藏储层的储渗系统具有属于双重介质的裂缝—孔隙型和单一介质的孔隙型两种。

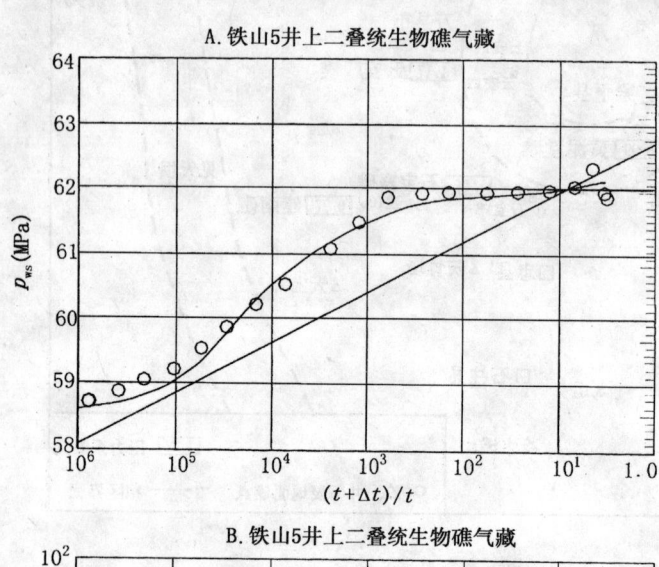

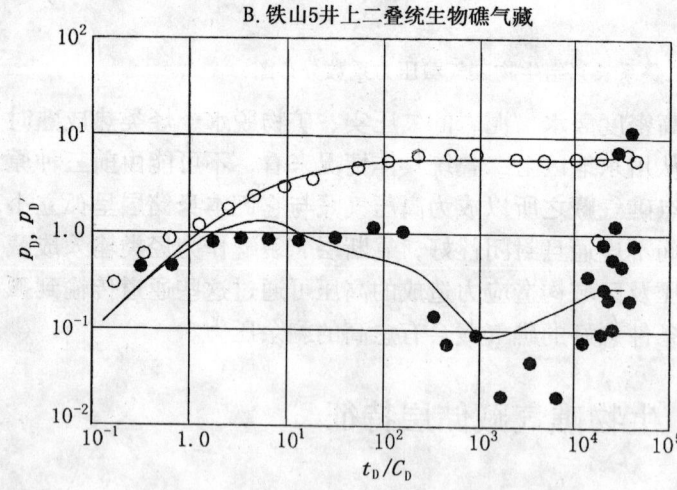

图 5-7 铁山 5 井不稳定测试曲线

铁山礁气藏气井的不稳定试井资料就很好地说明了其储层具有双重介质的典型特征。其压力恢复曲线出现两个直线段（图 5-7A），而实测压力导数曲线显示在井筒储存效应结束之后出现凹型曲线（图 5-7B）。据冉宏等[1]（1995）对压力恢复曲线的解释，铁山生物礁气藏具有双区渗透率，如铁山 14 井 I 区的渗透率为 $26.37\times10^{-3}\mu\text{m}^2$，II 区渗透率为 $15.8\times10^3\mu\text{m}^2$。铁山生物礁气藏为构造—岩性复合圈闭气藏，该气藏岩心测试孔隙度一般在 $1.5\%\sim4.4\%$，平均孔隙度为 1.8%，气体渗透率一般在小于 $0.01\times10^{-3}\sim2\times10^3\mu\text{m}^2$，属低孔低渗型储层，但微裂缝发育，测试产能日产天然气数万至数十万立方米，经酸化后有的日产气量超过一百万立方米。这表明储层中的裂缝在渗流过程中起了重要作用。铁山生物礁气藏储层的这些特征，是与该气藏位于铁山背斜南高点轴部，处于裂缝发育的有利部位有关。

与铁山礁气藏储层情况完全不同的是板东礁气藏。该气藏储层岩

---

[1] 冉宏等，铁山气田开发设计，四川石油管理局川东开发公司，1995。

心孔隙度平均达10%，气体测试渗透率为$43.6×10^3\mu m^2$，属高孔、高渗型储层。储层岩心中裂缝不发育，但测试日产天然气达$80.23×10^4m^3$，凝析油16t，表明储层属孔隙型。陈寿先（1988）根据板东4井的压力恢复曲线特征解释板东4井生物礁气藏储层属单一介质的孔隙型储层（图5-8）。板东礁位于板东构造的北东斜坡上，这种构造位置曲率低，不利于裂缝发育，这也是板东生物礁气藏储层的储渗系统属于单一的孔隙型的原因。此外，黄龙生物礁气藏、板东生物礁气藏的压力恢复曲线特征也反映了不稳定试井波及范围内储层的储渗系统属于单一的孔隙介质型储层（图5-8）。

二、生物礁气藏储层的非均质性

川东生物礁气藏，无论是点礁气藏还是边缘礁气藏，它们的储层在横向上和纵向上均存在明显的非均质性。

（一）平面非均质性

由于致密灰岩的封闭，分散礁体的储层互不连通，形成各自独立的储渗体系。即使在同一礁组合内部的储渗体也以透镜状或层状形式在三维空间中交错叠置，彼此相对独立。这种平面分布的非均质性特征在边缘礁的礁组合内表现得尤为突出，如天东生物礁组合内天东10井和天东53井的礁基滩储渗体均为透镜状，层位对比分层不同，小层互不连通。更有甚者，与天东53井同一井场的天东21井却缺失该礁基滩储渗体（图4-2）。由此可见边缘礁组合内储层非均质性特别强。但测压资料表明天东礁气藏具有统一的压力系统，说明其各储渗体间通过低渗透层和裂缝系统相互连通。

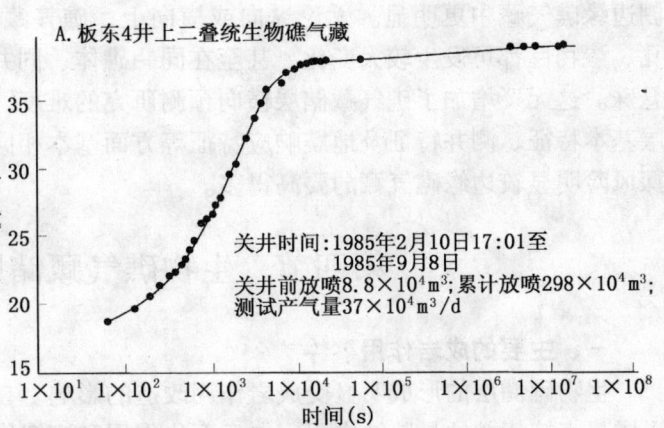

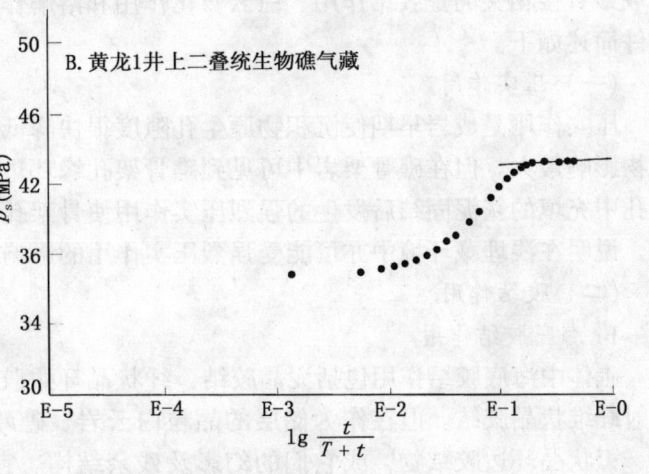

图5-8 生物礁气藏压力恢复曲线特征

点礁组合内同样存在储层的平面非均质性，如双龙礁，双15井和双18井紧相邻，同一礁间滩白云岩的厚度却从19m变薄为5m，孔隙度从14.67%变为2.50%，但这两口井的滩体能够连通。一般来讲点礁气藏的分布范围较小，因而使其储层在平面上的变化显得较边缘礁弱。

（二）层间非均质性

层间非均质性主要表现为纵向上的储渗体被致密岩性隔开，剖面上表现为多层储渗体彼此独立，如天东礁组合内天东10井共有5层独立的储渗体（图4-2），天东53井则有4层独立的储渗体。既使同一储渗体也由于成岩期白云石化及溶蚀作用的差异侧向变化极大。如天东53井4套储层在同井场的天东21井处，下部两套储层尖灭上部两套储层变薄。又如黄龙礁组合（图4-2），同一礁体的储层段在横向上变薄，分叉现象亦很明显。

（三）层内非均质性

由于生物礁储层历经多期次成岩作用，特别是非选择性溶蚀作用形成不规则的溶蚀孔洞，以致于同一储层小层内的孔隙度变化较大，同一储渗体的孔隙度变化呈锯齿状展布。如天东53井礁基滩的孔隙度由5.72%变化至24.78%，如此大的变化，表明层内非均质性较强。

因此，受沉积和成岩作用控制的生物礁储层具有较强非均质性，尤其是在规模较大的陆棚边缘礁气藏中更明显。无论纵向或横向上，礁气藏的储层层数、单层厚度、累积厚度及孔、渗物性都可发生较大变化，甚至在同一礁体、同井场的不同钻孔中，气井产能可能相差悬殊。这无疑增加了礁气藏储层横向预测研究的难度。边缘礁（气藏）与点礁（气藏）在储层基本特征、测井特征及地震响应特征等方面基本相同，在目前的勘探水平上点礁气藏的勘探风险明显较边缘礁气藏的要高得多。

第四节 生物礁气藏储层成岩作用

一、主要的成岩作用事件

生物礁储层的形成明显受成岩作用改造的影响。在各种复杂的成岩作用事件中，与孔隙形成最直接相关的是胶结作用、白云石化作用和溶解作用（图5-9）。现将其中最主要成岩事件简述如下。

（一）压实作用

压实作用是成岩早期使沉积物原生孔隙度很快降低的重要原因，通常对未固结的松散沉积物影响最大。但在礁骨架岩中可见到礁骨架孔缘环边的白云石胶结物形成后，造架生物体腔孔中充填的灰泥固结后发生的强烈压实作用使骨架孔破坏、水螅压碎、生物压扁变形的现象。说明在浅埋藏环境中亦可能受强烈压实作用的影响。

（二）胶结作用

1. 海底胶结作用

礁体中海底胶结作用包括泥晶胶结、纤状晶环边胶结、刃状晶环边胶结及放射轴状晶、放射纤维状晶胶结。但在作为储层的晶粒白云岩、礁滩相颗粒灰岩中能见到的主要是纤状晶、刃状晶环边胶结物，或它们的幻影及残余结构。它们在阴极发光显微镜下不发光。其$\delta^{13}C$值为+2.55‰～+2.90‰，$\delta^{18}O$值为-5.5‰～-7.90‰，表明在埋藏期这些胶结物同埋藏水有同位素平衡的分馏作用。在纤状、刃状胶结作用发育的礁滩相颗粒灰岩中孔隙度的损失在30%～50%，剩余的孔隙则多被埋藏期的粒状晶方解石充填。

2. 埋藏胶结作用

生物礁储层中所见的埋藏胶结物主要有4种矿物，即粒状—块状晶方解石、细—粗晶半自形—自形白云石、半自形石英及萤石。其中数量最多的是方解石、其次为白云石。自生石英及萤石不但量小、较少见，而且这两种胶结物只见于环开江—梁平海槽的边缘礁储层中。包裹体测温资料表明这些埋藏胶结物形成的温度区间在60～260℃范围内（图5-10）。

1）埋藏方解石胶结物（图版Ⅳ-6、7、8，图版Ⅴ-7、8，图版Ⅵ-7、8） 埋藏期的方解石胶结物都是它形粒状—块状晶粒，有的具有应力双晶纹。在致密储层中溶解孔的丧失可能主要是因埋藏方解石胶结物充填造成的。从结构上看它们晚于早期的白云石环边胶结

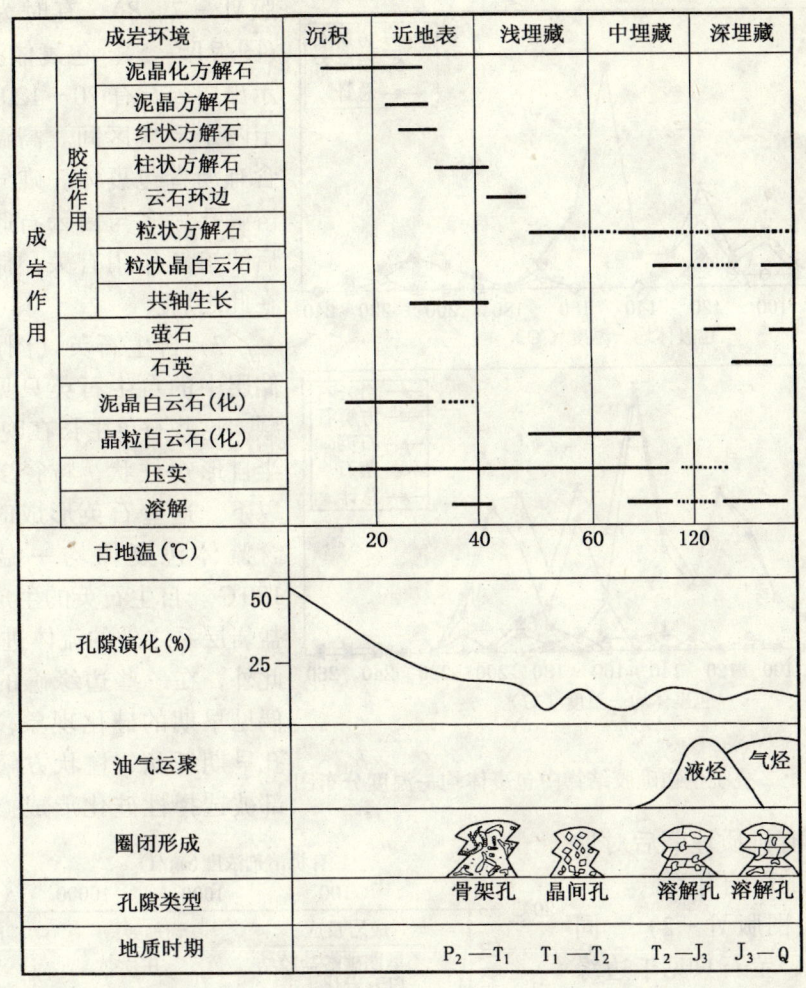

图 5-9 上二叠统生物礁储层成岩作用与孔隙演化的关系

物，有的晚于储层孔隙中的沥青（图版Ⅵ-7、8），最晚的晚于孔隙中部的自形晶白云石胶结物或呈连晶状充填白云岩晶间溶孔。这些方解石包裹体测温显示它们形成温度分布区间很宽，从60~220℃都有。包裹体测温资料还表明在边缘礁储层中埋藏方解石胶结物主要形成区间是110~170℃，点礁中是120~160℃（图5-10）。这与苏尔德蒙（R.C.Surdam）等（1989）研究砂岩储层中有机—无机相互作用的成岩过程的情况相吻合（图5-11），即在地温达120~160℃的油田水中有机酸因高温分解，使得碳酸盐矿物沉淀。

储层埋藏方解石胶结物中的有机包裹体反映了在储层中运聚的烃类相态变化过程。在含均一温度70~100℃的盐水溶液包裹体的粒状方解石中含液态烃包裹体，在含均一温度140~170℃的盐水溶液包裹体的粒状方解石中含大量气态烃包裹体以及沥青包裹体。一般认为储层中的液态烃在地温高于120℃时开始裂解。礁储层中埋藏方解石胶结物的有机包裹体特征反映了储层中烃类运聚过程中的热演化过程。

2）埋藏白云石胶结物 埋藏白云石胶结物在结构上可分为两期，即在骨架孔、体腔孔或铸模孔等早期孔洞边缘形成连续或不连续等厚环边的细粒状白云石胶结物和在溶孔或残余骨架孔的粒状埋藏方解石胶结物形成之后的中—粗晶白色白云石胶结物（图版Ⅳ-3、6，图

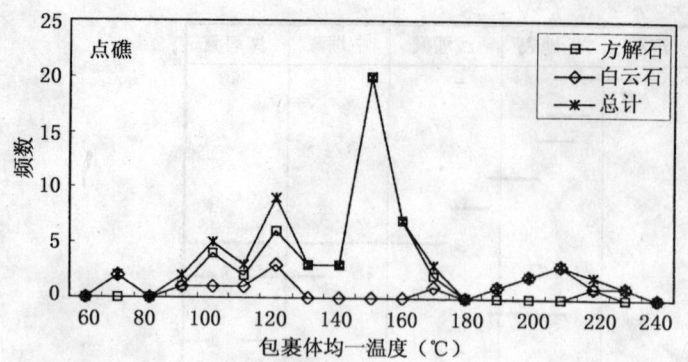

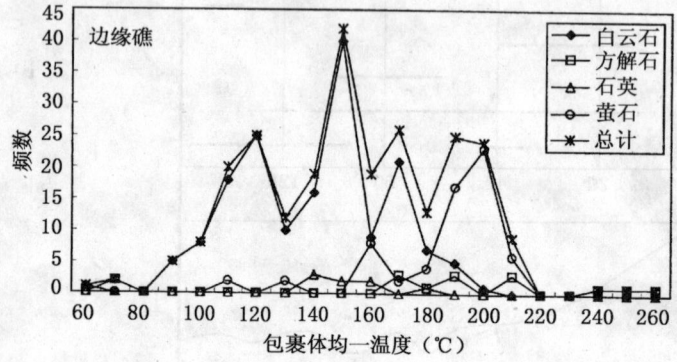

图 5-10 川东上二叠统生物礁胶结物中包裹体均一温度分布图

版Ⅵ-7、8），有时为鞍状白云石（图版Ⅳ-5）。包裹体测温资料也显示出白云石有 70～120℃ 和 170℃ 以上两个形成区间。高温区间的有的含有沥青包裹体。礁气藏储层中的溶解孔大多与白云石胶结物形成之后的溶解作用有关，储层沥青出现在此之后。

3) 自生石英（图版Ⅵ-1） 储层中的自生石英只见于边缘礁气藏。这些石英生长在晚期溶解孔中，半自形短柱状，粒径多数在 $100\mu m$ 以下。这些石英形成时期较晚，所含流体包裹体均一温度在 140～180℃。自生石英的生成可能与碳酸盐岩层系之外的流体进入储层有关。此外，在一些边缘礁的骨架岩中还偶见早期的硅化现象，表现为体腔孔早期纤状、柱状方解石胶结物局部被选择性硅化形成微晶硅斑，这可能与生物体有机质埋藏后对局部微环境造成的影响有关。

4) 萤石（图版Ⅵ-2） 同自生石英一样，萤石只见于边缘礁气藏储层中。萤石也充填于晚期溶孔中，多为它形，有的晶体可达 2.0mm 以上。一般认为自生萤石与热液活动有关。礁气藏储层中的这些萤石的包裹体均一温度主要分布在 160～210℃，集中区为 190～200℃。萤石中含有气烃包裹体，也有个别的被溶解形成孔隙。

除以上四种埋藏胶结物外，在个别礁储层中还见到少量自生粘土。如铁山 14 井 3187.40～3192.20m 井段中的一些白云岩裂缝和晶间溶孔中有自生高岭石和伊利石（图版Ⅴ-5、6）。碳

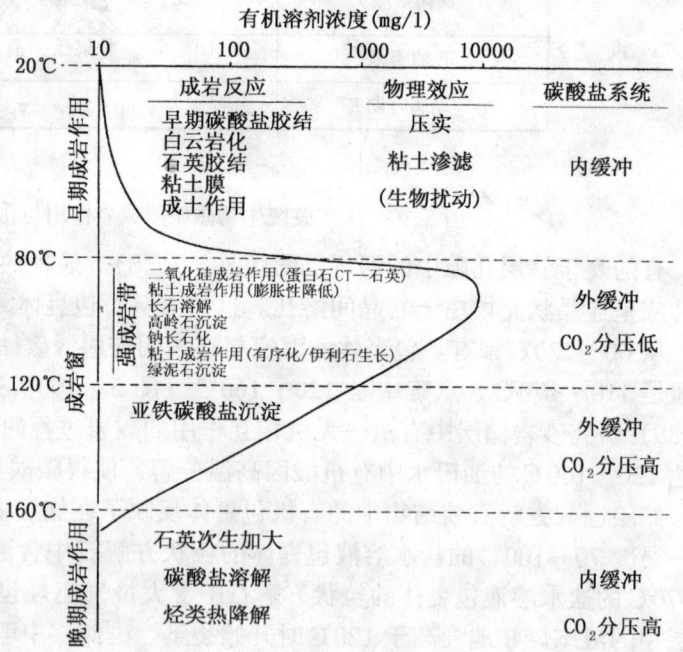

图 5-11 叠加在油田水有机酸温度—浓度曲线上的常见成岩反应（Surdam，1989）

酸盐岩储层中的自生粘土亦表示有外来酸性流体进入。因为 Al^{3+} 的迁移通常是在有一元或二元有机酸参与生成络离子时才能呈溶解状态随地层水流动而发生。

(三) 白云石化作用

礁顶潮坪相准同生的泥晶白云岩致密少孔，构成生物礁气藏的直接盖层。长兴组生物礁气藏的储集岩绝大多数是具有溶解孔隙的晶粒白云岩。这些白云岩是在埋藏成岩阶段形成的，主要依据是：

(1) 颗粒岩、骨架岩中最早白云化作用发生在纤状、刃状及放射轴状晶方解石胶结物之后，形成环边状白云石胶结物或交代早期方解石环边胶结物、孔洞中部粒状晶方解石胶结物以及颗粒、骨架生物。

(2) 亮晶充填骨架孔的阴极发光显示胶结物的明亮发光环带位于放射轴状晶外缘，零星的白云石自形晶在发光环带开始发育后生长，说明孔隙中的环边白云石形成于孔隙水与大气水停止交换的浅埋藏环境中。

(3) 埋藏白云石具有低锶、低钠的特征，反映其沉淀流体具埋藏水特征（图 5-12）。

(4) 白云石的盐水溶液包裹体均一温度分布在 70~260℃ 的区间，但集中在 70~120℃ 及 170~230℃ 两个温度段，说明白云石化过程可能有两期。含测温包裹体的白云石都是孔隙、裂缝边缘从交代白云石底质上向空隙内生长的明亮白云石环带或空隙内生长的白云石胶结物，它们形成时已在中—深埋藏阶段。而大规模的白云石化交代过程显然发生在这些白云石胶结物之前，即主要发生在浅埋藏期。

(5) 白云石稳定同位素分析 $\delta^{13}C$ 平均值为 +3.13‰，$\delta^{18}O$ 平均值为 -5.9‰，反映了埋藏环境的特征（图 5-13）。结合包裹体测温资料分析，按兰德（Lamd, 1980）白云石—水氧同位素分馏系数：

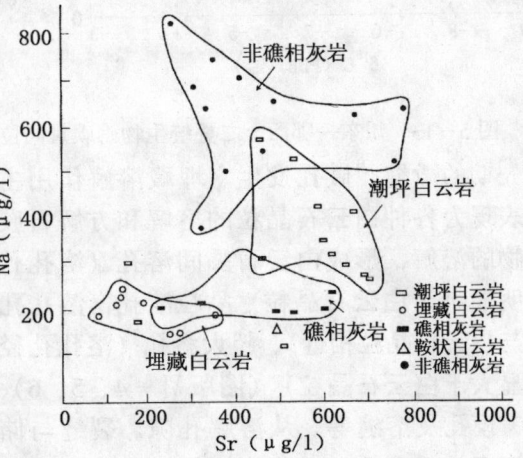

图 5-12　川东上二叠统各岩相微量元素 Na—Sr 散点图

$$10^3\ln\alpha_{(白云石-水)} = 2.78 \times 10^6 T^{-2} + 0.91$$

可以看出这些白云石是在氧同位素值为 +0.5‰~+12‰（SMOW）的地层水中形成的（图 5-14），即在低温阶段这些地层水性质接近海水，随温度增高逐渐演化为卤水。埋藏白云石化对礁气藏储层的形成有重要意义。在白云石化过程中形成晶间孔可能增加了储层孔隙度，但目前储层中的孔隙主要是后来的溶解孔。这可能与白云石化作用在岩层中造成成分和结构的差异使得在富 Mg^{2+} 或富 Ca^{2+} 的地层水中都可能发生选择性溶解作用有关。

(四) 溶解作用

除礁体因生物快速生长可能露出水面而局部受古岩溶影响以外，长兴组生物礁气藏储层中的溶解作用主要是近地表环境中与大气淡水或海水有关的近地表溶解作用和在浅至深埋藏环境中与埋藏成岩流体有关的埋藏溶解作用。对烃类成藏过程来说，最重要的是埋藏溶解作用。

1. 近地表溶解作用

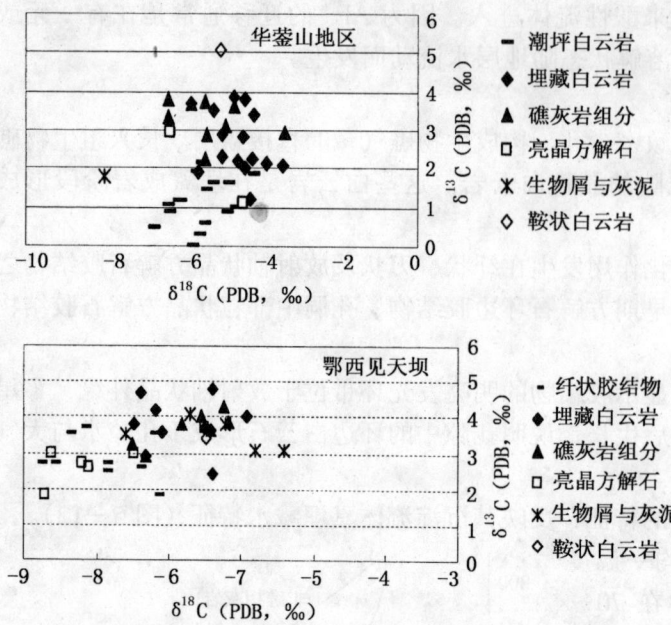

近地表溶解作用是在沉积物初步固结、碳酸盐矿物稳定化作用完成之前发生的,它选择性地溶解文石质或高镁方解石质的结构组分,因而常形成铸模孔。这些铸模孔通常较大,其外常有刃状、短柱状环边胶结物,有的还发育白云石环边胶结物、块状晶方解石胶结物。近地表溶解作用形成的铸模孔经胶结物部分充填后保存下来成为天然气储层有效储集空间的情况很少见,但有不少在胶结物充填后又被埋藏溶解作用溶解形成不规则溶孔,这种孔隙本研究中称为"次铸模孔"。

2. 埋藏溶解作用

礁气藏储层中埋藏溶解作用发生在埋藏白云石化作用之后,它常

图 5-13 川东—鄂西上二叠统生物礁碳氧同位素散点图

沿先期的微缝、微孔发生。埋藏溶解作用主要表现为各种白云石晶粒的溶解和方解石胶结物的溶解,形成白云石晶间溶孔(溶孔孔径明显小于白云石晶粒)晶粒溶孔(溶孔孔径与白云石晶粒相近)、超大溶孔(溶孔孔径明显大于白云石晶粒)(图版Ⅵ-4、5、6)、次铸模孔及溶缝等。从溶解孔隙、裂缝与储层沥青关系来看,埋藏溶解作用可分成先于沥青侵位的早期埋藏溶解作用和迟于沥青侵位的晚期埋藏溶解作用两期。

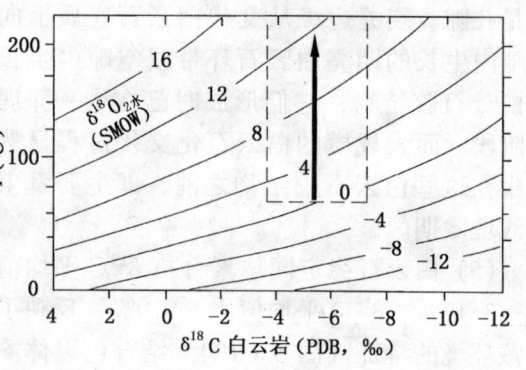

图 5-14 川东上二叠统生物礁白云石氧同位素(PDB)、流体氧同位素(SMOW)与分馏温度关系图

1)早期埋藏溶解作用 早期埋藏溶解作用所溶蚀的矿物主要是白云石,形成的溶解孔和溶缝最特征的识别标志是其内充填有储层沥青。这些沥青可能全充填溶解孔隙,也可能呈团块状、碎片状分散于孔隙中或在孔缘形成衬里(图版Ⅵ-3、4、5、7、8)。沥青侵位后孔隙中剩余的空间有的保存下来,有的则被后来的粗粒—块状晶方解石全部充填。孔隙中的这些焦沥青有的具有半球状或乳突状起伏的表面,说明它们是原孔隙中的液态烃因深埋热解后残留在孔隙中的。因此可以推断早期埋藏溶解孔是在古地温达到 120℃ 以前形成的,也即是早期埋藏溶解作用发生在古地温达到 120℃ 以前。

2)晚期埋藏溶解作用 晚期埋藏溶解作用发生在储层沥青在孔隙中形成之后,因此晚期埋藏溶解孔是在深埋期高温阶段形成的。这种晚于储层沥青形成的晚期埋藏溶解孔隙和裂缝最特征的识别标志是,未充填沥青的溶孔、溶缝系统切割了充填有沥青的早期埋藏溶解孔缝系统(图版Ⅵ-3)。有时也可以根据其它一些特征区别早期和晚期埋藏溶解孔。如有沥青的溶孔和无沥青的溶孔在形态上或大小上或类型上形成明显不同的两个群体(图版Ⅵ-4、

5)。此外，对于高温期形成的自生矿物如萤石等溶解形成的溶孔，也可判别其属于晚期埋藏溶解孔（图版Ⅵ-2）。晚期埋藏溶解孔也可以在早期埋藏溶解孔的基础上经再次溶解扩大而成，有时它们很难区别。

二、边缘礁与点礁成岩作用异同

边缘礁与点礁所处的沉积环境有明显差别，但它们的埋藏过程无显著差别。从古构造图看，除铁山礁分布区在中侏罗统沉积后埋深超过 3000m 外，其它礁分布区都在 2400～2700m 左右。这可能是研究区内长兴组生物礁主要成岩特征相似的原因。这些相似表现为：

（1）生物礁气藏储层主要是由滩相生屑泥粒灰岩—颗粒灰岩经埋藏白云石化作用形成的晶粒白云岩；

（2）储层的主要储集空间都是由埋藏溶解作用形成的溶孔；

（3）储层中都可见到储层沥青；

（4）储层次生孔隙损失的主要原因都是因晚期方解石胶结物的充填作用。

但边缘礁与点礁的成岩作用仍存在一些差别，虽然这些差别对储层孔隙发育没有显著影响。如在环开江—梁平海槽的边缘礁中有少量自生石英、萤石胶结物以及自生粘土矿物。这些自生矿物虽然量很微，但它们记录了有碳酸盐岩系以外流体进入的证据。

第六章 四川盆地东部乐平统—长兴组～雷口坡组（！）含油气系统特征

上二叠统生物礁气藏是一种原生的岩性圈闭气藏，按照 Magoon 和 Dow（1994）的命名原则，它属于川东乐平统—长兴组～雷口坡组（！）含油气系统。该含油气系统以其烃源岩的多元性，储集岩的多样性为特征而明显有别于沉积史简单的典型含油气系统，在成因上具有"近源、早成、罐装"的特征。

第一节 生物礁气藏的"近源"特征

一、烃源岩岩性特征

川东乐平统—长兴组～雷口坡组（！）含油气系统生物礁气藏烃源岩来源于龙潭组（P_2^1）以腐殖型干酪根（Ⅱ型）为主的滨岸煤系泥、煤岩和长兴组（P_2^2）以腐泥型干酪根（Ⅰ型、Ⅱ—Ⅰ型）为主的海相碳酸盐岩，具有分布广、厚度较大、类型多元化的特点。

川东上二叠统的烃源岩依据岩性可分为煤岩、泥岩及碳酸盐岩三大类（6-1、图6-2）。受晚二叠世沉积海侵过程的控制，煤岩主要分布在 P_2^1 海陆交互相区，碳酸盐烃源岩在全区有相当厚度，但主要分布在 P_2^2 的深缓坡外带及开江—梁平碳酸盐海槽相区，部分泥岩分布在煤系地层中，其它的海相泥岩则分布在碳酸盐岩深缓坡及海槽层序下部以及鄂西海槽之中。这种分布情况使 P_2 烃源岩的演化过程及烃类运聚过程变得十分复杂。

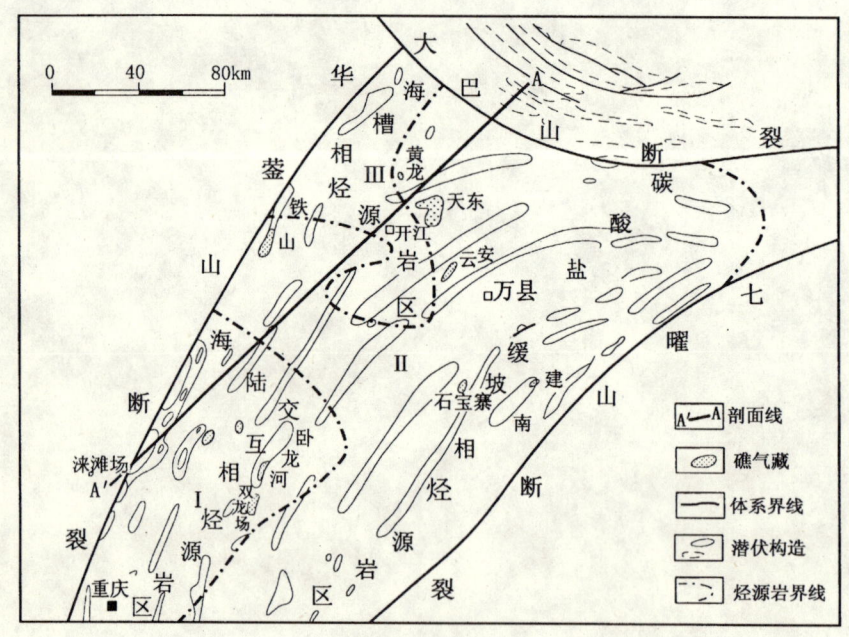

图6-1 川东乐平统—长兴组～雷口坡组（！）含油气系统
分布范围及烃源岩分布

黄籍中等（1988）[1] 通过对川东卧龙河等气田天然气性质的研究，认为上二叠统气藏的天然气属煤型气，但同时又具有某些油型气的特征，是 P_2^1 的煤系及其所夹的碳酸盐岩以及 P_2^2 的碳酸盐岩在不同演化阶段形成的天然气的叠合，称为"自源复合型气"。而王廷栋等（1994）[2] 则认为这可能就是以 P_2^2 海陆交互相的类脂组分含量高的煤型烃源岩来源的天然气的特征。事实上华蓥山龙潭组中的煤就是海相的，除在煤层底板中可发现海相化石外，有时在煤岩中也见到腕足化石（刘焕杰，1981）。

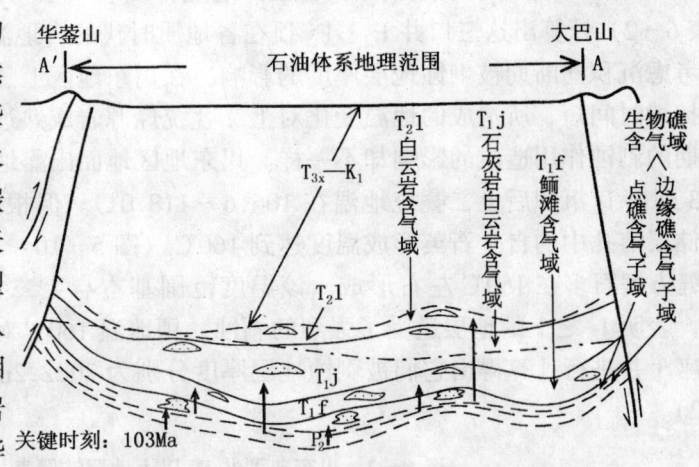

图 6-2　川东乐平统—长兴组~雷口坡组（！）含油气系统及含气域

本次研究中重点采集了开江—梁平海槽中罐 15 井上二叠统长兴组暗色泥、粉晶灰岩中的生油样以及边缘相带马槽 2 井上二叠统下部的暗色泥晶灰岩生油样，其各项常规地化分析数据列于表 6-1 中。这些参数说明这三个样品的干酪根均属黄籍中等（1988）[3] 分类方案中的 Ⅱ—Ⅰ 型，已处于高成熟阶段，表明海槽相碳酸盐烃源岩具有较高的生烃潜力。

表 6-1　罐 15 井、马槽 2 井烃源岩地化参数表

样号	TOC (%)	F (%)	氯仿沥青 "A" /TOC	R_o (%)	S_0 (mg/g)	S_1 (mg/g)	S_2 (mg/g)	PI (%)	T_{max} (℃)	$\delta^{13}C$ (‰)
g1	0.19	0.14	0.01	1.91	0	0.019	0.042	68.85	566	-27.73
g2	0.58	0.17	0.009	1.96	0	0.017	0.121	87.68	564	-29.55
M2	0.82	0.20			0	0.016	0.100	86.21	591	-28.70

二、烃源岩的热演化史

川东地区上二叠统烃源岩上覆岩层现今保存的有从飞仙关组（T_1f）到侏罗系（J_2）厚 2500~4500m 的地层，其中雷口坡组（T_2l）地层有数百米的剥蚀幅度，侏罗系（J_3）及其以后的地层在川东地区大都被剥蚀殆尽，但根据二叠纪地层中保存的古地温记录可以恢复其剥蚀厚度。

选择不同沉积相区的罐 12 井、七里 24 井、座 1 井为代表剖面，根据其埋藏史和地热史

---

[1] 黄籍中、宋家荣等，四川盆地上二叠统成烃条件，地化特征及天然气成因研究报告，四川石油管理局地质勘探开发研究院，1998。
[2] 王廷栋、郑永坚等，四川盆地磨溪、卧龙河气田主要气藏气源探索研究，国家"八·五"攻关课题，1994。
[3] 黄籍中、陈盛吉，四川盆地二叠系烃源岩分布及有机质演化研究，国家"八·五"攻关课题，1994。

分析烃源岩的成熟史。根据四川地区古地温梯度表（王一刚等，1997）❶，用各井地层钻厚（表6-2）计算出这三口井P_2^1、P_2^2顶在各地质时代的古地温（表6-3）。在研究古地温中需要考虑沉积间断期被剥蚀地层厚度的影响。在川东地区上三叠统沉积前的剥蚀作用明显，但其持续时间短，所造成的地温变化对上二叠统烃源岩成熟过程的影响不大。但燕山后期或喜山期的剥蚀作用造成的影响却不一样。川东地区地面出露地层绝大多数为侏罗系（J_2），表6-3列出J_2沉积后上二叠统地温在106.6~118.0℃。但根据包裹体测温资料，边缘礁白云岩储层溶孔中的自生石英形成温度达到160℃（图5-10）。而华蓥山地区礁灰岩中的孔洞和裂缝方解石多在150℃左右形成。该温度范围基本与上二叠统烃源岩及天然气成熟度相吻合，表明J_2之上的地层遭受了强烈的剥蚀。用地温160℃对罐12井、七里24井及以150℃对座1井进行计算得出它们被剥蚀地层厚度分别为2022.2m、1843.7m及1928.4m（见表6-2）。

表6-2 川东典型井P_2以上地层钻厚表（单位：m）

井 号	J_3以上	J_2	J_1	T_3	T_2l	T_{1j}	P_1f	P_2^2	P_2^1
罐12	(2022.2)	(1800) 1683	579.0	494.5	43.5	1023.5	582.5	111.5	119.0
七里24	(1843.7)	(1800) 1046	567.5	487.5	265.0	917.0	415.0	299.5	179.5
座1	(1928.4)	1800	612.0	355.5	53.0	794.0	459.0	109.5	163.0

注：括号内为恢复剥蚀量后数据。

表6-3 川东典型井P_2地层古地温（单位：℃）

井 号	J_3以后	J_2末	J_1末	T_3末	T_2末
罐12	160.0/165.2	116.9/122.1	82.3/87.5	69.3/74.5	62.6/68.0
七里24	160.0/179.79	118.0/128.8	83.6/94.4	70.8/81.7	64.1/75.3
座1	150.0/166.2	106.6/112.8	72.2/78.3	58.4/64.5	53.8/60.2

注：160.0/165.2为P_2^2/P_2^1。

由表6-2、表6-3可以看出，座1井区P_2的埋深一直相对较浅，因而各期古地温值也相对偏低。从区域上看，川东地区P_2的古埋深一直有南部较浅、北部较深的趋势，差幅在500~700m左右，而海槽相区上二叠统烃源岩的热历史与碳酸盐缓坡相区的没有明显差别。

表6-3的资料说明在中三叠世末上二叠统的烃源岩已达到门限温度，但有效埋藏时间短，多数地区烃源岩尚未成熟。此时川东边缘一些埋深较大的凹陷区上二叠统烃源岩R_o值已大于0.5%，可能已进入成熟阶段。到晚三叠世沉积后，距今约198Ma时，川东上二叠统烃源岩渐次进入油窗，古地温达到70℃以上，R_o值在0.6%~1.0%。早、中侏罗世是上二叠统烃源岩液烃成熟的高峰期，同时有大量伴生气生成，是古油藏成藏的活跃期。此时川东地区上二叠统地温为90~110℃，R_o值为1.0%~1.5%，储层中含有均一温度100℃左右盐水包裹体的方解石胶结物，同时含有液态烃包裹体（图5-10）。

---

❶ 王一刚，余晓锋等，四川盆地中部古地温剖面探索研究，四川石油管理局内部报告，1997。

在中侏罗世沉积结束后,除南部外,川东地区上二叠统大都埋深达到2500m以下,深凹陷区可到3500m,其古地温一般在120℃左右,R_o大于1.5%,此时液态烃裂解作用加剧,热解甲烷气生成作用加强,川东上二叠统烃源岩进入气烃窗(156Ma)。在上侏罗统和白垩系沉积时,上二叠统烃源岩埋深进一步加大,在约103Ma左右地温达到150℃,进入甲烷气大量生成的深埋期,为气烃运聚成藏的关键时期。储层中含有均一温度140~150℃的盐水包裹体的方解石胶结物中含大量的气态烃包裹体。含均一温度165~180℃盐水包裹体的白云石胶结物和含均一温度180℃盐水包裹体的自生石英晶体中都含有沥青包裹体。

本研究所采的生油样及储层沥青样分析结果表明样品正构烷烃奇偶指数(OEP)在1.0左右,Pr/nC_{17}和Ph/nC_{18}值低,生物标志物异构化参数C_{29}甾烷20S/(20R+20S)、ββ/(αα+ββ)和C_{31}、C_{32}升藿烷22S/(20R+22S)已达平衡值。这些特征说明烃源岩和储层沥青中有机质演化已达到很高的阶段。烃源岩R_o实测值在1.54%~2.12%,所取气样分析结果为干气(表6-1),其成熟度与烃源岩特征相符。此时烃源岩已进入高成熟晚期—过成熟早期的甲烷气大量生成期,储层胶结物中有均一温度高于200℃的盐水溶液包裹体。高温造成液态烃裂解、古油藏破坏并在储层孔隙、裂缝中留下焦沥青。

深埋期之后的构造运动造成的多种圈闭促使天然气藏的形成。此外,强烈的抬升、剥蚀作用使剥蚀区P_2烃源岩埋深变浅,地温降低,减缓了烃源岩演化的速度并造成有利于天然气生成及天然气藏保存的地温条件。图6-3是依据七里24井做的上二叠统埋藏史图,图中分别表示了液态窗顶和气态窗顶的关键时刻。主要的储集岩和盖层除上二叠统长兴组外,还包括三叠系飞仙关组、嘉陵江组及雷口坡组的储层及盖层(图6-3)。

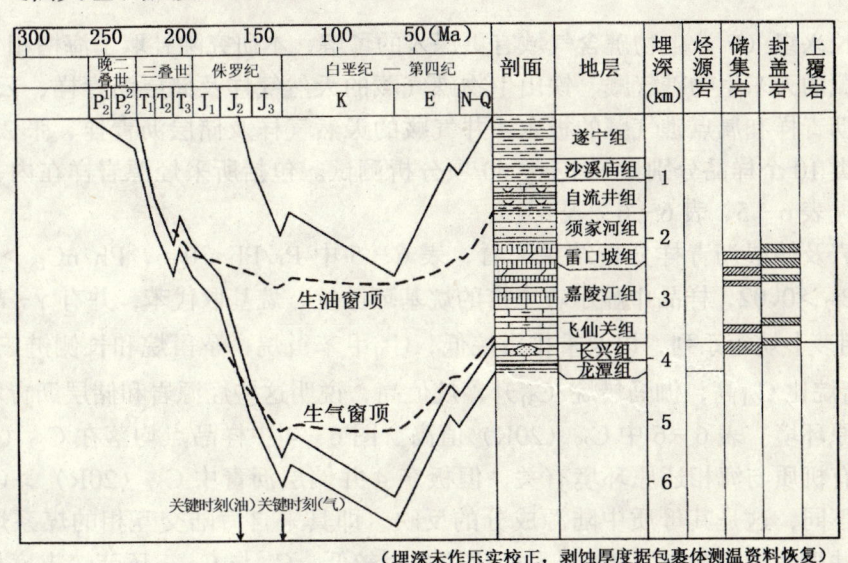

图6-3 川东七里24井上二叠统埋藏史

三、礁气藏储层沥青特征

前人曾对生物礁气藏的气源问题、点礁气藏的天然气样、凝析油样及储层沥青样作过研究(黄藉中等,1988,1994a,1994b);强子同等,1989;王廷栋等,1989,在对样品的各项测试资料进行分析后一致认为椿木坪点礁的储层沥青、板东4井点礁气藏的气、凝析油及储层沥青均来自或主要来自下伏的上二叠统龙潭组(P_2^1)煤系烃源层(表6-4)。

表 6-4 我国几个含凝析油气藏中凝析油 C_4-C_7 轻烃族组成（据王廷栋等，1989）

凝析油 类型	气藏	井号	层位	正构烷烃 （%）	支链烷烃 （%）	环烷烃 （%）	苯和甲苯 （%）
腐殖型母质 来源的凝析油	川西北中坝	中44	T_3x^2	20.16	20.45	49.97	11.97
		中29	T_3x^2	18.62	21.07	49.56	20.75
	川中八角场	角48	Th^5	18.74	20.84	47.04	13.38
		角33	Th^3	15.91	20.23	50.08	13.78
	华北苏桥	苏20	C-P	25.30	22.56	40.36	11.78
	川东卧龙河	卧13	Tc_1^3	25.31	20.71	29.27	24.13
		卧3	Tc_1^5	23.11	20.57	31.28	25.04
	川东板东	板东4	P_2^2	23.48	20.67	31.67	24.18
腐泥型母质 来源的凝析油	川中八角场	角2	Jt_1^4	46.45	18.74	31.12	3.59
		角37	Jt_1^4	57.25	16.65	23.82	2.38
	川西北中坝	川22	T_2l^1	36.61	33.57	22.04	7.78
	新疆柯克亚	柯9	E_3—N	52.43	19.50	19.26	
混合型 凝析油	大港板桥	板804	$Es_上$	26.65	28.31	32.30	
		板深20	$Es_下$	24.52	28.04	30.86	16.59
	川东明月峡	明1	P_2^1	27.99	36.36	26.95	9.61

为了对长兴组（P_2^2）生物礁含气域有更深入的了解，本研究除补取了海槽相生油岩样及属边缘礁气藏的天东生物礁气藏、铁山生物礁气藏的天然气样及储层沥青样、云安 14 井礁气藏的储层沥青样和属点礁气藏的板东 4 井气藏的天然气样及储层沥青样、张 23 井礁气藏气样共计两类 10 个样品分别做了 12 类 60 项分析测试。包括所采烃源岩样在内，取得的主要分析数据见表 6-5、表 6-6、表 6-7。

就烃源岩及储层沥青样分析结果来看，表 6-5 中 Pr/Ph<0.6，Ph/nC_{18}>0.30，Ph/nC_{18}-Pr/nC_{17}>0.02，样品中显示较丰富的烷基环己烷、烷基取代苯，并有 γ-胡萝卜烷和 C_{18}—C_{33} 类胡萝卜烷等系列，以及重排甾烷低，C_{30} 甲苯甾烷、孕甾烷和长侧链三环萜烷高，且 C_{23} 三环萜烷比 C_{21} 高，伽马蜡烷/C_{31} 升藿烷值高，说明这些烃源岩和储层沥青均来自与海相有关的还原环境。表 6-6 中 C_{29}（20R）值高、图 6-4 中样品点均落在 C_{29}（20R）的方向上亦说明有机质与海相还原环境有关，但板东 4 井储层沥青中 C_{27}（20R）>C_{28}（20R），与其它样品不同，这是其母质中陆源成分的反映，即具来自海陆交互相的煤系烃源岩的特征。板东 4 井样品的伽马蜡烷/C_{31} 升藿烷比值相对较低；C_{21} 与 C_{23} 三环萜烷丰度相近，并含有二环倍半萜亦显示了海陆交互相煤系源岩的来源。

此外，板东 4 井储层沥青组分同位素明显较其它样品及罐 15 井烃源岩样品的偏重（图 6-5），仍然反映了它不同于其它三个边缘礁气藏储层沥青的特点，即煤系烃源岩的来源。

从 6 个天然气样品的分析结果表明，它们都属于成熟度比较高的热成因有机气（表 5-1）。各气样的烃类组分中 C_1/总烃值均大于 99%，C_{2+}/总烃值均小于 1%，属于干气。其中板东 4 井 C_{2+}/总烃值明显高于其它气样，达到 0.87%，这与板东 4 井气藏产少量凝析油的情况一致。板东 4 井生物标志化合物参数亦说明其成熟度相对偏低（图 6-6）。板东 4 井气

表6-5 川东地区长兴组生物礁烃源岩及储层沥青地化分析数据综合表

参数 样号	氯仿沥青"A" (μg/g)	饱 (%)	芳 (%)	非 (%)	沥 (%)	饱 芳	总烃 (%)	$\delta^{13}C_S$ (‰)	$\delta^{13}C_n$ (‰)	$\delta^{13}C_N$ (‰)	$\delta^{13}C_{AS}$ (‰)	主峰	OEP	$\dfrac{Pr}{Ph}$	$\dfrac{Pr}{nC_{17}}$	$\dfrac{Ph}{nC_{18}}$	$\dfrac{Ph}{nC_{18}}-\dfrac{Pr}{nC_{17}}$	$\dfrac{\sum C_{21}^-}{\sum C_{22}^+}$	$\dfrac{C_{21}+C_{22}}{C_{25}+C_{29}}$
g₁	19	54.62	8.46	27.69	4.62	6.46	63.08	-31.03	-29.83	-29.49	-30.70	C₂₅	1.04	0.41	0.37	0.73	0.36	0.43	0.94
g₂	52	63.64	11.76	16.36	1.82	4.04	79.04	-30.68	-29.42	-29.62	-30.30	C₂₆	0.95	0.30	0.27	0.68	0.41	0.40	0.61
ya14	48	62.34	13.64	20.13	1.95	4.57	75.98	-31.32	-30.35	-29.14	-30.79	C₂₅	1.00	0.49	0.28	0.47	0.19	0.31	1.29
Bd4	133	48.38	10.72	19.70	19.20	4.51	59.10	-29.22	-27.83	-28.48	-28.90	C₂₀	0.95	0.31	0.47	1.07	0.60	1.84	3.41
Ts4、5	62	52.04	13.78	16.84	5.61	3.78	65.82	-30.87	-33.13	-33.11	-40.26	C₂₅	1.06	0.51	0.38	0.60	0.22	0.25	0.75
Ts10、11	52	62.58	12.27	19.02	1.84	5.10	74.85	-30.68	-29.29	29.08	-31.03	C₂₀	0.83	0.31	0.15	0.44	0.29	2.83	9.90

样的碳稳定同位素 $\delta^{13}C_1$、$\delta^{13}C_2$ 值明显较油型气的偏重（表6-7），富集系数 $\delta^{13}C_2-\delta^{13}C_1$ 正值（2.83），这些特征说明板东4井礁气藏天然气具煤型气的特征。

表6-6　川东地区长兴组生物礁烃源岩及储层沥青生物标记化合物分析数据表

参数样号	$\dfrac{Ta}{Tm+Ts}$	$\dfrac{C_{29}\alpha\beta}{C_{30}\alpha\beta}$	$C_{31}\dfrac{22S}{22R+22S}$	$C_{32}\dfrac{22S}{22R+22S}$	γ-蜡烷 $C_{31}H$	$C_{29}\dfrac{20S}{20R+20S}$	$C_{29}\dfrac{\beta\beta}{\beta\beta+\alpha\alpha}$	C_{27}（%）	C_{28}（%）	C_{29}（%）
g_1	0.38	0.42	0.59	0.54	0.55	0.43	0.37	18	31	51
g_2	0.29	0.52	0.60	0.56	0.63	0.45	0.39	18	31	51
ya14	0.44	0.38	0.61	0.49	0.61	0.43	0.35	21	28	51
Bd4	0.46	0.42	0.58	0.49	0.50	0.45	0.38	26	25	49
Ts4、5	0.35	0.50	0.61	0.49	0.81	0.43	0.38	24	34	42
Ts10、11	0.47	0.35	0.60	0.57	0.78	0.42	0.37	24	30	46

从以上的资料分析表明板东4井从成藏的液态烃到成藏的气态烃，包括油藏破坏后留下的储层沥青均与区内 P_2^1 腐殖型烃源岩有密切成因联系。这和以前各位学者所得的结论一致。

而其它样品所代表的气藏气或储层沥青，则主要或完全与 P_2 腐泥型烃源岩相关。P_2 生物礁气藏气样的碳稳定同位素分析资料表明 $\delta^{13}C_1$ 变化范围小（-30.87‰～-32.56‰）而 $\delta^{13}C_2$ 变化范围大（-29.56‰～33.58‰）（表6-7），说明 P_2 礁气藏天然气性质在成熟度方面差异不大，而烃源岩母质性质的影响显著。

表6-7　长兴组生物礁气藏天然气稳定同位素值统计表（单位:‰）

井号	宝1井	板东4井	张23井	天东10	铁山21井	铁山14井
$\delta^{13}C_1$	-31.10	-32.39	-32.56	-30.87	-31.43	-31.55
$\delta^{13}C_2$	-31.95	-29.54	-33.58	-30.60	-33.37	-33.38

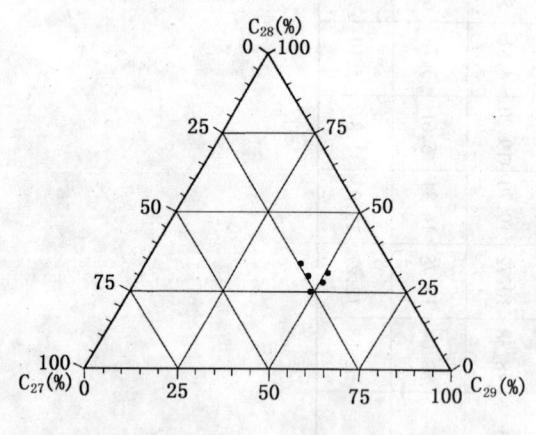

图6-4　C_{27}、C_{28}、C_{29} 相对含量三角图

四、生物礁含气域特征

上二叠乐平统—长兴组～雷口坡组（!）含油气系统中的各天然气储层除裂缝型外，主要与沉积作用及成岩过程有关，它们在从沉积到深埋藏的各个阶段都可以形成。因此在上二叠统含油气系统的发展过程中，一些与沉积、成岩过程有关的岩性圈闭形成时期可以较早，而与区域构造作用有关的天然气圈闭则主要是在喜山运动时期形成的。

根据圈闭和地层时代的差别可将川东乐平统—长兴组～雷口坡组（!）含油气系统划分为5个含气域：

（1）长兴组生物礁含气域（包括点礁、边缘礁含气子域）；
（2）飞仙关组鲕滩含气域；

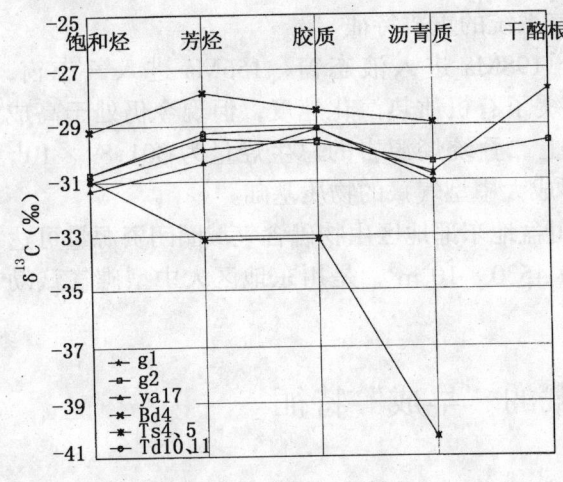

图 6-5 烃源岩及储层沥青组分碳同位素关系图

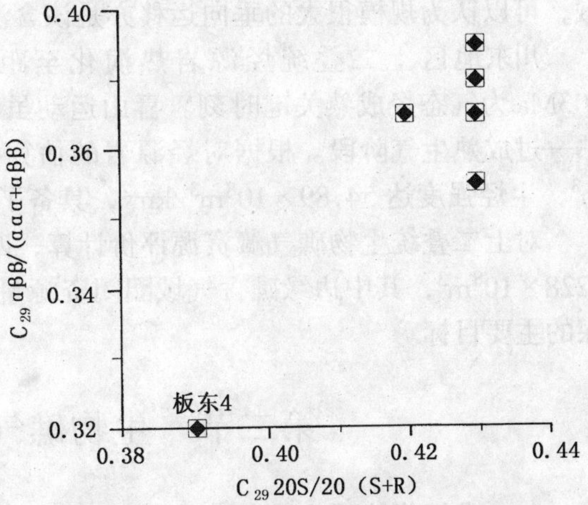

图 6-6 $C_{29}\alpha\beta\beta/(\alpha\alpha\alpha+\alpha\beta\beta)$ 与 $C_{29}20S/20(S+R)$ 关系图

(3) 嘉陵江组白云岩、石灰岩含气域;
(4) 雷口坡组白云岩含气域;
(5) 裂缝型储层含气域（图 6-2）。

其中生物礁含气域距烃源岩最近因而在该含油气系统中具有成藏空间位置上的优势。

从上二叠统生物礁气藏储层沥青特征、天然气特征与烃源岩关系可以看出（图 6-5、图 6-6、图 6-7），礁气藏所处的相带与之关系密切。具体而言，深缓坡内带的椿木坪礁、板东 4 井礁因位于 P_2^1 期海陆交互相（聚煤区）之上的 P_2^2 灰岩中，故其储层沥青、凝析油及天然气均主要或全部来自煤系烃源岩，而边缘礁、深缓坡外带点礁、塔礁礁气藏因远离煤系烃源岩，故其储层沥青、天然气少受或不受煤系烃源岩供给的影响，而主要是来自油系烃源岩。这表明长兴组生物礁圈闭具有近源捕获烃类的优势。

以上特征还说明上二叠统烃类成藏时的运移过程主要是垂向运移。若以侧向运移为主，则煤系烃和油系烃的混合作用会很强，不会形成礁气藏天然气成因特征明显受沉积相带控制的情况。另外，从地质条件上看，川东上二叠统沉积主要是能量较低的碳酸盐缓坡沉积，区内未能形成孔隙发育的席状岩体以利于烃类侧向运移。而礁气藏储层主要是由互

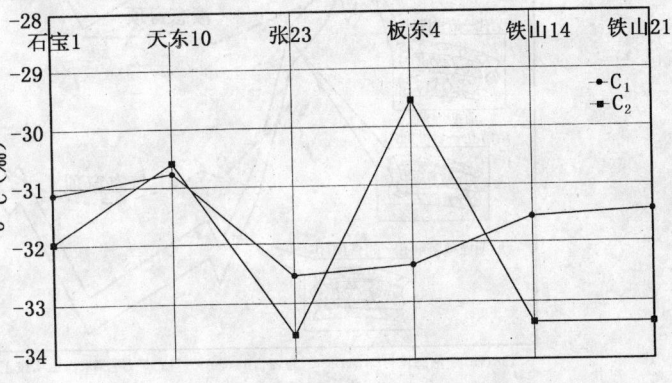

图 6-7 礁气藏 $\delta^{13}C_1$、$\delta^{13}C_2$ 关系图

不连通的礁体的颗粒滩相沉积经埋藏成岩作用，特别是埋藏溶解作用改造后形成的，故其分布是孤立透镜状的，其相互间也不易发生侧向运移。

由此可见，近源的垂向运移成藏是川东上二叠统生物礁气藏含气域的重要特征。考虑到上二叠统烃源岩的气在该含油气系统中能够供给到千米之上的三叠系雷口坡组储层中去成

藏，可以认为规模很大的垂向运移亦是该含油气系统的重要特征。

川东地区上二叠统烃源岩热演化至距今198Ma进入液态窗，156Ma进入气态窗，103Ma为气态烃成熟关键时刻。喜山运动虽减缓了有机质热演化速度，但现今仍处于高成熟—过成熟生气阶段。根据对烃源岩的估算，上二叠统烃源岩的总生烃量为 $301.89 \times 10^{12} m^3$，生烃强度达 $54.89 \times 10^8 m^3/km^2$，具备了形成大中型气藏的物质基础。

对上二叠统生物礁气藏资源评价计算，四川盆地东部地区生物礁含气域圈闭资源量可达 $6228 \times 10^8 m^3$，其中边缘礁含气域圈闭资源量为 $4530 \times 10^8 m^3$，是川东地区大中型礁气藏勘探的主要目标。

第二节 生物礁气藏的"早成"特征

一、礁气藏储层孔隙发育过程

上二叠统生物礁圈闭是受沉积相和成岩作用控制的典型岩性圈闭，因而其储层孔隙的发育、演化过程就是圈闭的发展过程。

根据前述礁气藏储层成岩作用研究，储层中孔隙的发育过程不但与生物礁的成岩过程有关，还与区内烃源岩的热演化过程有关。依据储层孔隙性质和发育时期与油气演化运移、聚集的关系，可将生物礁气藏储层孔隙发育过程与油气运移成藏的关系分为三个主要阶段（图6-8）。

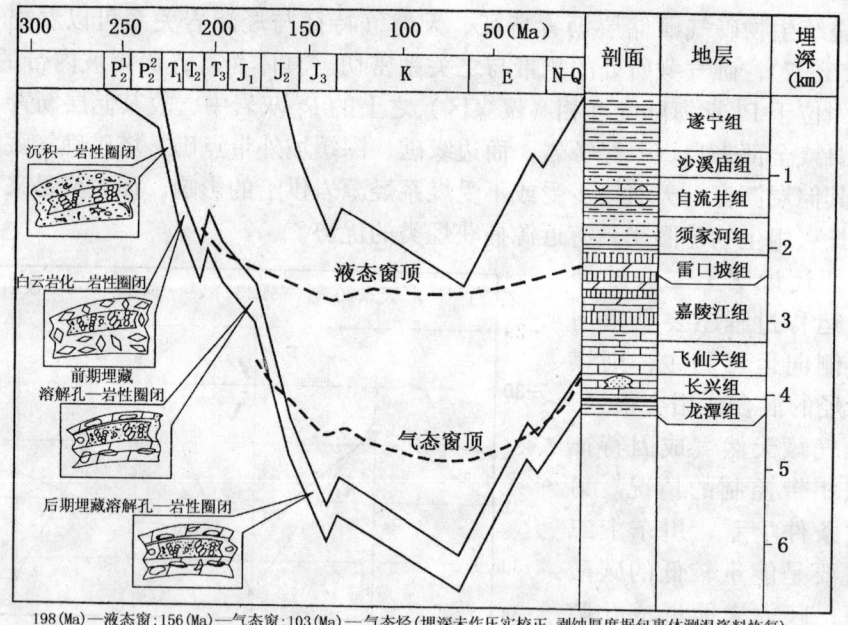

198(Ma)—液态窗；156(Ma)—气态窗；103(Ma)—气态烃（埋深未作压实校正，剥蚀厚度据包裹体测温资料恢复）

图6-8 川东上二叠统生物礁气藏孔隙发育阶段与成藏过程

（一）原生孔隙阶段

原生孔隙阶段为礁圈闭中储层孔隙以原生孔隙为主的阶段，其发育时间在沉积后至浅埋藏期。这时的主要孔隙为礁滩颗粒灰岩中的粒间孔和礁核骨架岩中的骨架孔和体腔孔，此外还有少量近地表环境中形成的铸模孔，该阶段孔隙度最高时大约在20%～25%。由于本含油气系统中区域性烃源岩远未成熟，故礁圈闭中的这些孔隙主要因胶结作用而逐渐丧失。目前，在颗粒岩粒间孔中主要是纤状、刃状及细粒状晶方解石胶结物，在骨架孔中除有很发育的纤状、刃状晶方解石胶结物外，还常见放射轴状晶方解石胶结物、白云石胶结物及细粒状晶方解石胶结物。这些胶结物中一般不含有机包裹体。

（二）晶间孔阶段

晶间孔发育在礁滩相泥粒灰岩—颗粒灰岩白云石化过程中，其主要时期是在浅埋藏期。虽然多数研究者都认为白云石晶间孔的形成与白云石化过程中的溶解作用有关，但对其具体形成机制的认识却未能取得较一致的意见。N.C.Wardlaw（1976）指出随着白云石化作用的充分进行，由于白云石晶粒持续生长，使其晶形由自形变为半自形进而变为它形，从而使晶间孔由多面体孔演化为四面体孔最后变为片状缝。其结果是使晶间孔消失、白云岩变得致密。

如果在晶间孔发育最好的时期有烃类在储层中运聚成藏或发生其它的变化，如孔隙流体性质发生某种变化、水体停滞等，有可能中断白云石化进程而使储层中保存大量晶间孔。但在长兴组生物礁气藏储层中没有见到这种以晶间孔为主要储集空间的白云岩储层。其致密白云岩的白云石晶粒均为半自形—它形，多孔白云岩的孔隙以各种溶孔为主。这表明长兴组生物礁储层的晶间孔在白云石化过程中因白云石晶体的充分生长而大部分消失，现今所见的各种溶孔是在此之后形成的。这些交代成因的晶粒白云岩是在浅埋藏时期形成的，此时的古地温低于70℃，相关的烃源岩热演化过程还未达到开始成熟阶段。

（三）埋藏溶解孔阶段

如前述，埋藏溶解作用发育在区内长兴组生物礁控储层充分白云石化之后。根据储层中这些埋藏溶解孔的特征，可将埋藏溶解作用或埋藏溶孔的形成时间分为两期，前期在古地温为70~120℃，即储层沥青生成前，后期则在120℃以后的高温阶段（图5-10）。

储层中埋藏溶解孔隙的发育过程与烃源岩的成熟过程密切相关，这不但是在陆源碎屑岩系中，在碳酸盐岩储层中也是如此。R.C.Surdam等（1989）曾对油田水中有机—无机相互作用和储层成岩作用的关系作过深入研究（图5-11），认为在埋藏温度逐渐升高、烃源岩成熟的过程中排出的酸性流体性质将发生变化，这将影响储层中的成岩过程。国内一些重要碳酸盐岩天然气储层中的埋藏溶解孔成因也与烃源岩的热成熟过程密切相关，如川东石炭系天然气储层和鄂尔多斯盆地奥陶系天然气储层（文应初等，1995，王一刚等，1996）。

苏尔德蒙（1989）指出在烃源岩刚进入液态窗时，将有大量一元、二元有机酸生成并排入地层水。地层水中有机酸的浓度在地温80~120℃时达到最高值，在温度高于120℃后有机酸将逐渐分解，至160℃地层水中有机酸基本消失。在更高的温度段地层水因烃类的热降解产生大量CO_2，使CO_2分压增高。地下水性质的这种变化直接影响到储层中的成岩作用（图5-9，图5-11）。

从长兴组生物礁储层的成岩作用研究中可以看到以下成岩条件：

（1）早期埋藏溶解孔形成于储层白云石化之后、储层沥青形成之前，即古地温70~120℃区间；

（2）包裹体测温资料说明埋藏方解石的主要生成温度区间在110~160℃；

（3）晚期埋藏溶解孔形成于储层沥青形成之后，即古地温高于150℃以后，因为一般认为150℃后液态烃基本全部裂解；

（4）储层溶解孔自生石英中包裹体均一温度为140~160℃；

（5）均一温度70~100℃的粒状方解石胶结物中含有液态烃包裹体，均一温度140~

170℃包裹体的粒状方解石胶结物中含大量气烃包裹体。

这些成岩条件说明长兴组生物礁储层中埋藏溶解孔隙的发育过程与区内烃源岩热成熟过程关系密切。结合研究区的埋藏史和上二叠统烃源岩的热成熟史，可以得出如下认识：长兴组生物礁气藏储层中的早期埋藏溶解孔形成于中三叠世末至晚三叠世初区内上二叠统烃源岩液态烃刚开始成熟的早期，此时古地温在70～90℃左右。晚期埋藏溶解孔形成于晚侏罗世—早白垩世时期，此时古地温在150℃左右。

二、礁气藏圈闭发展过程

由于生物礁气藏是典型的岩性圈闭气藏，故其储层孔隙发育过程即是岩性圈闭发展过程。

该过程可分为4个阶段，并依据它们与本含油气系统内烃类运聚过程的配套情况划分为无效圈闭和有效圈闭两个大类（图6-8）。

（一）无效圈闭

生物礁油气藏的烃源岩成熟前形成的生物礁圈闭为无效圈闭。

1. 原生孔隙为主的沉积—岩性圈闭

当生物礁发育结束、上覆致密沉积物固化使生物礁封闭后，形成最早的以原生骨架孔、体腔孔、粒间孔为主的岩性圈闭。由于圈闭形成后没有区域性的烃类运聚过程发生，这些原生孔隙因胶结作用而丧失，使圈闭破坏。

2. 白云石晶间孔为主的白云岩化—岩性圈闭

白云岩晶间孔发育在礁滩相泥粒—颗粒岩白云石化过程中以自形晶白云石为主的时期。当储层以晶间孔成为储集空间时，生物礁岩性圈闭第二次形成。但在圈闭形成后仍未有区域性的烃类运聚过程发生，白云石晶间孔终因白云化作用的持续进行、白云石晶粒由自形晶生长为半自形、它形晶互相嵌合接触而消失，岩性圈闭再次被破坏。

（二）有效圈闭

有效圈闭是生物礁油气藏的烃源岩进入热成熟阶段后，有区域性烃类运聚过程发生时存在的圈闭。长兴组生物礁的这种圈闭就是以埋藏溶解孔为主的成岩—岩性圈闭。这种圈闭依时间划分为两个发展阶段。

1. 前期埋藏溶解孔—岩性圈闭

该类圈闭是在长兴组生物礁油气藏烃源岩成熟早期，因埋藏溶解孔大量产生而形成的。圈闭的形成期与区域性的液态烃运聚成藏时期匹配，其中捕获了液态烃的便形成了古油藏。但这些古油藏形成后逐渐深埋，随地温逐渐升高，液态烃热解破坏，在储层孔隙中留下焦沥青。

2. 后期埋藏溶解孔—岩性圈闭

后期埋藏溶解孔形成于深埋期地温升到150℃后，与区内气态烃运聚成藏期配套。后期埋藏溶解孔—岩性圈闭对前期埋藏溶解孔—岩性圈闭有明显继承性，目前发现的气藏储层中大多数含有沥青。在古油藏热解破坏时，有少数孔隙为沥青全充填，也有一些孔隙在古油藏破坏后又被晚期方解石充填，但在多数情况下形成古油藏的生物礁圈闭并未破坏。后期埋藏溶解孔的发育增加了原储层的孔隙度，使形成气藏的生物礁圈闭的容量和有效性增加。

综上所述，川东地区上二叠统生物礁岩性圈闭形成时间早，其空间位置最接近烃源岩，因而具有优先捕获油气、形成高丰度、高产能气藏的优势。

第三节 礁气藏的"罐装"特征

生物礁气藏是以岩性圈闭为主的气藏,它的成藏与构造的关系较之于其它类型的气藏来说与构造位置高低相关性较小,而与断裂相关性较大。

一、今构造对礁气藏成藏的影响

川东地区已发现的生物礁气藏出现在背斜构造的各种部位。小型的点礁气藏如板东礁、石宝寨礁位于背斜轴部下倾斜坡上。大型的边缘礁气藏如天东礁气藏自背斜轴部呈悬挂状向东南翼下垂,气藏顶底高差达1000m。铁山边缘礁气藏也是从背斜顶部沿轴向不对称向西南下倾方向延伸,气藏顶底高差为367m。云安厂礁气藏则位于接近向斜轴部的位置。这些实例都说明长兴组生物礁气藏成藏与现今的背斜构造不相关。

此外,川东地区生物礁气藏的含气情况也与构造高低无关。目前发现的最低的云安12井礁气藏气层中部海拔为-4220.64m(图5-4),最高的铁山气藏铁山5井气层中部海拔为-2570.49m(图5-3)。而产水的黄泥堂礁梁2井产层中部海拔仅-1625.95m(图5-5)、卧龙河礁卧117井产水层中部海拔为-3582.36m。这说明区内礁储层间连通性很差,这亦是岩性圈闭的典型特点。

长兴组生物礁气藏与今构造无关,说明喜山运动对其成藏没有起控制作用。

二、古构造对礁气藏成藏的影响

为了研究古构造对区内长兴组生物礁气藏成藏的影响,分别作了区内烃源岩成熟后的川东上三叠统沉积前、下侏罗统沉积前和中侏罗统沉积前长兴组顶面古构造图。从古构造图上看,除天东、黄龙礁区在各个时期一直处于古构造高部位外,其余的礁气藏基本上都位于各种斜坡带上。就一般的情况来说,在烃类成熟后处于古构造高部位的圈闭有利于成藏。但目前的资料反映古构造对生物礁液态烃成藏和气态烃成藏没有明显控制作用,即印支运动及燕山运动对其成藏无明显控制作用。这实质上也是生物礁油藏或气藏圈闭为岩性圈闭的特点表现。

三、断层对礁气藏成藏的影响

在断层对生物礁气藏成藏的影响中最容易被人们重视的是对圈闭本身的影响。穿过或与生物礁圈闭连通的断层是开启的、还是封闭的直接影响到圈闭的有效性,它控制了该生物礁圈闭是否能有效捕获烃类成藏以及圈闭的高度、气(油)藏压力等。成藏之后的构造运动形成的断层则可能破坏生物礁气藏或改变其含气高度、气藏压力等。

另一方面,断层、断裂更重要的作用是作为传输流体的通道。从区内生物礁气藏中天然气特征、凝析油特征、储层沥青特征与烃源岩性质的对比可知,液态烃、气态烃成藏过程中发生的运移主要是垂向的。对于地层圈闭的生物礁气藏(或古油藏),实现这种垂向运移的途径最可能的就是靠与圈闭连通的断层或裂缝系统。

此外,沉积期区域性的古深大断裂可能通过对沉积相的控制而影响生物礁的分布从而决定了生物礁气藏的分布。陆棚边缘礁带的展布就与这种大断裂带的存在有关。对于点礁目前还不明朗。

生物礁气藏形成后处于全封闭的"罐装"状态。后期的构造变动,除断层破坏外,不会因构造变动发生气态烃重新运聚。礁气藏可位于构造各个部位,无统一的气水界面和压力场。礁气藏范围与构造形态无关。例如天东礁气藏不对称地"悬挂"在背斜构造的东翼、云安厂礁气藏位于向斜轴部等,都说明了生物礁气藏的含气性与区域海拔高度无关。这是呈"罐装"状态的生物礁气藏在保存条件上的优势。

第四节 礁气藏成藏模式

多数情况下,含有晚期埋藏溶解孔或以其为主的生物礁气藏岩性圈闭,是在以早期埋藏溶解孔为主的古油藏岩性圈闭的基础上继承和发展起来的。生物礁气藏形成于燕山中、晚期。在其形成后,喜马拉雅期的构造变动除断层的破坏作用外,只对生物礁所处的构造部位有影响。根据以上分析,可以将川东上二叠统生物礁气藏的成藏模式归纳如图6-9。

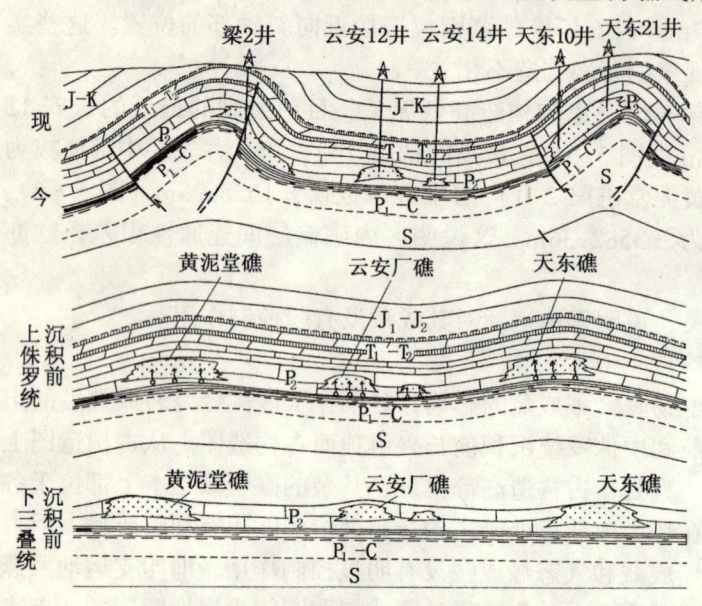

图6-9 川东地区上二叠统生物礁气藏成藏模式

一、"烃类主动成藏"模式

川东生物礁油气藏是典型的岩性圈闭气藏。长兴组生物礁储层孔隙的发育过程、生物礁有效圈闭的形成以及液态烃、气态烃的成藏过程都与烃源岩的演化过程密切相关,或者说都受烃源岩热演化过程的控制。从这个意义上讲,相对于不是这种生物礁岩性圈闭油气藏的其它储层和圈闭形成过程与烃源岩热成熟无关的油气藏而言(如构造圈闭和某些地层圈闭),这种油气成藏过程可称为"烃类主动成藏模式"。

二、"近源、早成、罐装"的原生气藏

长兴组生物礁气藏在成藏过程中具有的"近源"特点,这是生物礁气藏成藏在空间位置上的优势。由于生物礁气藏圈闭形成时期与烃源岩大量生成气态烃的时期配套,故生物礁圈闭具有早期捕获气态烃成藏即"早成"的特点,这是生物礁气藏成藏在时间上的优势。生物礁气藏形成后便处于一种全封闭的"罐装"状态,只要不被断层切割破坏,就会完好保存下来,不会因构造变动发生气态烃的重新运聚过程,这是生物礁气藏在保存条件上的优势。

因此,从气藏成因特征的角度看,长兴组生物礁气藏是具有烃类主动成藏形成的"近源、早成、罐装"的原生气藏。

第七章 四川盆地东部上二叠统生物礁气藏勘探方法

第一节 上二叠统生物礁地震响应

一、上二叠统生物礁的地震反射结构

生物礁气藏是一种岩性圈闭气藏。生物礁在上二叠统长兴组内部造成岩相的横向变化一般会导致长兴组内地震速度的变化，使其在长兴组平行反射结构中出现局部异常反射结构。从由钻井声波补偿测井曲线转换而来的上二叠统长兴组地层速度曲线上看，虽然礁体层段的速度较之于非礁层段并没有明显整体升高或降低的显示，但礁组合段地层速度大于非礁段这种特征还是显著的，且礁井的地层速度变化幅度也大于相邻非礁井的速度变化幅度。层间反射系数（R）大于 0.02 的大多出现在礁组合中，少数具有高孔隙度储层的礁井如板东 4 井、卧 117 井的礁相段可出现反射系数达到 0.1 的波阻抗界面❶。

长兴组生物礁地震反射结构中一个突出特点是构成反射层的礁储层（气层）的单层厚度大多小于 20m，它们与胶结致密的礁相灰岩呈不规则互层状，且在横向上多为渐变过渡。这些薄层与邻层的速度差幅大多低于 10%，界面反射系数一般低于 0.5（表 7-1、表 7-2）。在礁气藏中钻遇的这些薄储层的叠加厚度从十余米到百余米不等。因此，随长兴组生物礁发育部位的不同、礁体与围岩关系的不同、礁组合内部薄互层速度结构的不同以及地震反射子波分辨能力的不同，使其干涉、叠加的结果也不同。这些影响综合表现在地震记录上，使长兴组生物礁在地震剖面中造成的局部异常反射结构有各不相同的特征和多种类型。

表 7-1 礁井储层厚度及与围岩间的反射系数（据雷晓，1997）

井号	储层段	与上层速度差 $\dfrac{v_n - v_{n-1}}{v_n}$（%）	顶界反射系数	与下层速度差 $\dfrac{v_{n+1} - v_n}{v_n}$（%）	底界反射系数	厚度（m）	双程旅行时（ms）	总厚度（m）	总旅行时（ms）
黄龙 1 井	1	-8	-0.04	9	0.045	5.0	1.89	20	7.45
	2	-7	-0.035	3	0.015	4.0	1.50		
	3	-2.5	-0.012	9	0.045	7.0	2.58		
	4	-8	-0.04	2.6	0.013	4.0	1.48		
黄龙 4 井	1	1.3	0.006	0.08	0.0004	8.0	2.58	16	5.14
	2	1.9	0.009	3	0.015	8.0	2.56		
云安 12 井	1	2.8	0.014	-0.8	-0.04	8.5	2.47	15.6	4.88
	2	2.6	0.013	-4.5	-0.022	2.0	0.64		
	3	8.0	0.04	-10.5	-0.05	5.1	1.77		

---

❶ 黄继祥、雷晓，川东北地区上二叠统岩相古地理及生物礁地震识别研究，西南石油学院，1997。

续表

井号	储层段	与上层速度差 $\frac{v_n - v_{n-1}}{v_n}$ (%)	顶界反射系数	与下层速度差 $\frac{v_{n+1} - v_n}{v_n}$ (%)	底界反射系数	厚度 (m)	双程旅行时 (ms)	总厚度 (m)	总旅行时 (ms)
天东10井	1	4.6	0.023	−16	−0.08	16.0	4.87	97.9	31.24
	2	−10	−0.05	3.8	0.014	10.6	3.72		
	3	3.8	0.014	2.7	0.013	44.4	14.20		
	4	0.006	0	0.07	0.003	7.3	2.23		
	5	−3.4	−0.017	0.8	0.004	3.0	1.01		
	6	−0.8	−0.004	2	0.01	16.6	5.21		
天东21井	1	7	0.035	−0.2	−0.001	2.24	0.94	35.94	14.27
	2	−12	−0.06	11	0.055	24.0	8.29		
	3	−3.5	−0.017	1.6	0.008	3.0	1.31		
	4	1.9	0.009	5.6	0.028	6.7	3.73		
铁山4井	1	−0.009	0	−5.3	−0.026	3.0	1.02	12	3.94
	2	−2.6	−0.013	3.2	0.016	7.0	2.25		
	3	−3.1	−0.015			2.0	0.67		
铁山14井	1	0.87	0.004	0.7	0.004	45.5	14.46	109.5	34.51
	2	3.5	0.017	0.6	0.003	11.0	3.38		
	3	−1.6	−0.008	−0.6	−0.002	11.0	3.42		
	4	1.2	0.006	−3.5	−0.012	24.5	7.52		
	5	−2.7	0.001	−2.0	−0.010	17.5	5.73		

二、上二叠统生物礁的地震响应特征

在多数情况下，生物礁的地震响应表现为地震反射波的振幅强度、相位数、相位极性、相位连续性及频率的改变，同时也可能出现因礁体与围岩间速度差异造成的礁与非礁界面或相邻界面反射形态变化[1]。对这些因礁体的存在而表现出的可能识别的各种地震变化进行归纳分类，主要有如下三种（图7-1）。

（一）丘状上隆加厚型

生物礁地震异常呈丘状，具"丘状地震反射结构"（Mound seismic reflection configuation）。长兴组顶部反射层（Ⅴ反射层）穿时上隆，长兴组内部反射也可出现反映上隆的同相轴，长兴组底部反射层（Ⅴ′反射层）可能上凸或下凹，有时也可能影响阳新统底部反射层（Ⅵ反射层）形态。这种反射特征可能对应礁体造成的同期沉积地貌特征，典型的有天东礁、板东礁等的地震剖面。

（二）长顶反射变异型

生物礁地震主要表现为长顶反射（Ⅴ反射层）在礁体部位局部中断、反射减弱等，出现长顶反射空白段或极弱段，可出现在丘状上隆加厚型中。长兴组内的反射也可出现上隆形态

---

[1] 蔡泽蒙，利用地震资料寻找川东二叠系生物礁研究总结报告，四川石油管理局地质调查处，1989。

表 7-2 非礁井物性变化段厚度及层间反射系数表

井号	层段	顶界井深 (m)	底界井深 (m)	岩性	与上层速度差 $\dfrac{v_n-v_{n-1}}{v_n}$ (%)	顶界反射系数	与下层速度差 $\dfrac{v_n-v_{n+1}}{v_n}$ (%)	底界反射系数	单层厚度 (m)	双程旅行时 (ms)	累计厚度 (m)	累计旅行时 (ms)
黄龙 3	1	4111	4115	泥质灰岩	-12.24	-0.058	10.00	0.048	4	1.44	30.5	9.55
	2	4220	4242	石灰岩、白云质灰岩	6.15	0.032	-5.57	-0.029	22	6.61		
	3	4261.5	4266	石灰岩、白云质灰岩	-6.95	-0.034	5.83	0.028	4.5	1.50		
铁山 12	1	3220.4	3223.6	石灰岩	-5.00	-0.024	5.00	0.024	3.2	1.10	24.8	8.14
	2	3359	3363	石灰岩(含泥质)	-7.27	-0.035	4.73	0.023	4	1.39		
	3	3368	3373	石灰岩(含泥质)	-7.58	-0.037	6.06	0.029	5	1.72		
	4	3393	3405.6	石灰岩(含泥质)	3.65	0.019	-5.00	-0.026	12.6	3.93		
池 21	1	2670	2672.6	含泥质灰岩	-9.38	-0.045	9.38	0.045	2.6	0.91	40.8	13.09
	2	2680.4	2692	石灰岩	9.51	0.050	-4.84	-0.025	11.6	3.42		
	3	2704	2717	石灰岩	-5.16	-0.025	3.16	0.016	13	4.24		
	4	2724.8	2725.4	含泥质灰岩	-12.34	-0.058	12.70	0.06	0.6	0.21		
	5	2755	2757	含泥质灰岩	-9.68	-0.046	9.68	0.046	2	0.68		
	6	2794	2805	石灰岩	-3.13	-0.015	3.13	0.015	11	3.63		
大天 4	1	4474	4476	含泥质灰岩	-10.55	-0.050	11.64	0.055	2	0.74	10.0	3.5
	2	4478	4480	石灰岩	-4.93	-0.024	6.40	0.031	2	0.71		
	3	4510	4514	含泥质灰岩	-4.00	-0.020	5.48	0.027	4	1.36		
	4	4553	4555	石灰岩	-4.28	-0.021	3.68	0.018	2	0.70		
邓 1	1	3708.4	3714	石灰岩	-15.00	-0.081	0.19	0.103	5.6	2.30	48.6	16.88
	2	3723	3731	泥灰岩	10.17	0.048	-0.03	-0.017	8	2.36		
	3	3752	3754	石灰岩	-10.29	-0.054	0.10	0.054	2	0.80		
	4	3802	3808	石灰岩	-9.72	-0.051	0.10	0.051	6	2.16		
	5	3850	3872	石灰岩	-6.06	-0.031	0.11	0.056	22	7.26		
	6	3919	3924	缝石灰岩(裂缝)	-21.05	-0.0118	0.14	0.078	5	2.00		
天东 65	1	3836.6	3839.6	含泥质灰岩	-8.48	-0.041	12.24	0.058	3	1.08	13.2	4.55
	2	3867	3870.2	含泥质灰岩	-3.55	-0.017	6.71	0.032	3.2	1.10		
	3	3923	3930	石灰岩	-6.17	-0.030	3.20	0.016	7	2.37		

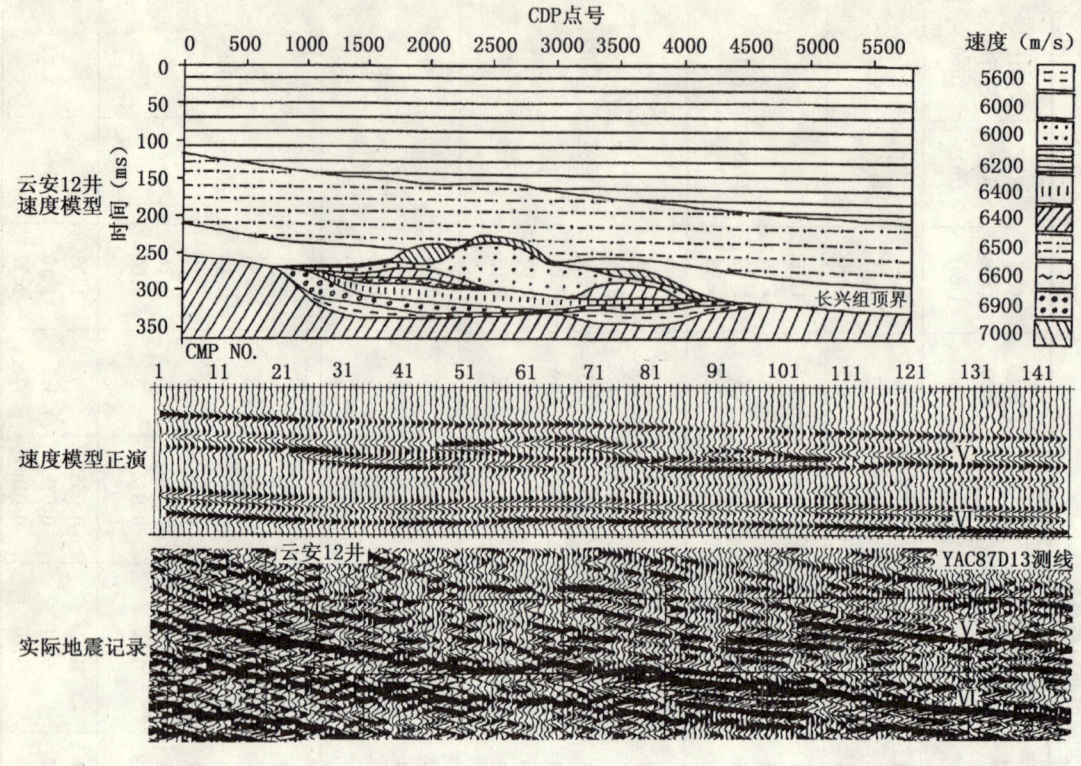

图 7-1 生物礁地震响应模式

的同相轴,但穿时现象不明显。这种反射特征可能是礁体造成的沉积地貌的改变,影响了上覆飞仙关组底部沉积,造成局部岩相变化的反映。典型的有卧 117 井生物礁及建南礁气藏。

(三) 礁内反射变异型

表现为长兴组内与礁体对应部位反射层局部相位紊乱、振幅强度突变等,有时可出现局部的振幅反射亮点(或暗点)。反射外形可表现为透镜状(眼球状)或各种不规则状。这可能是礁组合内岩层厚度、薄层组合造成的成层性、物性及结构较之周围的非礁地层无序变化的响应。典型的有石宝寨礁、板东 4 井礁等,由于这些礁体发育于长兴组中、下部,使得长兴组内的这种反射异常成为生物礁地震反射的主要特征,即长兴组顶不出现异常反射结构。

第二节 生物礁气藏预测失误的地质原因浅析

上述三种长兴组生物礁地震响应模式在实际地震记录中并不是截然可分的。由于每个礁体发育层位、内部结构的差异、地震测线穿越礁体部位的不同、地震地质条件及资料处理因素,以及一些非礁因素的影响都可能在地震记录中造成类似的地震异常,这是造成仅仅依赖生物礁地震异常模式识别或预测生物礁(气藏)失误率高的重要原因。通过对已钻生物礁失误中的初步分析可将长兴组生物礁(气藏)与长兴组生物礁地震异常间的关系归纳为三种情况。

一、有礁有异常

在过井测线的地震记录上表现出各种地震异常，如上述归纳的礁（气藏）的三种地震响应模式即是根据这些实例研究得出的，例如天东礁、板东礁、建南礁等。

二、有礁无异常

在地震记录上无明显异常显示（图7-2），声波补偿测井曲线也比较平直，但在钻探中发现生物礁气藏，如铁山生物礁气藏就是这种类型的代表。铁山生物礁气藏在地震

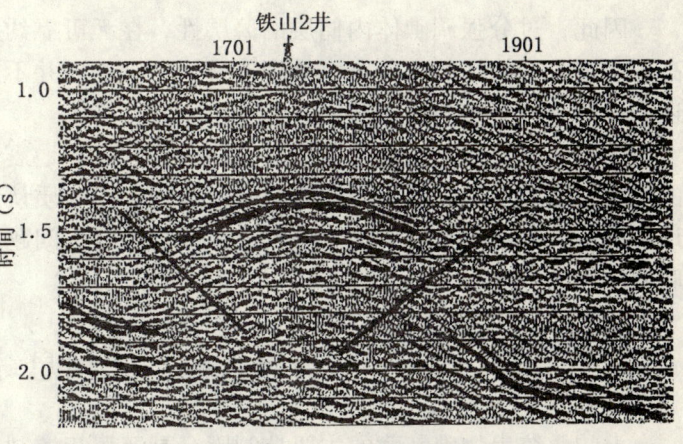

图7-2 铁山构造81-D440测线地震反射剖面图

记录上未见明显地震异常显示，但经钻探、试采、开发结果均表明铁山礁气藏是一个中型礁气藏。这可能与该礁气藏储层致密、平均孔隙度仅为1.7%有关。属于此类的还有梁5井、温泉3井、马槽2井等生物礁井。

三、有异常无礁

在钻探中落空的长兴组生物礁专层井都属这类。虽然在布井前对这类地震异常一般都做过较细的研究，但钻探结果却证实地震记录上的异常并非是生物礁的地震响应。

自1984年初发现石宝寨1井长兴组生物礁气藏后，在勘探中人们很自然地将上二叠统长兴组中各种局部地震异常与生物礁（气藏）联系起来。并借助于对建南礁气藏、石宝1井礁气藏及其它随机钻遇的礁（气藏）的地震响应特征的分析，主要从设计各种正演模型出发研究生物礁地震异常模式，并根据地震异常模式解释圈定了各种礁异常，它们在川东地区呈星罗棋布之势（陈季高、陈太源，1986、1988；蔡泽蒙，1989；罗蓉，1993；王一刚、刘划一，1994）。这些地震解释的基本地质依据是川东地区长兴组属碳酸盐台地沉积，这些生物礁都是台地上随机发育的各种点礁、塔礁，个体小，分布无规律，与之对应的是在地腹出现星点散布的地震异常[1]。在十余年中根据此种生物礁地震异常模式解释布置的生物礁气藏专层探井大多落空，但在一些未预测有长兴组生物礁的石炭系气藏探井中却不时钻遇生物礁气藏。截止1996年底的统计，这种随机钻遇生物礁（气藏）的井占已钻生物礁井的90%以上。

有不少人认为提高生物礁（气藏）预测成功率只能有待于生物礁地震异常识别方法的突破，这需要大量人力、物力和财力的投入，它与石油地球物理勘探总体水平的提高有关。这种认识的一个最基本的出发点是上二叠统长兴组的地震异常与地腹长兴组生物礁（气藏）间存在着某种对应关系，强调礁相和非礁相间明显的岩性差异必然造成二者在地震反射属性上的差异（表7-1）。但事实上非礁相地层的岩性并非如地震异常研究中假设那样是均质的，它同样是由不同岩类组合而成，在纵向上和横向上同样具有岩性的变化，构成的反射物性结构特征与生物礁相薄互层反射物性结构特征类似。许多界面的反射系数都显著大于0.02，有的高于0.10（表7-2），它与生物礁相地震响应的异同在现有地震采集处理条件下难于区分，这就是造成诸多仅根据"生物礁地震异常"所布专探井落空的根本原因。

---

[1] 陈季高等，川东地区上二叠统生物礁及其含油气性研究，四川石油管理局勘探开发研究院，1988。

因此，过分强调礁体内储层的薄层性，在无可靠约束的条件下仅就叠后资料一味作以提高剖面视频为特征的高分辨率处理等叠后特殊处理并不能减少地震异常解释的多解性，反而还有可能造成更多的假象和陷井。

十余年来川东上二叠统长兴组生物礁（气藏）地震预测失误的一个重要原因就是把复杂的地质问题简单地归结为"地震异常"解释，在地质认识尚不完善的情况下过于依赖单一的地震手段，其结果是偏离了客观规律。要解决这一问题，必须加强地质、测井、地震多学科联合攻关的综合研究。

第三节　生物礁气藏多元信息综合预测勘探方法

上二叠统生物礁气藏的主要控制因素是沉积相控制了生物礁的分布和规模，成岩作用控制了储层发育和圈闭的形成。从这个基本认识出发，针对川东上二叠统生物礁的复杂情况，不能仅局限于表现形式多样、多解性突出的地震异常预测生物礁，而是要：

（1）应当充分应用井下地质和测井资料，深化对生物礁发育和分布主控因素的沉积相特征及分布规律的认识；

（2）以测井作为桥梁准确标定地质层位和储层发育特征，以地震作为拓展手段，精细对比研究具体地区的沉积相带展布和变化，寻找生物礁发育的有利地震相带；

（3）在确定了的有利地震相区内，利用多种正、反演技术，研究与礁体、礁储层和圈闭有关的判识，预测有利的生物礁气藏勘探目标。

这就是本研究提出的生物礁气藏勘探的全新思路，即以地质为基础、测井为桥梁、地震为拓展手段的"长兴组生物礁多元信息精细预测方法"（图7-3），它主要包括三方面的研究内容。

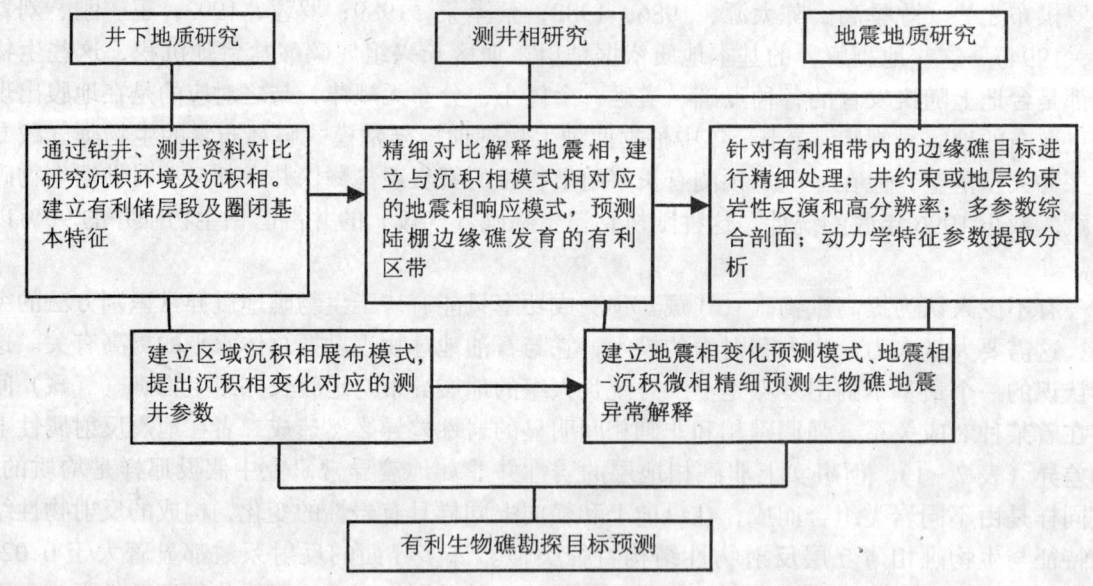

图7-3　生物礁气藏多元信息综合预测勘探方法流程

一、沉积相与生物礁分布规律的研究

通过大量钻井和测井资料对比,研究工区内上二叠统长兴组沉积特征,重塑岩相古地理环境,明确长兴组生物礁的分布规律。

四川盆地东部地区上二叠统长兴组沉积相横向展布如下(图7-4、表7-3)。

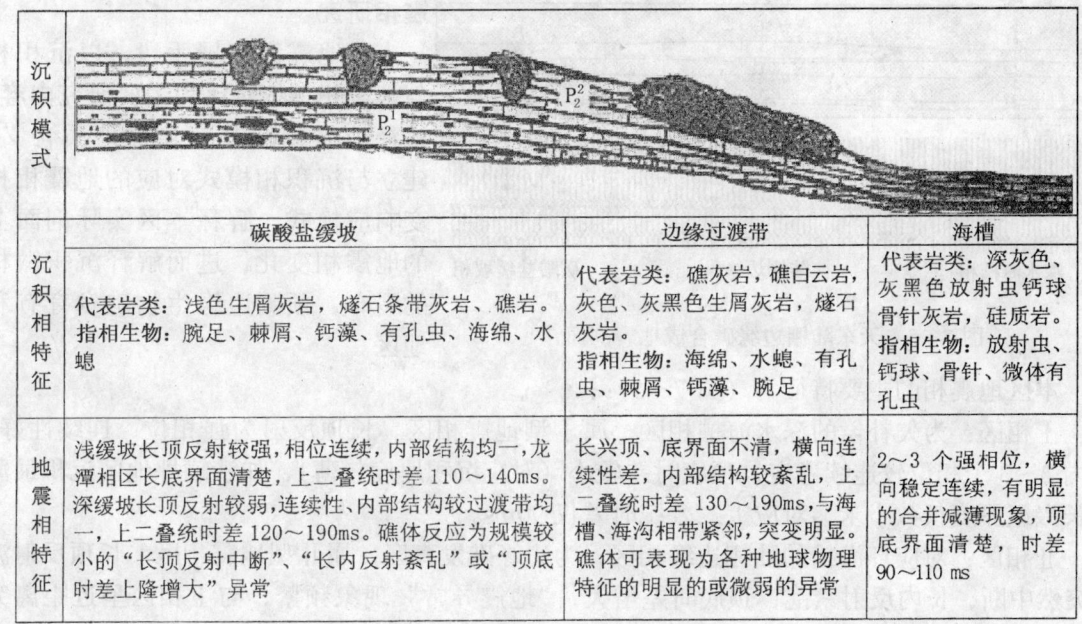

图7-4 川东上二叠统生物礁沉积相与地震相分析

表7-3 川东长兴组典型地震相类型及其地震反射属性特征

地震反射属性	地震相类型	强反射地震相	弱反射地震相	极弱—无反射地震相
		Ⅰ—1类	Ⅰ—2类	Ⅱ类	Ⅲ类
"长顶"反射能量		强	强	弱	极弱(或无反射)
"长顶"反射连续性		连续性好	连续性好	连续	不连续
"长顶"至"长底"波数		1(个)	1~2(个)	2~3(个)	3~4(个)
"长顶"至"长底"反射时差		50~70ms	70~110ms	90~110ms	100~140ms
长兴组厚度		50~100m	150~250m	200~250m	>250m
飞仙关组底部低速层厚度		较厚(10~20m)	较薄(5~10m)	无(或<5m)

Ⅰ相区:以饥饿型深水沉积为特征的开江—梁平海槽相。主要在开江—梁平一带环海槽东南缘分布有七里峡、沙罐坪、黄龙场、大天池、南门场、云安厂、黄泥堂等构造。海槽东北可能与城口—巫溪海槽相连。该相区沉积厚度薄,不发育生物礁。

Ⅱ相区:碳酸盐缓坡边缘斜坡相(陆棚边缘相)。以较大型的边缘生物礁发育为特征,环Ⅰ相区海槽相，呈带状展布。该相区沉积厚度明显地突然增大。

Ⅲ相区：碳酸盐深缓坡相。为碳酸盐海槽、边缘相区以外广大的碳酸盐陆棚沉积区，与边缘带呈过渡变化。该相带厚度大，内有点礁星散状分布。

二、生物礁发育有利相带的地震相研究

以地震为拓展手段，以沉积相与地震相精细对比为主要研究内容，解释地震相及其变化的地质含义，建立与沉积相模式对应的地震相相变响应模式，解释本区实际剖面上的地震相变化，进而解释沉积微相的展布，预测边缘生物礁发育有利地区。

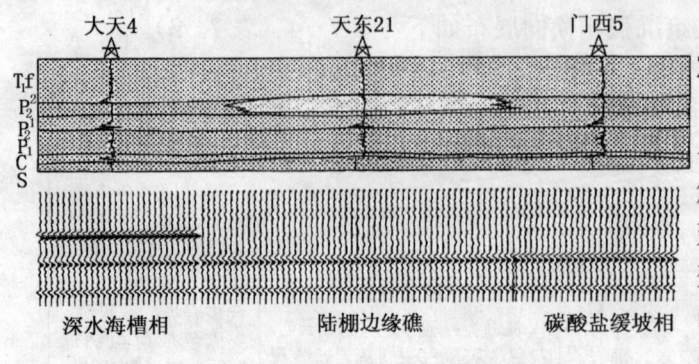

图7-5 天东陆棚边缘礁合成地震剖面

本区地震相的主要特征为（图7-5）：

Ⅰ相区：为欠补偿的深水海槽相区，属Ⅰ型地震相区。长顶反射为强相位，连续性好，长内2~3个相位较连续稳定，顶底时差较小（对应沉积厚度较薄），如沙罐坪地区沉积最薄处长兴组厚度仅数十米，对应上二叠统时差仅90ms。

Ⅱ相区：对应环海槽的陆棚边缘相区，为边缘礁发育区，属Ⅱ型地震相区。长顶反射波组突然中断，长内反射紊乱，顶底时差增大，"地震异常"现象频繁，与Ⅰ相区呈近距离突变关系。

Ⅲ相区：对应碳酸盐深缓坡相区，为分散点礁分布，属Ⅲ型地震相区（即弱反射至无反射）。地震"异常"频度减少，相位较连续，时差变化不大，频率较高，与Ⅱ相区呈渐变过渡关系，陆棚边缘相与碳酸盐深缓坡相的具体边界响应较弱，有时较难分辨，但在穿越海槽的剖面上则常能观察到较明显的相变和异常标志。

通过生物礁发育有利相带沉积相—地震相研究，结合勘探成果分析揭示，海槽相内尚未钻遇到一口礁井；但沿精细解释的海槽相与陆棚边缘相相变线外侧4km内已有探井统计，区内过长兴组钻井共19口，钻遇生物礁井达17口，生物礁随机钻遇率达90%以上；再向外（主要位于碳酸盐深缓坡相）有钻井19口，钻遇礁井仅3口，生物礁钻遇率显著降低。统计规律亦表明边缘礁分布明显受沉积相带控制，在本区边缘过渡相带中边缘生物礁极为发育，是目前生物礁气藏勘探极现实的有利靶区。

三、有利相带生物礁钻探目标的精细处理

针对有利相带内的边缘礁钻探目标，应用各种正、反演精细处理手段，进一步落实生物礁探井依据。除采用G—log、Seislog、瞬时相位、瞬时振幅、振幅强度等特殊处理外，还针对边缘礁内白云岩储层分布较强的非均质性，探索应用了宽带约束反演和Seislog技术预测了大天池构造天东礁储层分布；应用Prorile多参数综合剖面和地震动力学特征参数提取分析方法及二维模式识别方法等进一步确认符家坡—黄龙场边缘礁异常特征。

在立足于边缘礁勘探的前提下，通过生物礁多元信息综合预测勘探方法研究后，提出了三个有利的上二叠统边缘生物礁群勘探目标区带，预测了较大型（8~40km²/个）的边缘礁有利勘探目标11个（图7-6）。其中预测的天东礁及黄龙礁已经过1996—1999年13口钻井的钻探初步证实，使生物礁预测成功率大幅度提高。

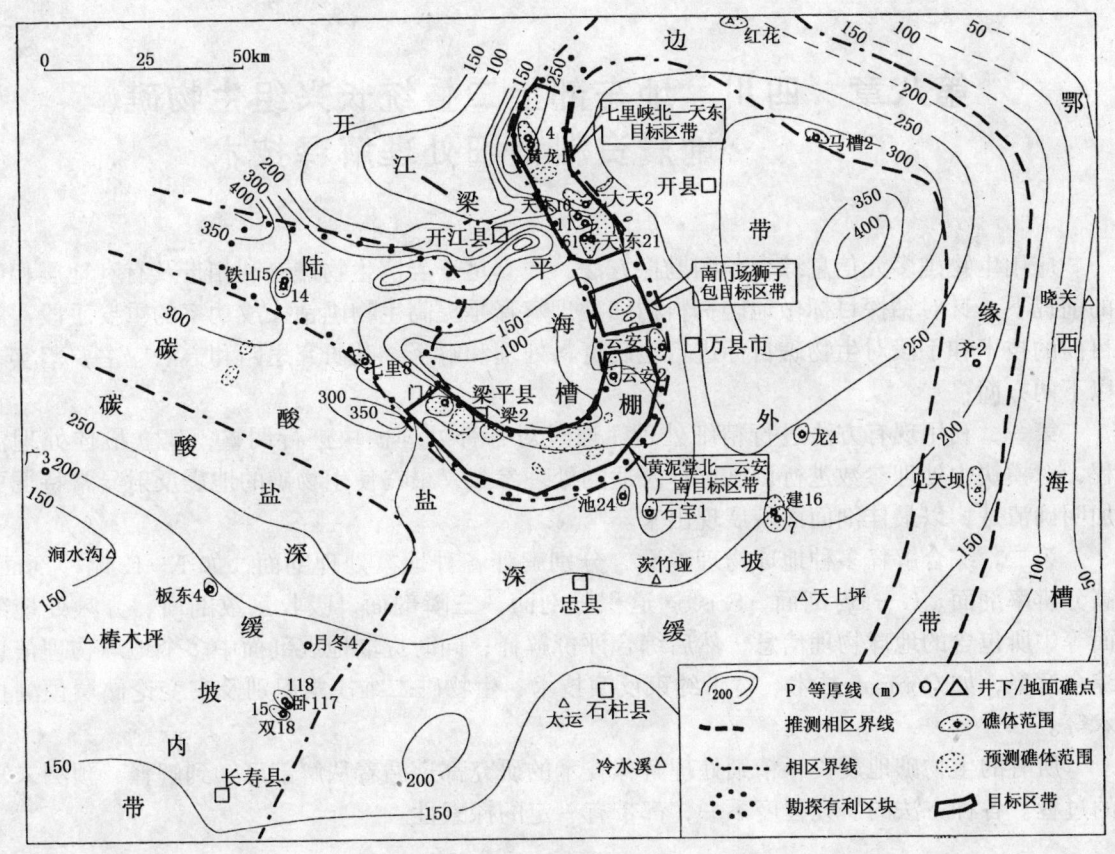

图 7-6 四川盆地东部上二叠统边缘礁气藏勘探有利区带及目标预测分布图

第八章 四川盆地东部上二叠统长兴组生物礁地震资料精细处理解释技术

应用生物礁多元信息综合预测勘探方法，在立足于弄清生物礁有利相带及有利地震相区的前提下，针对钻探目标做地震资料精细处理解释是提高生物礁钻探成功率的重要手段。就目前的技术和手段对生物礁目标进行地震资料处理和解释，其研究思路和方法应主要落实在以下两方面：

第一，利用现有方法进行精细处理。通过对各种处理模块进行调整，建立最佳处理流程，对模块中处理参数进行调试选择合适的处理参数，最终使生物礁的地震反射异常特征更加明确清楚，以最佳剖面面貌展现出来。

第二，综合解释多种地球物理参数，分别解释各种地震处理剖面，如 F—K 偏移剖面、高分辨率剖面、G—log 剖面、Seislog 道积分剖面、三瞬剖面、吸收系数剖面、分频处理剖面等中所包含的地球物理信息，然后综合评价解释；同时提取地震剖面中多个地球物理信息综合解释，如 Compak 技术、宽带约束反演技术、生物礁二维模式识别及突变论储层预测技术等。

所有的生物礁地震资料精细处理解释技术的研究都遵循着从解剖已知到解释、预测未知的过程。各种方法的研究程度不一，都带有一定的探索性。

第一节 高分辨率及特殊剖面精细处理解释技术

一、叠后高分辨率处理

零相位子波的主峰对应于反射界面，而要想使反映薄层顶底界面的两个地震波完全分开，必须使两个子波脉冲的包络完全分开，如果两个子波的包络连在一起必然互相干涉。因此，高分辨率、高信噪比、振幅保真处理的地震资料，多年来一直是薄储层预测解释所追求的。

川东上二叠统生物礁通常体积小、厚度薄，反映在地震剖面上的时差很小，在常规 F—K 偏移剖面上显示不佳。近年来，叠后高分辨率处理技术的发展使得地震资料处理有了一个新的进展，在 F—K 偏移基础上做叠后高分辨率处理，以及在此基础上的各种特殊处理剖面更有利于地层岩性的解释。

叠后高分辨率处理有多种模块，以频率、振幅补偿处理模块为例，在 F—K 偏移资料基础上作频率、振幅补偿（即"双补"）处理，主要处理流程如下：

偏移带→拓展高频 Hk、作高频补偿→作振幅补偿→高分辨剖面。"双补"处理可提高地震子波分辨率，将优势频带进一步拓宽到 $10\sim80Hz$，峰值主频约为 $65Hz$。此时时差可分辨极限厚度可由 $18m$ 提高到 $12m$。

二、特殊处理及解释

由于特殊处理剖面往往突出某一地质属性参数，在一定程度上反映了地层岩性特征，因此可帮助解释人员确定生物礁发育的大致范围及厚度。各种特殊剖面的处理及解释方法分述如下。

(一) G—log 剖面、Seislog 剖面

G—log 处理是一种相对地层速度反演方法。Seislog 处理是一种绝对地层速度的反演方法。其主要处理流程如下：

(1) 高分辨带输入→真振幅恢复→INVEL（瞬时速度）→CRS+COL 色标→G—log 剖面。

(2) 高分辨带输入→真振幅恢复→声测曲线约束计算 INVEL（瞬时速度）→COL 色标→Seislog 剖面。

在 G—log 或 Seislog 彩色剖面中，地层的岩性变化由代表地层速度大小的色标表示。可利用声波补偿测井曲线转换速度曲线标定剖面速度（地层）层位。正常长兴组内部或上部的速度特征相对稳定，当发育生物礁时，其速度发生相应的升高或降低的变化，速度结构发生改变，通过解释速度变化范围就可在剖面上确定生物礁的边界。两者的差别在于，G—log 剖面只能分析相对速度高低的变化，横向对比解释生物礁的速度异常结构，勾绘生物礁的边界轮廓；而 Seislog 剖面则可在此基础上进一步分析或读取地层速度值。此外生物礁的发育会引起速度变化，可造成与下伏地层出现时差的异常，使长兴组底界及阳新统顶界出现上凸或下凹特征，这也是勾划出生物礁的一个特征。

两种剖面对识别解释生物礁都较为有效，但处理时要注意色标的选择，Seislog 剖面处理时，更要在测井曲线约束的正确性上下工夫。

(二) 道积分剖面

道积分处理是一种类似 G—log 的相对波组抗（或相对速度）反演技术。它类似于用地震子波对绝对速度曲线滤波后得到的相对速度曲线（指相邻层速度大小相对关系），或相对波阻抗曲线，故可根据地震道积分曲线来分析地层相对速度关系。

道积分剖面可以是变面积波形黑白显示，也可是彩显。剖面中正黑相位是相对波阻抗高值（或相对高速），负白相位是相对波阻抗低值（相对低速）。当生物礁发育时，较稳定的长兴组相对速度结构特征将发生变化，在剖面中一定几何平面内出现不规则的波组抗（或相对速度）异常，以此特征来确定剖面中生物礁发育范围。道积分剖面可利用声波补偿测井曲线转换成速度曲线（或波组抗曲线），标定建立生物礁顶、底界面与相对速度大小的对应关系，横向对比解释生物礁的相对速度结构变化，勾绘生物礁的边界轮廓。

(三) 瞬时相位剖面、瞬时振幅剖面和振幅强度剖面

瞬时相位处理是一种计算地震复数道技术方法，通过人机联作工作站上处理彩色显示的瞬时相位剖面有助于从细节上确定不整合面、尖灭点和地震层序变化的位置，从而确定剖面中生物礁边界位置。瞬时振幅和振幅强度的彩色显示可以从能量的相对强弱进行礁异常的地震相分析。最有效的方法是人机联作将高分辨剖面与瞬时相位剖面同时交互对比解释。

(四) 孔隙度剖面

是一种地震岩性反演技术，它通过色标来表示剖面中各层段孔隙度的相对大小。此方法有待进一步探索，是今后一个努力的方向。

通过分析研究我们认为，叠前和叠后高分辨率剖面是地震预测生物礁必需的和重要的资料，特殊处理的 G—log、Seislog 瞬时相位、瞬时振幅和振幅强度剖面对比解释效果相对较好，生物礁在剖面中的特征易分辨，在过已知生物礁的剖面中，其异常特征符合性较好，可对比性较强。其它的特殊处理剖面对生物礁地震异常的反映效果相对较差。

第二节 突变信息论储层预测生物礁技术

突变信息论储层预测模块的基本原理是利用地震记录中地震物性参数的突变特点来计算地质情况的突变预测储层[1][2]。其基本模式包括:应用波形突变反演裂缝发育情况、应用振幅谱突变反演低速层介质特性、以及综合利用波形突变和振幅谱突变预测含流体丰度。其表现形式是以属性曲线峰值的高低反映储层物性的好坏,属性曲线峰值高则表明储层物性好,反之则差。

川东晚二叠世长兴期碳酸盐缓坡沉积了岩性比较稳定的石灰岩,在长兴组下伏地层的龙潭组和吴家坪组岩性有变化,在长兴组上覆地层飞仙关组底部存在泥岩厚度和速度的变化,但这些变化在一定的区域内相对稳定,所表现出的长兴组地震相特征也相对稳定不变。当其发育生物礁后,地层岩性由正常长兴组灰岩变化为礁灰岩和礁白云岩组合,礁白云岩中孔隙度增大、生物礁中储存了石油或天然气或水,这些地质突变情况必然会反应在地震反射波中,在长兴组出现局部地震相异常,包括相位、振幅、频率、波形特征、反射结构等地震物性参数,因此可以利用突变论储层预测新技术预测生物礁。

应用该技术预测生物礁时,一个十分重要的问题是准确标定预测层位置和合理选择突变论处理时窗,尽可能排除预测层位以外的上下地层对处理的影响,提高预测成功率。

一、已知生物礁井钻后预测符合性分析

对云安12井、黄龙1、2、4井、天东2、10、21、53、61、67、59井等12口已知生物礁井作钻后符合性预测,这些井均落在了预测属性曲线的高峰值CDP段内(图8-1)。统

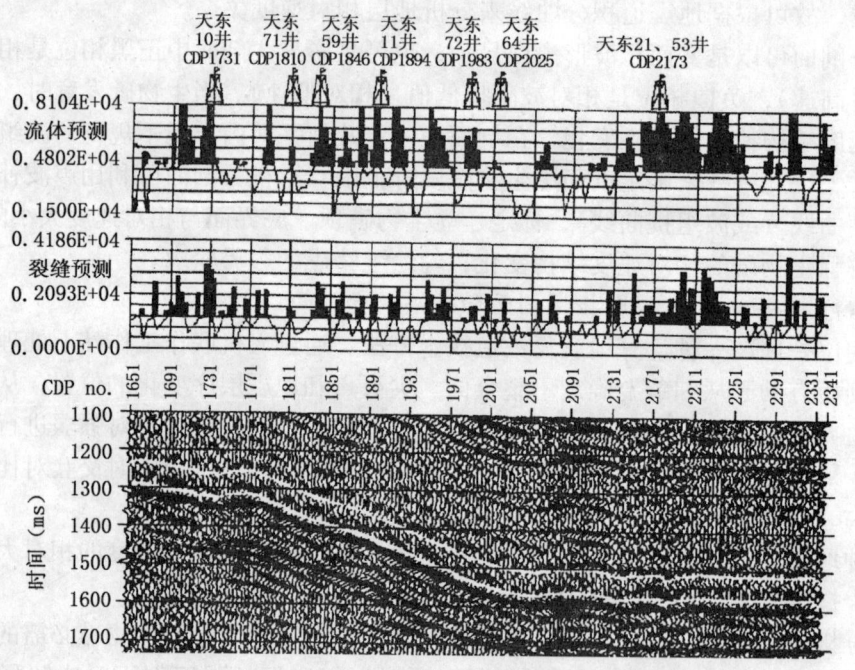

图8-1 突变论生物礁储层预测天东88D9测线

---

[1] 吴大奎,突变论油气预测应用研究总结报告,四川石油管理局地质调查处,1996。
[2] 罗蓉、梁华,川东及华蓥西长兴生物礁识别技术研究,四川石油管理局地质调查处,1997。

计符合率达 90% 以上。从总的情况来看此方法是可行的。

从过天东 2、10 井和天东 21、53 已知礁井的 DTC88-D9 测线作符合性预测图中可见，天东 2、10 井和天东 21、53 井分别落在了表明与生物礁有关的属性特征曲线高峰值 CDP 段中，CDP1780~2000 段属性特征曲线表现生物礁发育的高峰值，天东 59 井电测解释证实长兴组存在生物礁。

二、生物礁井钻前预测检验符合情况

对过云安 12 井（已知礁）和云安 14 井（正钻井）进行突变论资料处理发现：过云安 14 井剖面的 CDP2123~2203 段，突变论属性曲线表现为高值。钻探结果钻遇礁白云岩 5m，从测井曲线分析礁组合厚度较薄，厚约 24m。钻后沿生物礁走向布设 4 条联络测线并与老测线重新处理解释，与突变论作生物礁预测结果也基本一致。云安 14 井礁预测是基本成功的。突变信息论储层预测生物礁方法具有良好的应用前景。

第三节 Compak 技术预测评价生物礁研究

从俄罗斯引进的 Compak 多元油气评价系统技术是在现有的物探（重力、磁力、电法、地震）、化探、钻井、测井、区域地质等多种地质信息基础上，应用多维复合场信息映射原理进行分析、处理和解释，建立多参数分析模型，采用计算机技术与专家经验结合，对油气储集体和油气藏特征进行科学推断和预测评价。

"Profile" 剖面型预测是 Compak 系统的重要组成部分。其基本原理是应用传统的叠后地震资料处理方法，减少噪音，清除线性趋势，改善信噪比和分辨率，提取各项动力学参数进行岩性反演，突出地球物理异常，增加地震资料的信息量。在此基础上运用人功智能等技术对突出后的地球物理异常进行多参数的综合分析，将地球物理异常特征转化为石油地质特征，进行石油地质多元信息综合评价（图 8-2）。

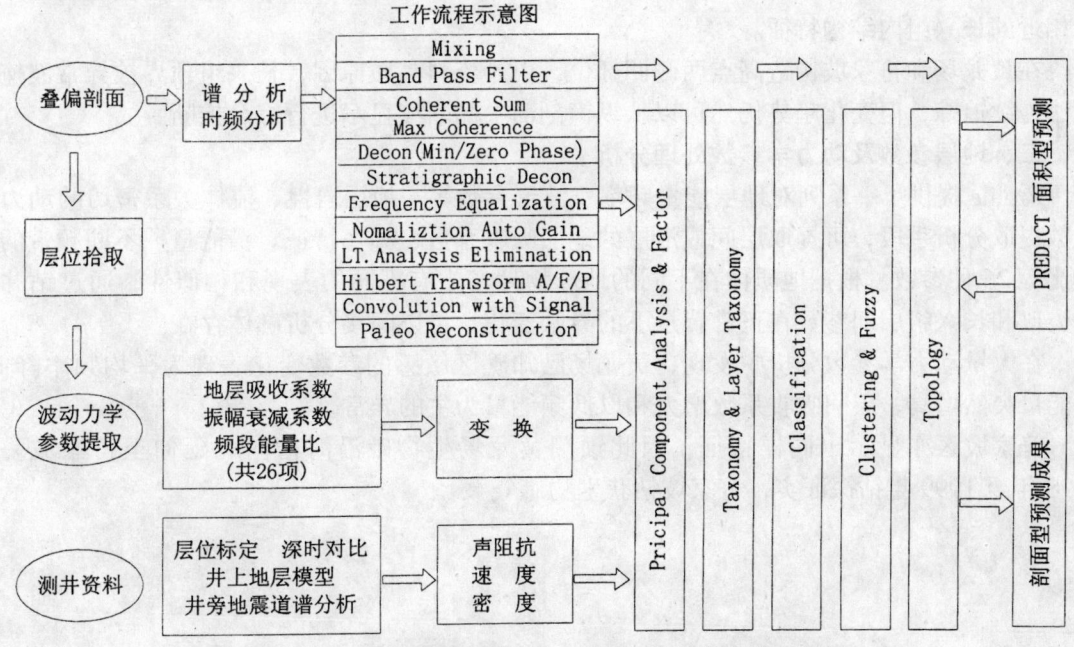

图 8-2 PROFILE 地震参数、地层参数提取和分析流程

一、叠后常规处理

本次研究重点是黄龙场构造和符家坡构造，选用基础剖面为同时穿过符家坡、黄龙场高点附近的 84—D477 和 85—D217 叠偏带，记录长度均为 4s，采样率 4ms。由于测线区地表地震地质条件不佳，采用 F—K 域（频率—波数域）反滤波处理不当，剖面上出现低频成组交叉干扰波和"坑席"现象。受 80 年代中期处理手段限制，偏移速度可能不当，在褶皱变化区多数出现画弧现象，影响了剖面信噪比和分辨率，造成目的层横向追踪对比困难。通过 Compark 技术中时—频分析、信号谱分析、多种滤波处理（梯形、扇形、三角形等）、地震道混波处理、线性趋势分析、低频信号漂移去除、多种反褶积零相位，最小相位，同态反褶积、地层反褶积、最大相干滤波、归一化、谱均衡处理、Hilbert 变换下的三瞬（振幅、频率、相位）、Harmonic 变换、伪速度、伪阻抗等十多项叠后常规处理方法得到一系列叠后分析剖面，较原剖面的地球物理信息特征有不同程度的改善。

二、多参量综合分析评价

Profile 应用人工智能方法对以上改善后的地震剖面的多种地球物理特征进行分析判断，进行地球物理异常分类、聚类，划分不同性质的异常特征区域，形成含有地质意义的解释剖面，在此主要应用了主成分分析（Pinciple Component Andlysis）和分类分析（Classifcation）两种综合性处理剖面。

综合性处理剖面是采用数十种地球物理参数，应用近代数理统计学方法进行特征空间筛选、剔除、分解叠加的地球物理现象，保留包含绝大部分信息的物理特征，从多维特征场空间对复杂、纷乱的地理物理参数按相互之间的联系进行归纳、整理，判识和分类，使解释追踪层位、波组对比关系、反射结构特征等较原剖面更清楚。

在黄龙场 84—D477 测线和 85—D217 测线多参量主分量剖面上，更易于追踪长兴组顶界及长兴组内特征。在黄龙—符家构造上，上二叠统顶底时差为 160～180ms 左，与已钻礁井黄龙 1、4 井测井资料吻合，与濒临饥饿型海槽相对比，显示了该礁体的上隆增厚异常特征。在 84—D477 线 classfication 分类灰度显示剖面上，可以看到符家坡地区和黄龙场已知礁区相近的长兴组内结构特征。

在黄龙场和符家坡构造高点两侧凹部位，由于资料品质原因，长兴组顶界被异常波掩没无法连续追踪，但变化趋势仍然可以从纵横剖面上的断续显示进行综合推断。

三、地层参数及动力学参数处理分析

Profile 提供了一系列对地层能量频率、波形参数等与地层岩性、流体关系密切的动力学参数提取分析手段，可提取层间或沿层的地层吸收系数、频率特征、谱能量、不同频带的能量比等 26 种参数。根据地质体在不同的地球物理场中有不同的表现和相似性，通过钻井资料类比和长兴组层间参数在正常背景下的异常变化，可以间接分析礁体存在。

在大量动力学参数分析中发现，黄龙场已知礁区敏感的参数变化表现为平均频率降低，谱能量突然增高，层间吸收系数增大和以低频能量为主的异常。

符家坡区亦显示出同样特征，因此预测黄龙场生物礁沿海槽向北延伸至符家坡。经 1998 年至 1999 年钻探证实，符家坡钻获生物礁气藏。

第四节 宽带约束反演预测生物礁研究

一、基本原理

80年代末出现了稀疏脉冲法和以模型为基础的反演方法。稀疏脉冲法是在最大似然反褶积方法的基础上发展起来的一种反演技术，它假设反射系数是稀疏的，仅分布在少数深度点上，反射系数的大小服从高斯分布，即反射系数以小的为多。在这两个假设的基础上，先推测反射系数的位置，然后计算反射系数的幅度，如此反复迭代，修改每一个反射系数的位置和幅度，直到误差小到一定的程度，最后，从得到的反射系数中再推算波阻抗。以模型为基础的方法是首先构造一个地质模型，通过模型正演的方法与实际地震记录作比较，然后根据比较的结果反复修改地质模型的速度、密度、地层厚度及埋藏深度（必要时也修改地震子波），直至与地震记录吻合为止。为了克服地震反演中分辨率下降的问题，已发展了很多新的反演方法。这类方法改进了约束条件，能在一定程度上展宽地震频带，称为宽带约束反演。宽带约束反演近年来受到各方面的广泛重视，是发展较快的地震反演方法。这类方法主要根据约束条件不同或加入约束条件的方法不同，大体上分为两类：一类是随机约束反演，主要用噪声方差来控制解的分辨率，使求解稳定；另一类则以地质模型为基础，用先验地质模型来减少反演的多解性，使反演能够稳定地进行。

以模型为基础的反演方法是通过模型正演的方法与实际地震记录作比较，然后根据比较的结果反复修改地下波阻抗模型的数值及波阻抗界面的深度，同时也修改地震子波，直到得出一个最佳的地下波阻抗模型。以模型为基础的反演方法同样有多解性，一个使正演地震记录与实际地震记录非常吻合的波阻抗模型有可能不是地下的真实波阻抗模型。在这类方法中，先验的地质、钻井、测井信息约束十分重要。

在常规的递推法波阻抗反演中，加拿大Teknica公司研制的Seislog Plus软件是最优秀的代表。该软件的交互性极好，并且有较完善的质量控制方法。Teknica公司将Seislog反演模块集成在解释系统中，由解释人员在解释中完成反演工作。这可以充分利用解释人员对工区地质背景的了解来控制反演的质量。在本次进行生物礁识别和预测研究中使用了Teknica公司Seislog Plus软件的最新5.0版本。在确定生物礁的解释模式时，大量参考了Seislog剖面。所研制的宽带约束反演方法大体属于以模型为基础的方法，也可以叫做宽带地层约束反演（图8-3）。其重大进展是不用人工给出初始模型，初始模型由计算机自动搜索建立。模型

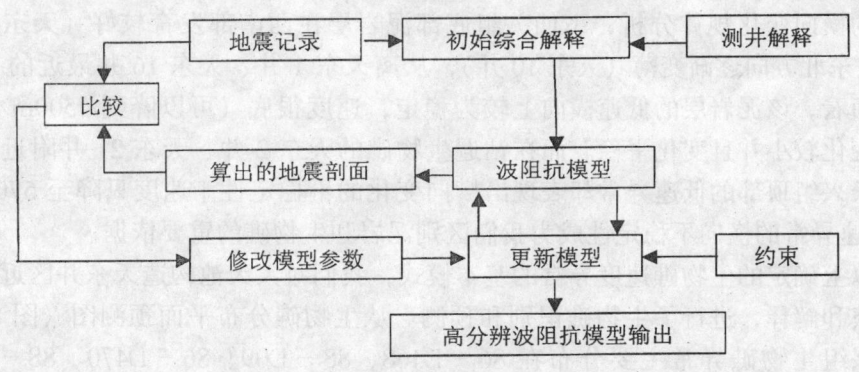

图8-3 地震宽带地层约束反演示意图

在迭代过程中不断被优化最后得出最优解。与 Seislog 剖面相比,该方法的反演剖面有相同的可靠性而分辨率较高。我们在天东 10 井—53 井区生物礁预测中最终使用的是宽带地层约束方法的反演速度剖面。

二、天东生物礁地震宽带地层约束反演解释与预测

对生物礁解释和预测的第一个关键问题是利用钻井、测井资料准确地标定上二叠统长兴组的地震层位。只有在正确解释地震层位的基础上才能建立正确的生物礁解释模式。在建立生物礁地震解释模式时,采用了将声波测井曲线与反演地震记录直接对比的方法。首先将地震数据反演为速度曲线,为了使声波测井曲线与反演的地震速度曲线匹配,对声波测井曲线作了滤波处理,只保留与地震记录相当的频带,最后将滤波后的声波测井曲线与反演剖面直接对比建立地震层位与地质层位的对应关系,分析生物礁的测井参数与地震响应的对应关系,确定生物礁异常的解释模式。

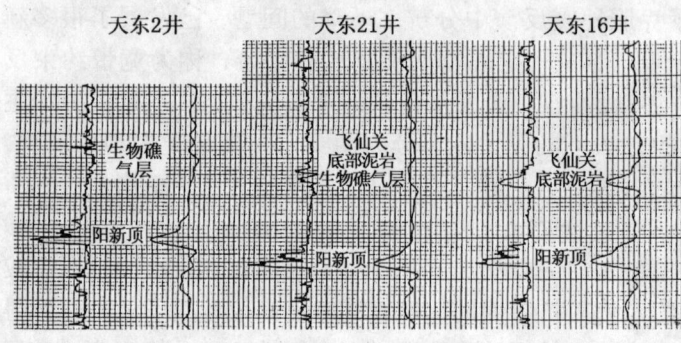

图 8-4 五百梯典型声波测井曲线

天东 21 井为已知生物礁井,其飞仙关组底部与长兴组顶部的分界位于井深 4308m 处,生物礁气层在井深 4336m 附近。在天东 21 井声波测井曲线上,飞仙关组底部低速泥岩与长兴组顶部生物礁气藏的低速异常均清晰可见。两个低速异常响应靠得很近,滤波后几乎不能分开,地震反演速度剖面上该对应时间段也有同样的特征(图 8-4)。可以说,天东 21 井附近地震反演速度剖面上长兴组顶部的低速异常是由飞仙关组底部的泥质地层和长兴组顶部生物礁异常共同产生。

天东 16 井在长兴组地层内未见生物礁。该井附近的飞仙关组底部泥岩层发育良好。相应声波测井曲线上的低速异常完全由该泥质地层造成。

由此可见,大天池构造天东井区内在地震反演的速度剖面上长兴组顶部的低速异常既可以是生物礁气层造成,也可能是飞仙关组地层造成,或者是两者综合反应,这给生物礁的识别和预测带来很大的困难。将生物礁低速异常从泥岩低速背景中区分出来成为正确识别生物礁储层的关键。从单个记录道上区分这几种情况几乎是不可能的,根据该工区内长兴组顶部低速异常的横向变化规律分析,飞仙关组底部泥岩层在西南部发育较好(天东 1 井、天东 16 井),在东北方向逐渐变薄(天东 10 井),从离天东 1 井、天东 16 井最近的 88-D08 测线反演剖面看,该泥岩层的低速横向上较为稳定,速度很底(可以降到 4500m/s),其稳定时间厚度变化较小并且变化平稳。而在钻遇生物礁的天东 2 井、天东 21 井附近的 88-D09 测线上,长兴组顶部的低速异常却表现出横向变化的不稳定性。速度只降至 5700~5500m/s。这种低速异常的横向不稳定性成为我们区别泥岩和生物礁的重要依据。

根据以上确定的生物礁速度异常的基本模式,我们对大天池构造天东井区近十条二维地震测线反演和解释,进行了生物礁识别和预测。从生物礁分布平面预测图(图 8-5)可以看出,长兴组生物礁异常主要分布在 86-D468、88-D09、86-D470、88-D10、86-D472 等 5 条测线上。主要分布在天东 10 井区和天东 21 井区。在 86-D468 测线 CDP2250 及 88-D10 测线 CDP1825 附近预测的生物礁分布为后来完钻的天东 67、天东 61、天东 72

等5口钻井所证实。

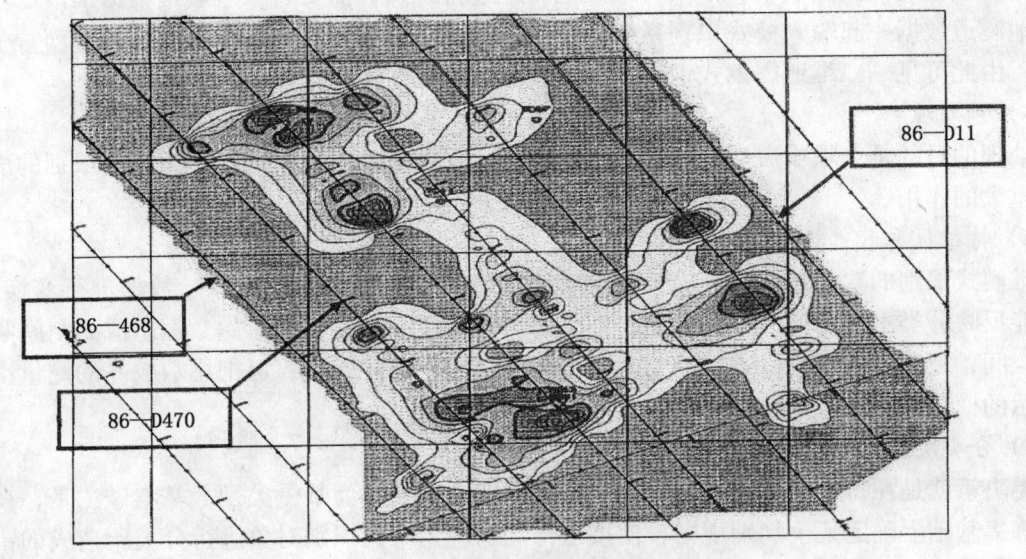

图8-5 大天池构造生物礁分布图

第五节 生物礁地震二维模式识别方法研究

目前地震勘探中的模式识别方法集中在取一维地震道一定时窗内的数据，对其特征（波形特征、振幅特征、频率特征等）进行分类和判别。但是这种一维数据的模式识别方法对川东上二叠统生物礁的识别却不甚理想。其原因是生物礁反射本身的特殊性。同一个生物礁区内相邻地震道的反射特征有较大的变化，难以抽出能够反映生物礁存在的不变的振幅、频率、相位等特征参数，特征提取是模式识别的关键。生物礁的二维数据模式识别，就是要研究生物礁的存在造成的二维反射特征变化，包括同相轴特征变化等。在二维时空域上建立和提取生物礁识别模式。

一、模式识别系统

模式识别有两类基本方法，即统计模式识别方法和结构（句法）模式识别方法，相应的模式识别系统都由两个过程组成，即设计和表现。所谓设计是指用一定数量的样本（叫做训练集或学习集）进行分类器

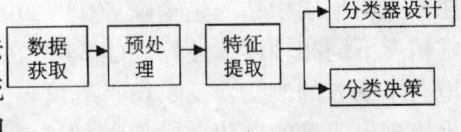

图8-6 模式识别系统框图

的设计。所谓实现是指用设计的分类器对待识别的样本进行分类决策。我们研究的生物礁模式识别方法属于二维统计模式识别方法，基于统计方法的模式识别系统主要由四部分组成：数据获取、预处理、特征提取和选择、分类决策，如图8-6所示。

（一）数据获取

输入生物礁模式识别系统的是经过水平迭加和偏移处理的二维地震数据，即以某地震道为中心向左右各取若干地震道按给定的层位开时窗，取出各道数据输入模式识别系统。二维模式识别与一维模式识别相比，对地震数据的处理方式有很大的不同。在一维地震模式识别

中，输入一个地震道数据，识别一个地震道，再输入下一个地震道数据，识别下一个地震道。而在二维地震模式识别中，如果对某一地震道进行识别，需要将该地震道数据及该道左右若干地震道数据一起输入模式识别系统，在识别下一个地震道时将整个数据窗口移动一个地震道。由此可见，二维地震模式识别需要处理的地震数据将急剧增加。

（二）预处理

预处理的目的是去除噪声和其它一些假象，加强有用信息。预处理对提高模式识别的成功率有重大的作用。

（三）特征提取和选择

二维模式识别的数据量非常大，为了有效地实现分类识别，就要对原始数据进行变换，得到最能反映分类本质的特征，这就是特征提取和选择过程。我们把原始数据组成的空间叫做测量空间，把分类识别赖以进行的空间叫做特征空间，通过变换，可把维数较高的测量空间中表示的模式变为在维数较低的特征空间表示的模式。

（四）分类决策

分类决策就是在特征空间中，用统计方法把被识别对象归为某一类别。基本做法是，在样本训练集基础上确定某个判别规则，使按这种判别规则对被识别对象进行分类所造成的错误识别率最小或引起的损失最小。其数学方法常常采用贝叶斯决策。即基于最小错误率的贝叶斯决策和基于最小风险的贝叶斯决策。贝叶斯判别法在许多书中均有介绍，在此从略。

二、模糊模式识别

在生物礁模式识别中，对有礁或无礁作出完全肯定的判别非常困难。从实用的角度出发，将问题适当地"模糊化"反而能取得较好的效果。为此，借用模糊数学中模糊集合和隶属度函数的概念，对生物礁的特征参数按隶属度分类，最后给出有礁类模糊集的隶属度曲线。解释人员可以根据隶属度曲线，结合自己的经验和其它地质、地震信息再确定生物礁的分布范围。用计算机和解释人员的双重判断，可以大大提高生物礁识别的可靠性。

三、川东上二叠统生物礁模式识别预研究

用二维模式识别方法研制的生物礁模式识别软件对川东建南 JH－D199、天东 88－D9、黄龙场 D462 测线等 6 条测线做了生物礁模式识别。用模式识别方法进行生物礁识别首先需要建立生物礁地震反射模式，提取生物礁地震反射特征。主要的二维地震特征包括同相轴的梯度、道间的相关性、道间的振幅和相位变化等。建南 JH－D199 测线过建 34 井，建 34 井在长兴组地层中钻遇生物礁。JH－D199 测线迭加偏移剖面质量好，长兴组顶界清楚，在正常情况下同相轴连续性好。建 34 井在 CDP1433 附近，由于生物礁的存在使长兴组的沉积环境有了明显的改变，反映长兴组顶界的地震反射特征在建 34 井附近（CDP1371—CDP1451）也表现出明显的变化，同相轴的连续性被破坏，相邻道的振幅和相位有较大的差别。事实上，生物礁的特征是如此明显，有经验的地震解释人员凭眼睛看即可作出正确的生物礁解释。因此，用 JH－D199 测线资料能够提取出反映生物礁存在的本质特征。对 JH－D199 测线进行生物礁模式识别的结果表明，生物礁分布范围是 CDP1371—CDP1485，与人工识别的结果大致相同。

但是当生物礁异常不是十分清楚，尤其是在构造较陡的部位，地震解释人员难以凭眼睛看出准确的生物礁解释时，可通过生物礁二维模式识别提取测线资料中反映生物礁存在的丰值特征进行识别。

天东 88－D9 测线的生物礁模式识别表明，生物礁沿该测线广泛发育，分布范围是

CDP1661—CDP1767、CDP1823—CDP1895、CDP2007—CDP2079、CDP2149—CDP2208。将88-D9测线生物礁模式识别的结果与前面讲到的五百梯地震宽带约束反演生物礁预测结果比较，两者大体相同。

第九章 四川盆地东部上二叠统生物礁测井响应特征及预测技术和方法

第一节 上二叠统长兴组生物礁测井响应特征

一、生物礁的自然放射性特征

生物礁生长发育在高能、清洁、透光性好的浅海环境中，因此，生物礁发育地陆源物质少，泥质含量极低，在自然伽马曲线上表现为低值，尤其在礁核段特低，一般小于15API，个别生物礁小到5API（表9-1、图9-1）。礁后砂滩能量相对较低，泥质含量高于礁核相，因而自然伽马值也高于礁核相。但个别生物礁井由于成岩作用过程中沥青充填孔隙、裂缝的影响导致礁核相有机质含量增加时，礁核相自然伽马值也会增高，但无铀伽马值（CGR）仍然为低值，如铁山礁。且其对应的双侧向值并不会降低，中子、声波也不会增大。这就是有机质含量增加造成自然伽马增高的假象。因而，一般发现长兴组有特别低自然伽马段（GR<15API）或特别低的无铀自然伽马段（CGR<15API）应引起注意。

表 9-1 生物礁段与非礁段落自然伽马特征表

生物礁井自然伽马平均值			非生物礁井自然伽马平均值		
井名	礁核段GR（API）	非礁段GR（API）	井名	井段（m）	GR（API）
天东59	7.5	22.94	大天1	3230~3451	20.40
天东21	8.90	22.17	天东8	4453~4722	19.26
天东2	12.48	24.62	天东62	4175~4348	23.65
天东11	10.95	22.849	天东22	3780.5~4029	27.62
天东61	8.85	24.65	大天4	4472~4648	24.58
涞1	13.12	37.91	天东16	4390~4609	21.16
门4	7.90	32.54	天东69	4380~4550	18.19

二、生物礁的地层倾角特征

由于生物礁"生长"速度通常较四周同期沉积速度快，因而生物礁的上覆地层通常存在明显的披覆现象和补偿关系。在地层倾角成果图上常有以下特征：当生物礁发育在长兴组顶部时，在飞仙关组底部地层倾角常随井深增加倾向不变，倾角逐渐增大表现为红色模式进入长兴组生物礁后，由于生物礁多为不具层理的块状沉积，在地层倾角上表现为倾角、倾向杂乱的杂乱模式，有时为无矢量点的空白模式（图9-2）。生物礁发育在长兴组中下部时，则飞仙关组底部地层倾角不具上述特征，生物礁上部长兴组地层多因高电阻常常见不到红色模式，但生物礁内部的杂乱模式或空白模式仍然存在。如宝1、池24井等生物礁就是其中的代表。因此，地层倾角成果图上的红色模式与杂乱模式（或空白模式）的组合可较为有效地识别生物礁。

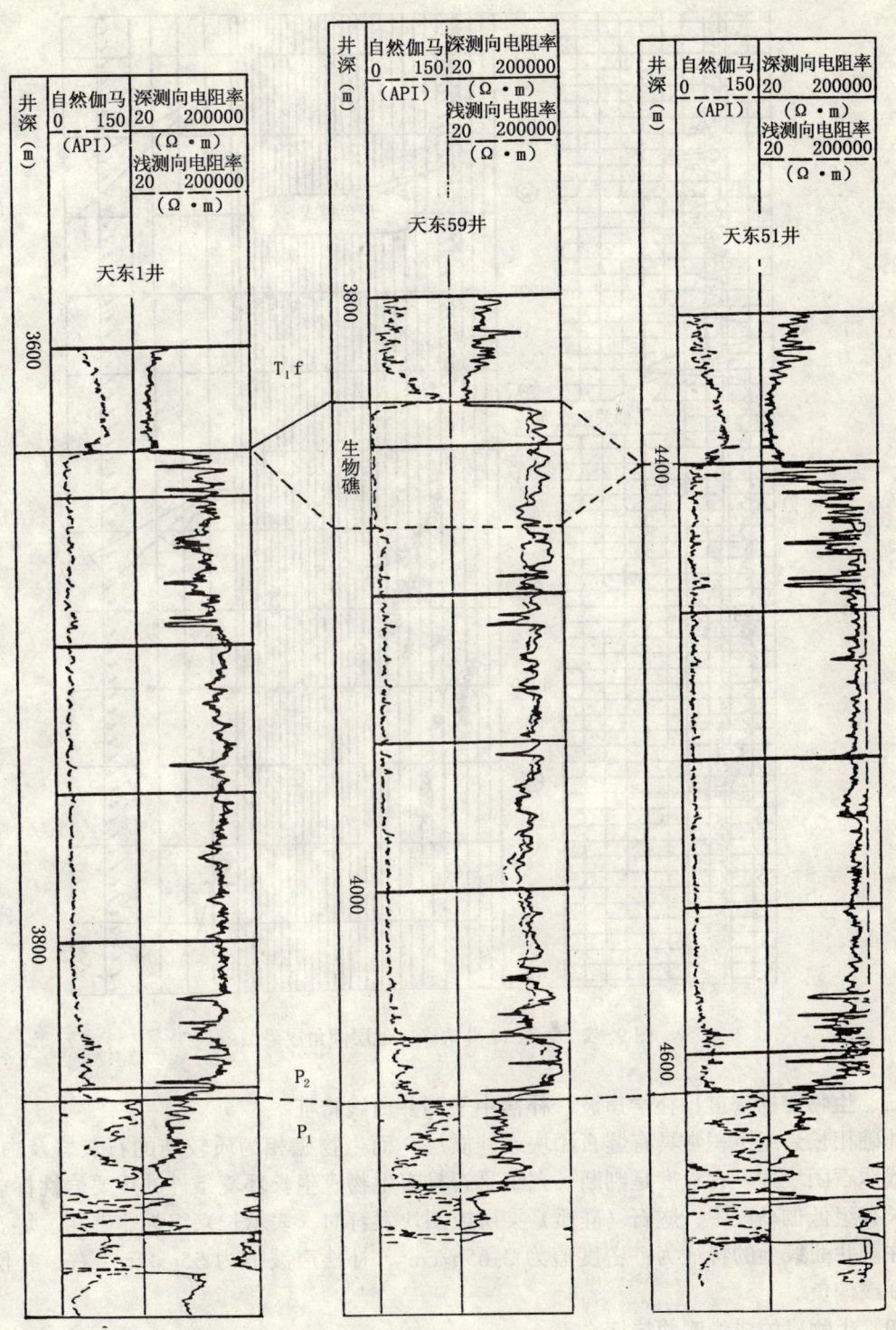

图 9-1 天东边缘礁与非礁测井曲线对比图

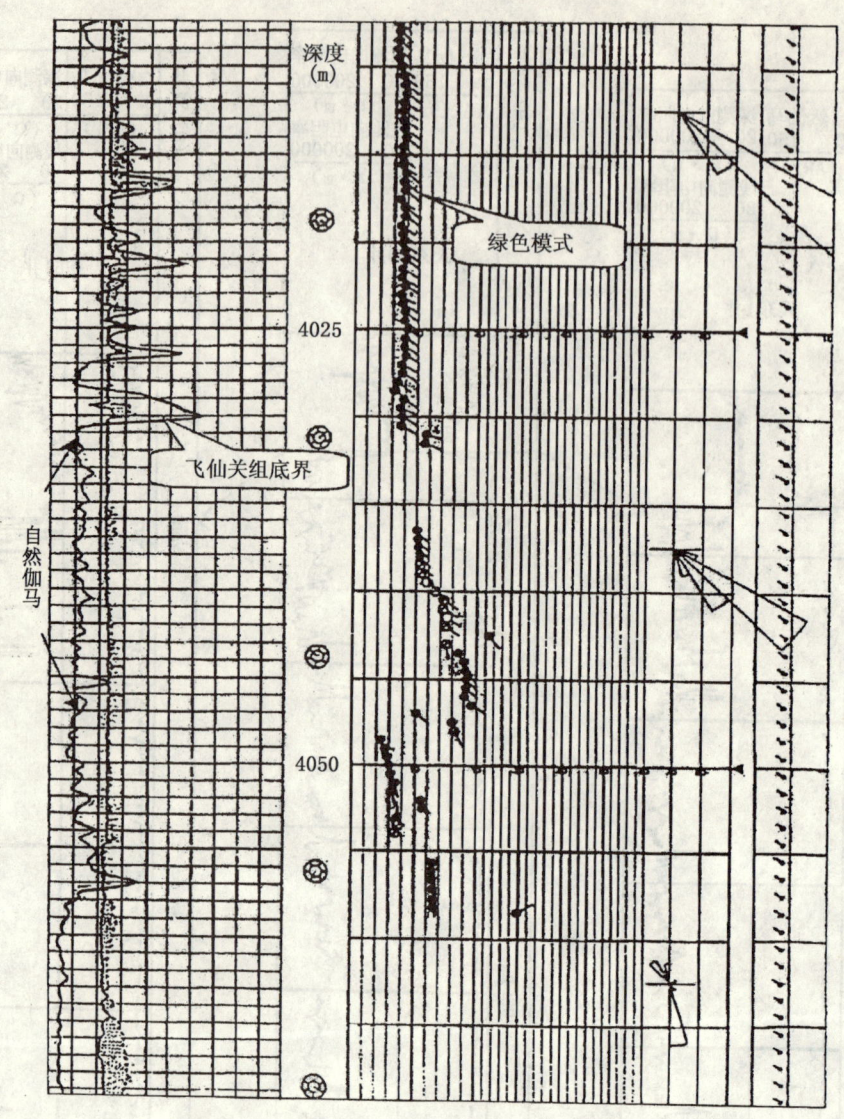

图 9-2 天东 11 井边缘礁地层倾角成果图

三、生物礁的密度、补偿声波、补偿中子测井曲线特征

非礁相长兴组沉积常具有燧石团块或硅质层。而生物礁相为质较纯的石灰岩及白云岩。硅质或燧石团块的发育程度是判断长兴组是否具有生物礁生长环境条件的重要岩性标志。因此，长兴组低伽马段中，燧石（硅质）夹层或团块发育时，表示长兴组为非礁相。燧石（硅质）在测井曲线上的特征为：密度值为 $2.65 g/cm^3$，补偿声波值为 $55 \mu s/ft$ 左右，补偿中子为 0.0 或偏负。

四、生物礁的成像测井特征

微电阻率扫描成像测井是 80 年代末新发展起来的最新测井系列技术，它可反映井周电阻率的变化，并将这种变化以连续图像展示出来。其特点是：高分辨率，高采样率，高井周覆盖率，为测井解释提供了更充分的依据，可大大加强解释的效果。利用成像测井资料可较详尽地描述地层岩石结构、构造、沉积特征、岩性、成岩作用等，例如层理、断层、裂缝、缝合线、溶蚀孔洞、颗粒形态及分布等。生物礁在成像测井资料上的主要特征如下（图9-3）。

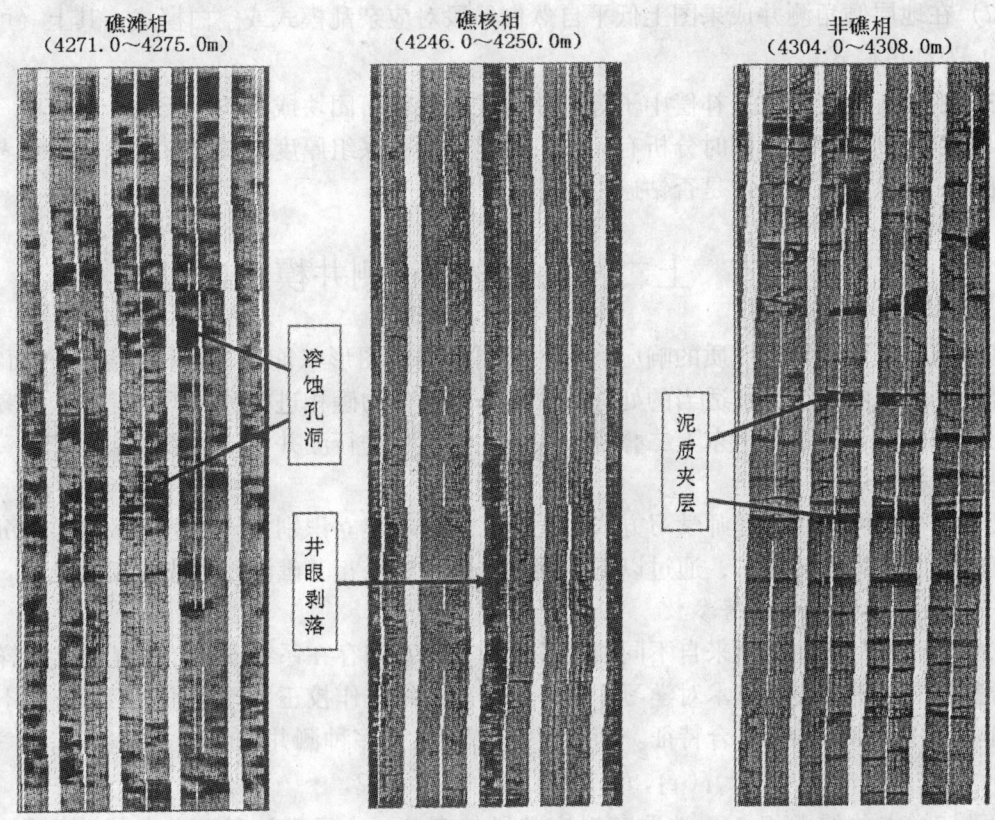

图9-3 天东72井长兴组边缘礁微相成像图

（一）礁核相

礁核相岩性为生物骨架灰岩、粘结岩、障积岩等，造架生物以海绵、水螅、古始孔藻等为主，呈块状。成像图像特征是：致密块状，无层理，孔隙度极低，电阻率特高，常超过$1\times10^4\Omega\cdot m$，成像图常表现为均一的白色—灰白色图像，当生物礁发育构造裂缝时则成像图中有相应的正弦线，正弦线的颜色与裂缝的张开程度和充填情况有关。一般来说，裂缝张开度越大、裂缝又无充填，则正弦线颜色越深。如裂缝中充填方解石，则成像图表现为高亮度的正弦线。当礁核发育大量裂缝时，成像图颜色变深。当礁核有白云化时，显示为白色斑点状，但白云化程度远不如滩相高。有白云化或裂缝时电阻率有所下降。根据上述特征和发育的层位就可判断为礁核相。如云安14井4713.5~4716.2m。

（二）礁滩相

与礁核相相比，滩相的泥质含量相对高，且白云化程度也比礁核相高。岩性主要为泥晶灰岩和白云岩。成像图像特征：图像上往往表现为有白色斑点分布的灰白—暗色，在增强图像上表现为不均一的斑点状或颗粒状；而礁核相在动态或静态图像上均表现为均一的块状特征，有礁翼角砾岩时，图像也表现为白色的不规则颗粒特征。

（三）非礁相

岩性为中—薄层状泥晶灰岩、泥晶生物灰岩，层间夹有钙质泥岩薄层。成像图像表现为层状，有时有薄夹层，孔隙度极低，电阻率很高（图9-1）。

综上所述，长兴组生物礁在测井响应上有以下特点：

（1）出现平值的低自然伽马段或无铀自然伽马段；

（2）在地层倾角测井成果图上低平自然伽马段对应杂乱模式或空白模式，其上（可能为 T_1f 段）为红色模式；

（3）密度、补偿声波及补偿中子等测井曲线上无燧石团块或硅质层反映。

根据以上测井特征，同时分析有无白云岩储层、长兴组厚度较邻井有加厚，并参考地质录井资料，可以较准确判定是否钻遇生物礁。

第二节 上二叠统生物礁相测井模式识别

测井信息是岩石物理性质的响应。单一的测井线或图形只能反映岩相的某一方面特征，只有合理的测井曲线组合及适当的处理方法，才能对生物礁相进行测井识别。本次研究中采用汉明网神经网络技术对川东上二叠统长兴组生物礁相进行测井模式识别。

一、建模方法

汉明网神经网络属有导师学习方式，通过已知样本建立识别模式。选用做过详细沉积微相研究的礁井作为已知样本，通过以下步骤建立识别礁核相、礁滩相和非礁相的模型。

（一）提取各微相的显著参数

在研究区内，测井资料来自不同的测井系列，相互间存在系统误差。故在对已知样本提取显著参数前采用交会图技术对学习样本井选用的曲线先作校正。不同的微相对应着不同的测井响应特征或测井响应组合特征。因此可视微相 Y 是多种测井响应 x_i 的函数：

$$Y = f(x_1, x_2, \cdots\cdots, x_n) \quad (i = 1, 2, \cdots\cdots, n)$$

对已知样本井的微相 Y，选取其对应井段的声波、中子等诸种测井曲线分别作线性、幂、负指数、S型函数、指数、对数、双曲函数及平方根函数等 8 种形式的数学变换后与 Y 作一元回归分析，从中选取相关系数最大的作为自变量 x_i。选定每种测井响应的函数形式（x_i）后，便组成一组自变量。再参照曲线 Y 适当选取一些由不同测井响应相互组合形成的参数以增加自变量数目。对所有这些自变量采用逐步回归分析从自变量中选取对 Y 最显著的参数即显著参数，同时剔出对 Y 不显著的参数。

（二）建立微相的电相模型

对于各样本井的微相 Y 求取对应的每个显著参数的平均值 $E(x)$ 并赋以权值即为该微相的各个特征值，它们所组成的对应于微相 Y 的一组特征值就是该微相的电相模型。其形式为矢量模式：

$$W_i' = [E(x_1), E(x_2), \cdots\cdots, E(x_n)] \in Y_i (i = 1, 2, \cdots\cdots, M)$$

式中 W_i'——微相的电相模型；

Y_i——微相类型；

M——电相模型数；

n——显著参数数目。

（三）微相划分

依据地质上建立的沉积微相特征，以矢量空间点建立的微相模型可以按矢量点之间距离最短原则确定不同微相的划分。从定长 L 开始，求出该微相显著参数的特征值：

$$EE(x_j) \quad (j = 1, 2, \cdots\cdots, n)$$

建立起矢量 x^0，将 x^0 与 W_i' 之间的距离记为：

$$d_i(x^0, W_i') \quad (i = 1, 2, \cdots\cdots, M)$$

有

$$d_i(x^0, W_i') = \sum n_j = 1[E(x_j) - EE(x_j)]^2$$

定义

$$dL_1 = \wedge [d_i(x^0, W_i')] \quad (i = 1, 2, \cdots\cdots, M)$$

再分别以 L_2，L_3，$\cdots\cdots L_s$（$s = 1, 2, \cdots\cdots, M$）为长度，求出 dL_2，dL_3，$\cdots\cdots$，dL_s，至 $L_s - L_1 \leqslant L$。

规定

$$dL_0 = \min(dL_1, dL_2, dL_s)$$

则认为 L_0 是最佳分层区间，厚度按 L_0 分层划分。

（四）微相识别

对分层后建立的矢量模式采用汉明网神经网络判别其微相类型。汉明网神经网络是有导师的学习方式，它是以样本间的汉明距离最小为准则进行分类的识别器，其输入是二值模式矢量，模式矢量的分量值取 +1 或 -1。如果模式矢量的分量取值不是二值模式而是在某个闭区间上连续值时，汉明网是无法应用的。为此，需对汉明网络的神经元的权值、阀值和输出作修改。

修改后的汉明网络由匹配网络和最小的网络（对应原最大网络）两部分组成。匹配网络中第 j 个神经元只和最小网络中第 j 个神经元连结，连结权为 1。匹配网络中第 j 个神经元和最小网络中第 j 个神经元对应第 j 个模式类。最小网络中每个神经元的输出通过权值 1 作为该神经元自身的输入，同时又通过一个正值权与最小网络中其它神经元横向连结，构成自身加强横向抑制的竞争机制。

二、上二叠统长兴组生物礁测井相识别

本研究中提取的显著参数来自 GR、AC、CNL、DEN、TH、U、K 等 7 条测井曲线，分别对大天池构造天东生物礁和铁山构造铁山生物礁进行了测井相识别。

（一）大天池构造天东生物礁微相识别

以地质综合研究确定的生物礁井天东 10、11、53 井和非礁井大天 4、天东 17、天东 16 井为样本井，建立划分生物礁相的电相模型，对样本井反判，符合率见表 9-2。用建立的电相模型对天东 21、天东 2、天东 59、天 61、天东 64、天东 67、天东 52、天东 1、天东 62 井作生物礁相识别，识别结果见表 9-3。其中天东 64 井的处理成果见图 9-4。

表 9-2 大天池构造样本井反判符合率

井　名	井段（m）	符合率
天东 53	4280~4440	95%
天东 10	3762~3888	85%
天东 11	4035~4150	95%
天东 17	4101~4450	99%
天东 16	4390~4609	99%
大天 4	4472~4648	100%

表9-3 大天池构造生物礁识别结果

井 名	井段 (m)	礁滩 (m)	礁核 (m)	礁总厚 (m)	缺少测井曲线
天东53	4280～4440	64	53	117	DEN、TH、U、K
天东10	3762～3888	75	44	119	DEN、TH、U、K
天东11	4035～4150	41	40	81	DEN、TH、U、K
天东21	4305～4590	65	75	140	—
天东2	3750～3947	87	28	115	—
天东59	3837～4030	20	22	42	TH、U、K
天东61	4276～4539	39	70	109	TH、U、K
天东64	4338～4464	53	31	84	TH、U、K
天东67	3971～4049	37	17	54	TH、U、K
天东17	4101～4450	0	0	0	TH、U、K
天东16	4390～4609	0	0	0	TH、U、K
大天4	4472～4648	0	0	0	TH、U、K、CNL
天东1	3635～3815	0	0	0	TH、U、K
天东52	4170～4430	0	0	0	TH、U、K
天东62	4260～4360	0	0	0	—

(二) 铁山构造生物礁微相识别

用礁相铁山5、铁山14和非礁相铁山12、铁山8井作样本井，建立起划分铁山生物礁和非礁相的电相模型。对样本井和铁山4、铁山21、铁山2井进行了判别。对样本井反判结果和处理结果见表9-4。用电相模式对其它几口井作处理，处理结果与地质分析结果符合率见表9-5。

表9-4 铁山构造样本井反判符合率

井 名	井段（m）	符合率
铁山5	3070～3280	77%
铁山14	3040～3325	84%
铁山12	3145～3400	100%
铁山8	3295～3575	100%

表9-5 铁山构造生物礁识别结果

井 名	井段 (m)	礁滩 (m)	礁核 (m)	礁总厚 (m)	缺少测井曲线
铁山5	3070～3280	90	69	159	—
铁山14	3040～3325	71	64	135	—
铁山21	3008～3338	55	72	127	DEN、TH、U、K
铁山2	3140～3450	73	38	111	DEN、TH、U、K、CNL
铁山4	3090～3340	140	12	152	TH、U、K
铁山12	3145～3400	0	0	0	TH、U、K
铁山8	3295～3575	0	0	0	TH、U、K

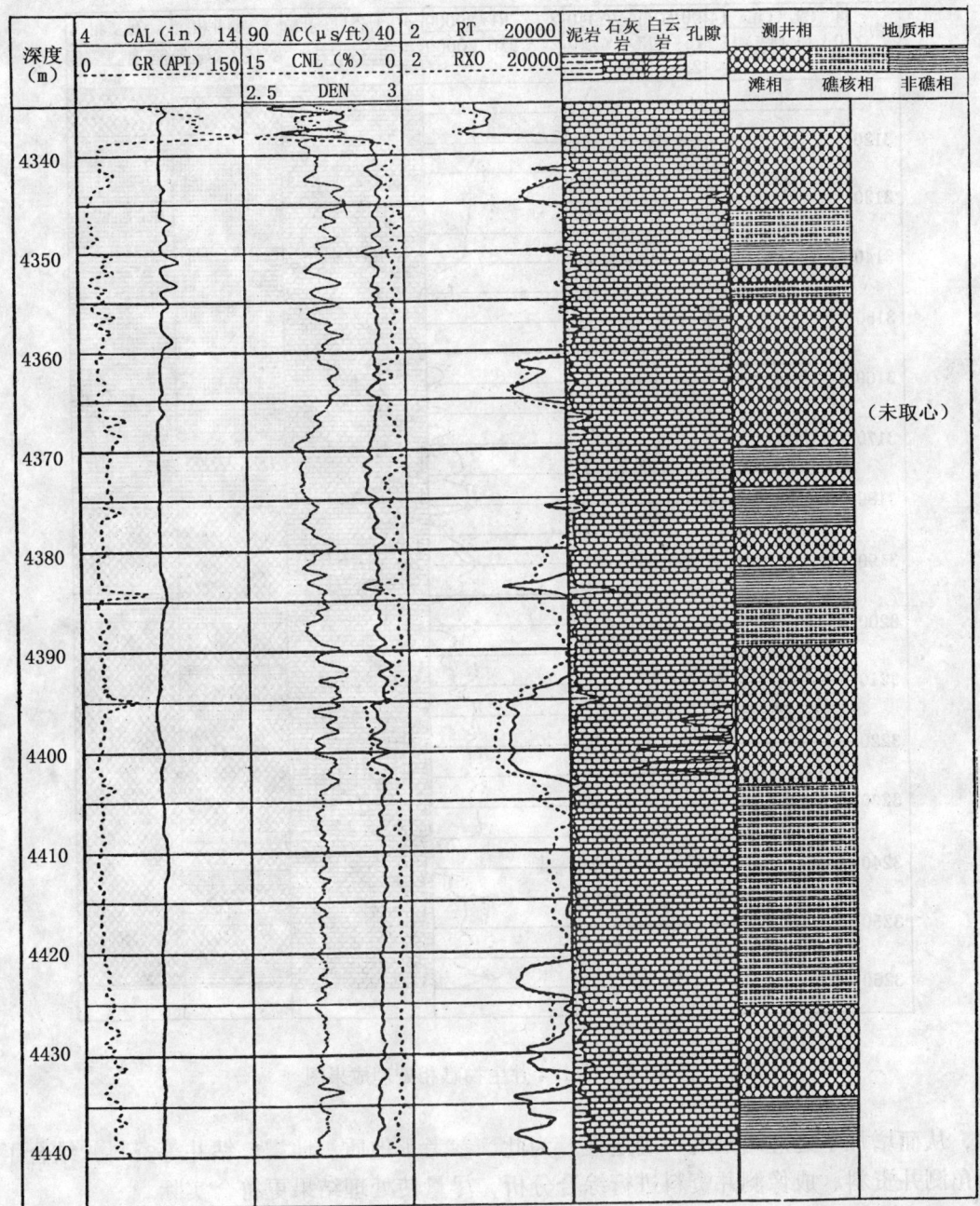

图9-4 天东64井生物礁相处理成果图

(三) 处理结果分析

在作生物礁测井相处理过程中发现,天东生物礁相测井响应特征与铁山构造生物礁相的测井响应特征有较大差别,天东构造生物礁自然伽马值较低,铁山构造生物礁的自然伽马值相对较高(如铁山14高达78API)。很明显,单从自然伽马值来判断生物礁是不够的(图9-5)。

虽然本研究在作生物礁识别时采用了多条与生物礁较为相关的曲线,但受测井时间和测井系列限制,多数井都缺少较多的所需曲线(如样本井天东10、天东11、天东53井都缺少DEN、TH、U、K),这就造成了建立的电相模型指标不完善。非样本井多缺少TH、U、K

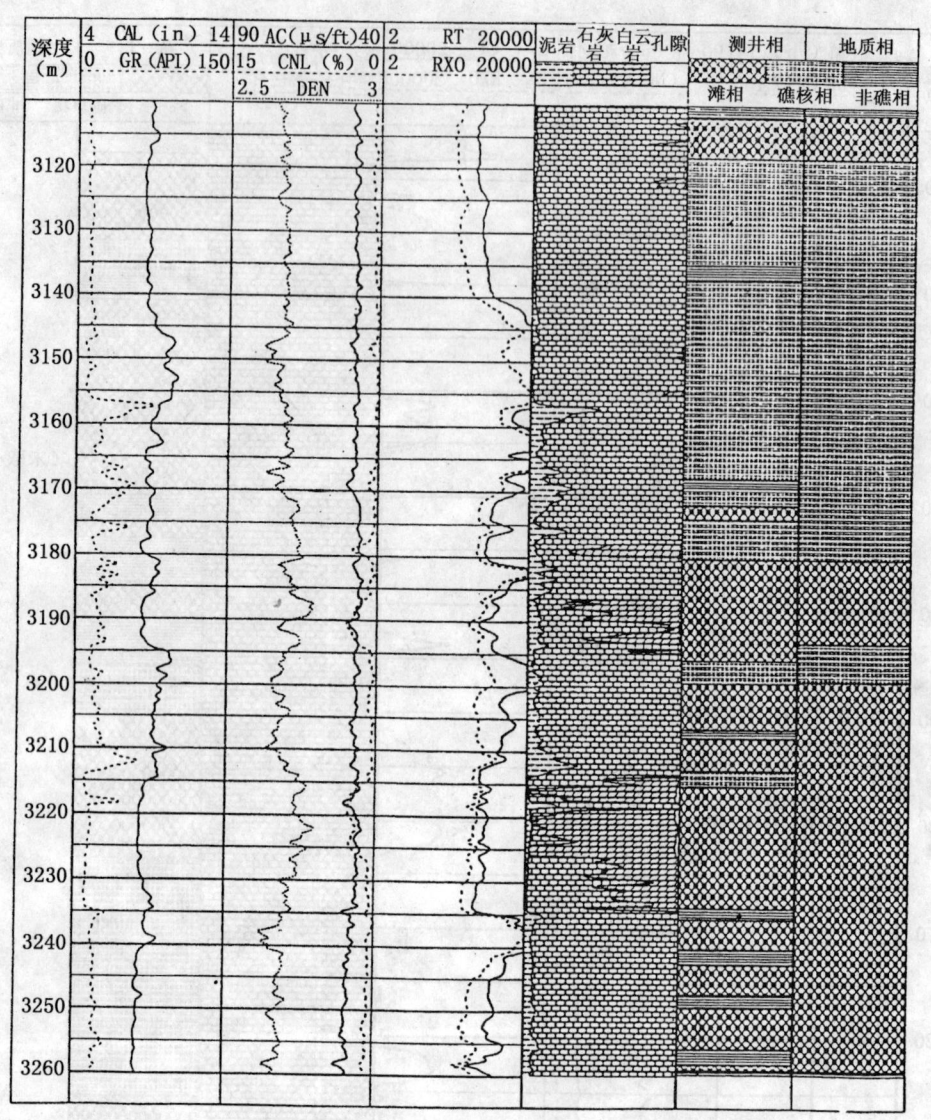

图 9-5 铁山 4 井生物礁相处理成果图

资料，从而增加了处理结果的不确定性。为此，参考了地质、地震、钻井等资料，结合了地层倾角测井资料、成像测井资料进行综合分析，尽量使处理结果更符合实际。

第三节 上二叠统生物礁储层测井解释模型

一、生物礁储集类型

川东上二叠统长兴组生物礁储层主要为孔隙性晶粒白云岩储层，它们不同程度地发育有构造裂缝、溶蚀缝等。裂缝对生物礁储层产能有很大影响。如铁山 5 井生物礁气井 3072～3124m 取心段，储层段平均孔隙度仅为 1.6%，而该段裂缝总共发育 1897 条，有效裂缝 1827 条，有效裂缝密度为 35.0 条/m。裂缝大多数连通较好，使该井日产气量达 50.1×

10^4m^3。铁山 4 井、铁山 14 井生物礁取心段分析结果也表明其裂缝发育,储层类型为裂缝—孔隙型,铁山 14 井日产气量达 $118.02×10^4m^3$。而宝 1 井、板东 4 井等生物礁极少见裂缝发育,属于孔隙型储层。岩心孔隙度为 8%~10%,最高达 22.56%。从目前储层资料分析来看,生物礁储层主要有孔隙型及裂缝—孔隙型。

二、生物礁储层解释模型

生物礁井钻遇的岩类主要有生物灰岩、白云岩、泥岩等,个别井段含有燧石、石膏。由此建立一个由石灰岩、白云岩、泥岩及孔隙组成的岩石体积模型。其中,孔隙度由空隙孔隙度、裂缝孔隙度组成,该模型突出了裂缝对总孔隙度的贡献。为了准确计算岩石成分、孔隙度、饱和度等一系列参数,需要对原始测井资料进行标准化处理。在实际测井中,由于使用不同系列的测井设备(如 CSU、DDL—V、5700 等),其刻度方法(特别是放射性测井系列)不尽相同,因而所取得的测井资料具有系统误差,直接进行储层参数的计算,往往会造成偏差。因此,进行测井信息的标准化是十分必要的。

本项研究主要采用直方图、频率交会图等数理统计技术与地层标准层理论物理特征相结合的方法,对各项测井资料进行必要的校正。鉴于生物礁储集类型的多样性及矿物成分的复杂性,采用优化处理方法较为合适。目前,优化处理程序较多,如斯仑贝谢的 Global、Elan 以及西方阿特拉斯的 Optima 等。这些方法原理大同小异,现就处理程序中值得注意的几个问题加以说明。

(一)岩石孔隙度计算应进行含气校正

由于补偿中子测井在气层受挖掘效应的影响较明显,常常造成补偿中子读值偏低。

(二)用雷伊麦公式计算孔隙度值

当储层孔隙度在 25%~30% 时所用怀利时间平均公式计算孔隙度值较为准确。而川东地区生物礁储层孔隙度值很难达到 20%,对于生物礁储层使用怀利时间平均公式计算孔隙度值常常偏小。因此,改用雷伊麦公式进行孔隙度值的计算:

$$v = (1-\Phi)^m v_m + \Phi v_f \qquad (9-1)$$

式中 v——岩石声波传播速度,m/s;

Φ——岩石孔隙度,%;

v_m——岩石骨架传播速度,m/s;

v_f——流体传播速度,16154.4m/s;

m——孔隙结构指数。

(三)裂缝孔隙度值计算

在没有成像测井资料的情况下,通常采用双侧向计算裂缝孔隙度,即:

$$\Phi_f = \sqrt[mf]{(C_s/K_r - C_d)/(C_m - C_w)} \quad (水层) \qquad (9-2)$$

$$\Phi_f = \sqrt[mf]{R_m(C_s/K_r - C_d)} \quad (油气层) \qquad (9-3)$$

式中 $K_r=1.0~1.3$,水平缝为 1.3,垂直缝为 1.0;

mf——孔隙指数;

R_m——泥浆滤液电阻率。

在有成像测井资料的情况下,通常采用斯仑贝谢公司计算裂缝孔隙度公式,即:

$$\Phi_f = \Sigma W_i \times L_i/L \times \pi D \qquad (9-4)$$

式中 W_i——第 i 条裂缝的平均宽度;

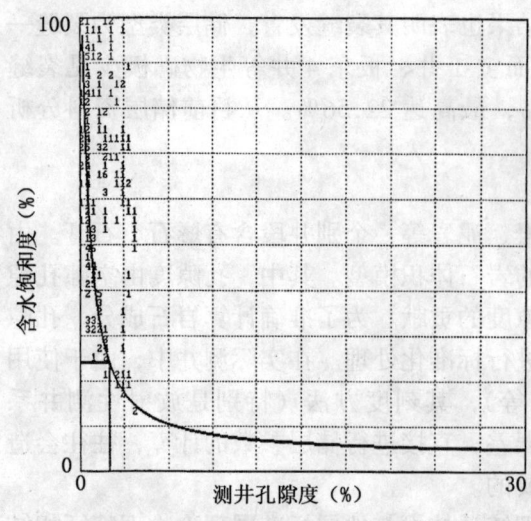

图9-6 门4井含水饱和度与孔隙度交会图
数字代表该点样品个数

L_i——第 i 条裂缝在单位井段 L 内（一般取 1m）的长度；

D——井径。

（四）孔隙度下限值的确定

生物礁储层孔隙度下限值应根据储层类型来确定，一般来讲，孔隙型储层与石炭系储层相似，孔隙度下限值相对高一些。而裂缝—孔隙型储层，由于裂缝的作用，孔隙度下限相应降低。为了取值相对准确一些，一般采用含水饱和度与孔隙度交会（S_w—Φ）来确定孔隙度下限值（图9-6）。

（五）单井储层参数的计算效果评价

利用上述方法对生物礁储层进行数字处理，通过单井测井处理结果与岩心分析结果的对比可以看出，与岩心分析结果是比较一致的。以天东21井为例，测井计算的孔隙度与岩心分析的孔隙度回归相关系数达 0.86，而原来 CRA 程序处理的孔隙度比岩心分析孔隙度偏小很多。表9-6是采用上述方法对川东地区部分生物礁井进行的储层参数处理结果。

表9-6 川东地区长兴组生物礁井基本参数

序号	井号	处理井段(m)	三类储层厚度(m)($\Phi=2\%\sim4\%$)	二类储层厚度(m)($\Phi=4\%\sim6\%$)	一类储层厚度(m)($\Phi>6\%$)	储层总厚度(m)	白云岩厚度(m)	试油结果($\times10^4$m³/d)
1	天东2	3750~3947	27.6	13.8	12.3	53.7	55.4	g：3.6
2	天东10	3740~3952	50.9	17.5	3.4	71.8	80.5	g：29.2
3	天东11	4030~4225	1.5	0.4	0.0	1.9	2.0	干
4	天东21	4304~4531	4.5	5.1	20.75	30.4	61.4	g：23.56
5	天东53	4275~4401	3.9	5.0	16.9	25.8	44.0	g：30.1
6	天东59	3840~3950	0.625	0.0	0.0	0.625	0.0	未试
7	天东61	4275~4385	1.4	0.4	0.8	2.5	4.9	g：4.68
8	天东64	4390~4405	4.0	0.0	0.0	4.0	3.0	
9	天东67	3971~4020	1.0	0.4	0.0	1.4	2.13	
10	铁山4	3090~3344	4.0	0.6	0.0	10.6	35.0	g：12.99
11	铁山5	3090~3333	4.0	0.0	0.0	4.0	5.3	g：50.1
12	铁山21	3008~3360	56.8	22.5	10.9	84.1	25.1	g：41.09
13	铁山14	3100~3300	7.0	0.0	0.0	7.0	26.6	g：118.0
14	黄龙1	3897~4015	3.3	0.1	0.0	3.3	56.8	g：22.56
15	黄龙4	3571~3750	5.8	5.5	0.8	12.0	22.5	g：15.64
16	温泉3	2810~3130	13.6	2.8	1.4	17.8	2.3	干
17	马槽2	2940~3120	10.9	0.6	1.1	12.6	20.8	微气
18	云安11	4548~4790	19.4	7.6	0.1	27.1	87.1	
19	云安12	4662~4804	2.0	1.5	1.2	4.8	5.8	g：63.76
20	云安14	4677~4900	2.1	0.9	0.0	3.0	5.8	g：0.37
21	涞1	3760~3900	14.4	5.8	0.1	20.3	0.0	g：1.0 少量水
22	广3	4175~4375	21.7	12.4	20.6	54.6	29.5	g：0.15 w：113

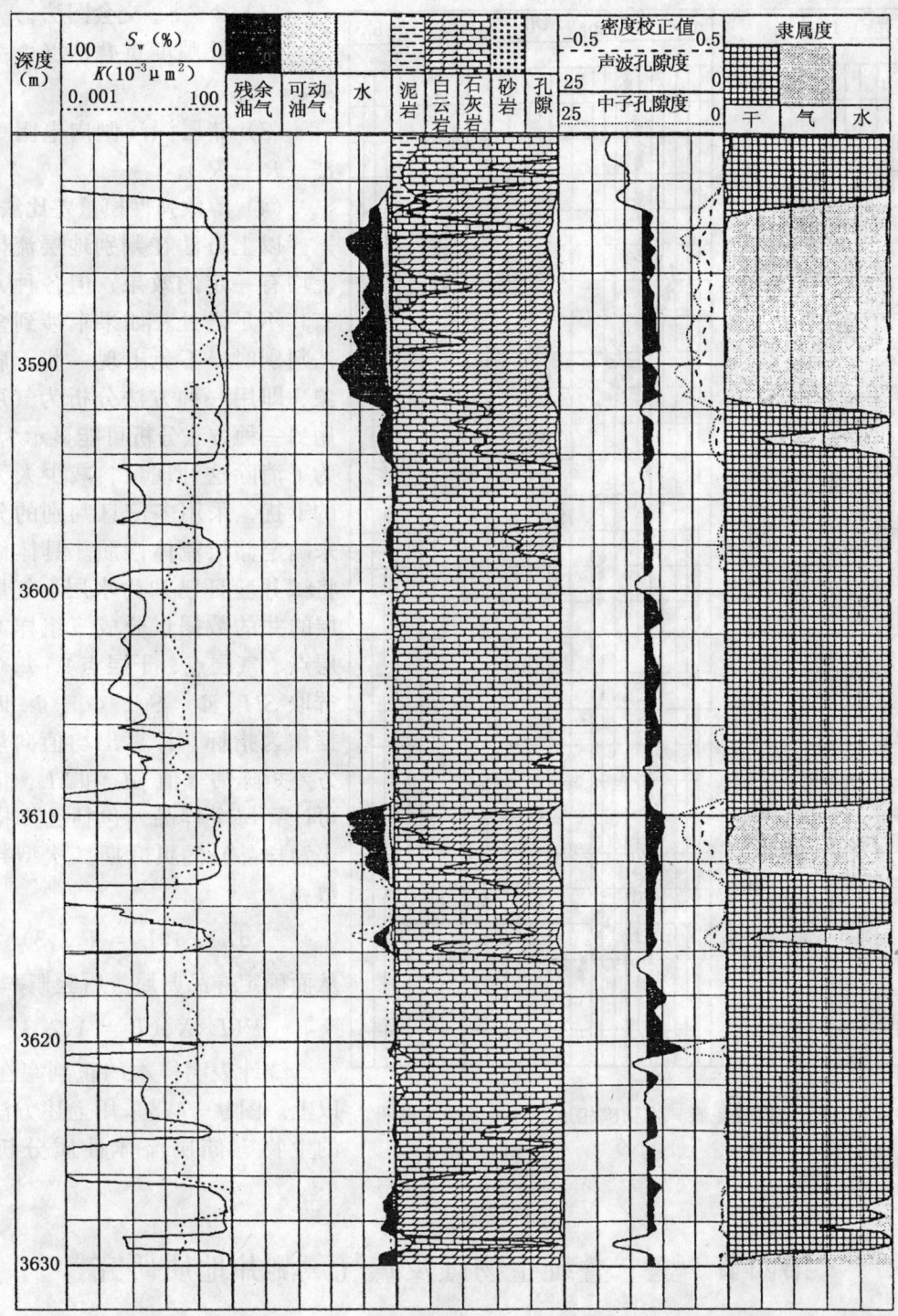

图9-7 黄龙4井生物礁储层流体性质处理成果图

三、生物礁储层流体性质解释

判别储层流体性质常用的方法有:

(1) Φ—S_w 交会图法;

(2) 孔隙度重叠法（$\Phi_N - \Phi_S$、$\Phi_N - \Phi_{DEN}$）;

(3) 储层深浅侧向电阻率差异法（$R_t - R_s$）;

(4) 等效弹性模量差比法等。

以上方法在判别地层流体性质上均有一定的效果，但各种方法均有其不足之处。如果牵涉到多种方法判别时，不免出现一些矛盾的现象，即用一种方法分析为气层，而用另一种方法分析可能显示为水层。为了消除这种现象，减少人为因素的干扰，采用多信息判别的分析法来确定储层流体性质。具体作法是将试井验证已知为水层、气层、干层的井的数据点分成三组样本（水层点、气层点、干层点），每个样本选取 SH、Φ、S_w、$\Phi_s - \Phi_n$ 四项数据作为指标，计算出均值向量、协方差矩阵估算值 μL 和 ΣL，依此便可计算每个样品（包括已知样本和未知样品）的贝叶斯二次型判别函数：

$$dL(x)(L=1,2,3)$$

从而确定样品归属。后验概率：

$$P(L/X)(L=1,2,3)$$

统计表明样本的正判率在 92%以上。图 9-7 是采用上述方法处理的生物礁储层流体性质分析成果图。

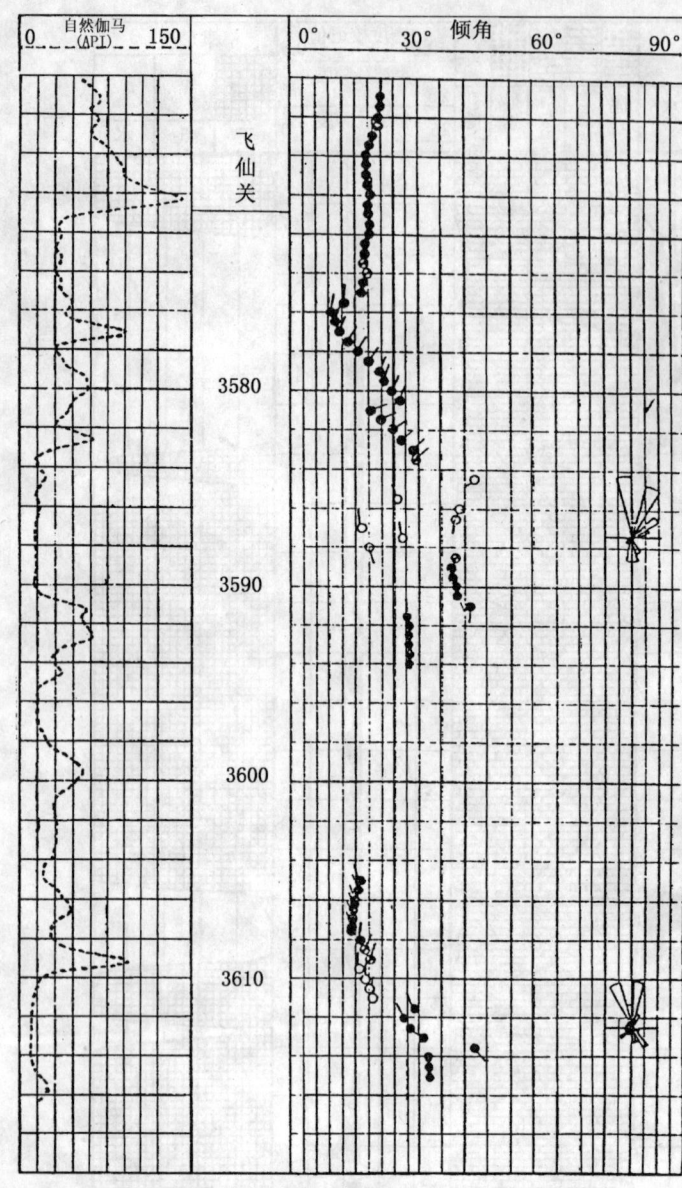

图 9-8 黄龙 4 井（正眼）生物礁相地层倾角处理成果图

第四节 上二叠统生物礁及礁气藏测井地质研究

测井资料的取得依赖于钻井，因此用常规测井资料预测生物礁的分布受到很大限制。但使用一些特殊的测井方法可以对生物礁的分布作出侧向预测。

一、利用地层倾角资料作生物礁侧向预测

由前面分析可知，生物礁上覆地层往往存在披覆补偿关系。而这一特征在测井资料的最好反映就是地层倾角资料上的红色模式，其红色模式所指倾向的反方向即为礁体增厚方向，

即礁体主体方向。

如位于黄龙场构造的黄龙礁钻有黄龙 1 井、黄龙 4 井。黄龙 1 井长兴组生物礁储层酸化后产气 $22.56\times10^4m^3/d$。黄龙 4 井正眼长兴组生物礁未试气,工程事故后侧钻至长兴组生物礁储层,酸化后产气 $15.64\times10^4m^3/d$。利用沉积相及储层参数处理软件对黄龙礁进行了处理,由表 9-7 中数据可以看出黄龙 1 井生物礁较黄龙 4 井发育,而黄龙 4 井侧眼生物礁较正眼发育,侧眼礁储层也好于正眼。从黄龙 4 井正眼地层倾角处理成果图(图 9-8)可以发现,黄龙 4 井正眼位于礁体北北东向,礁的主体位于南南西方向。这与正眼礁厚度小于侧眼礁厚度一致。正眼生物礁钻厚 40.0m。而从井深 3100m 的嘉一段沿方位 200°侧钻生物礁厚为 79.0m,消除井斜(10°)影响礁钻厚为 77.2m。因此,黄龙 4 井正眼地层倾角所指礁体增厚方向南南西向,即向黄龙 4 井侧眼井方向是礁体加厚方向。该方向也正好是横切陆棚边缘礁相带的方向。

表 9-7 黄龙场生物礁部分参数

生物礁井名	礁厚度 (m)	礁核厚度 (m)	礁滩厚度 (m)	礁储层厚度 (m)(孔隙度>2%)	白云岩厚度 (m)
黄龙 1	81.5	8.0	72.5	3.3	56.8
黄龙 4 正眼	40.0	4.0	36.0	20.88	20.6
黄龙 4 侧眼	79.0	44.0	35.0	12.0	20.63

二、利用成像测井(CSI)预测生物礁发育方向

可组合式地震成像测井(CSI)能较好地用于地下礁体分布预测,但目前研究区内仅对云安 14 井做了该项工作。

云安厂地区已钻获云安 12 井、云安 14 井两口生物礁气井。云安 12 井礁属边缘礁,地质录井资料可靠,日产气 $63.76\times10^4m^3$。云安 14 井为点礁,测井解释礁核相 9.5m,礁滩相 18.5m,其中白云岩储层 5.8m。该井日产气量仅为 $0.37\times10^4m^3$。为了解云安 14 井礁体分布情况及该井钻遇礁体的部位,对该井进行了 CSI 测井。

将零井源距(V_0)和四个非零井源距(V_1、V_2、V_3、V_4)的 VSP 在时间域内进行克希荷夫偏移处理。通过 V_1、V_2、V_3、V_4 四个方向的非零井源距的 VSP 比较,发现 V_2 方向的 1.90~1.95s 之间发生了异常,这与地震生物礁模式非常相似,其对应层位与常规测井所解释的生物礁井段和层位也基本一致,说明该异常区为生物礁发育区域,其宽度约 500m。其余方位没有生物礁的异常反映特征。V_2 震源的方位为 229°53′,即南西方向,说明生物礁主体的发育方向为南西方向,云安 12 井钻于礁体的东北缘,这与本井倾角测井成果所预测的生物礁发育方向基本一致。在本井 4706.0~4716.0m 礁核段自然伽马值低于 13API,地层倾角测井显示为杂乱模式。往上到礁盖(4702.9m)变为红色模式,倾向北北东,倾角由 40°降到 20°。地层推覆方向为南西向,说明礁体的增厚方向与 CSI 资料一致。因此,在云安 14 井南西方向布探井可望获得长兴组高产气井。

三、利用克里金技术恢复礁体形态

根据礁体增厚方向及已知井礁组合情况结合克里金技术恢复礁体形态,图 9-9 是根据上述方法恢复的五百梯天东生物礁形态图。五百梯地区是石炭系气藏开发区,所钻开发井在长兴组缺少地质录井资料。综合研究证实,该区已钻井中已有 10 口井钻遇长兴组生物礁,

有 6 口井获商业气流。在天东礁气藏勘探过程中，项目研究曾在 1997 年 8 月预测正钻的天东 64 井为生物礁井。后钻井证实该井打在天东生物礁鞍部。礁核相有 31.0m，滩相有 59.0m，储层厚度 6.5m，白云岩厚 3.0m。

根据上述方法作出的生物礁分布图 9-9 与地震方法作出的生物礁分布预测图基本一致。图中天东 71 井、天东 72 井、天东 76 井等三口井位于生物礁发育区，预计生物礁的厚度在 60~80m 左右。经 1997 年至 1999 年开发井钻探证实天东 72 井经测井解释钻遇生物礁，其礁组合厚 103m，相厚 59m，白云岩厚 42.2m，$\Phi > 2\%$ 的储层厚 13.75m。

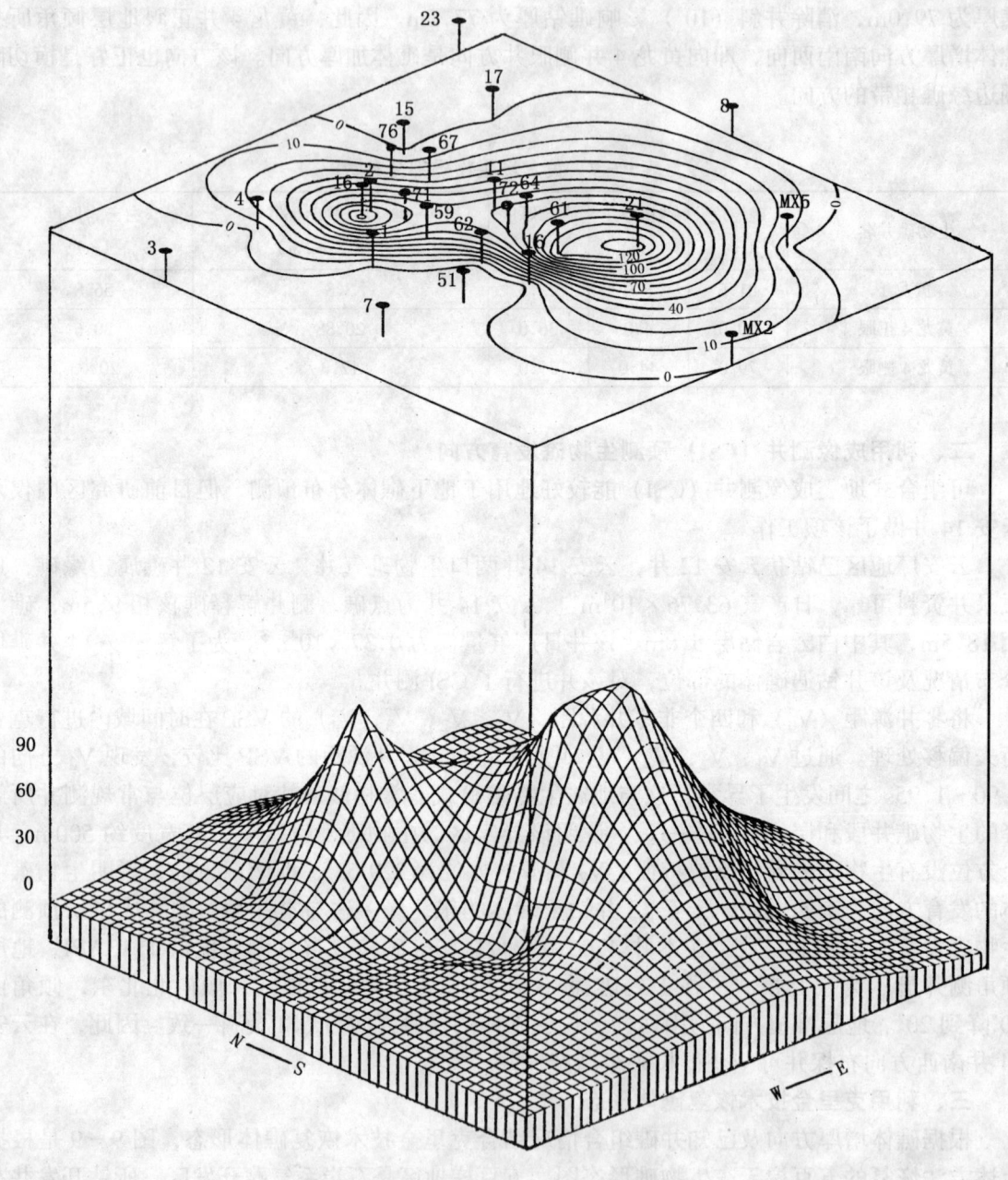

图 9-9　天东生物礁形态预测图

第十章 四川盆地东部区域构造特征及构造动力学环境

四川盆地位于上扬子准地台的西北隅（图10-1），是由褶皱和断裂所围限的巨大构造盆地。从建造和构造演化反映出，四川盆地是在古生代广阔海盆的基础上发展起来的中—新生代红色陆相盆地，在中国盆地构造分类中属于"复合前陆盆地"（王庭斌，1995），是由两个原型盆地（海盆和陆盆）叠置形成的。

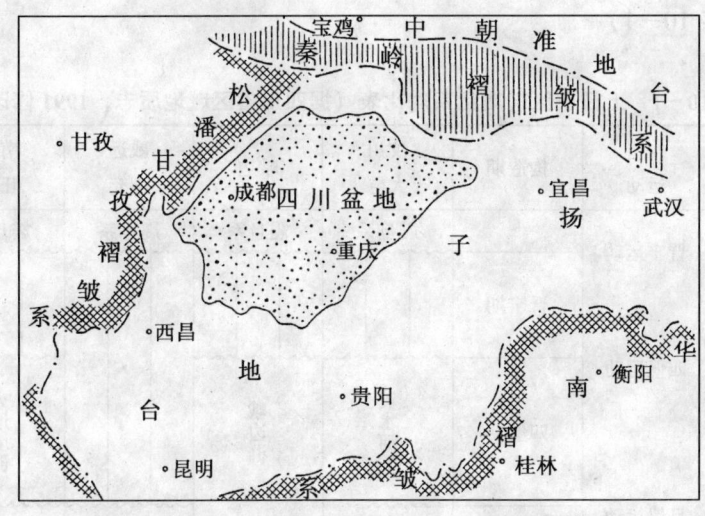

图10-1 四川盆地大地构造位置略图

第一节 区域构造特征及构造演化

一、基底形成及演化

四川盆地乃至"上扬子准地台"基底属前震旦系，按其岩性和建造演化可分为太古代—早元古代的结晶基底、中元古代和晚元古代的褶皱基底。

（一）基底岩性分区

根据航磁成果和周缘露头、少量深井钻探资料，现今四川盆地基底展布具有三分特点，自西向东由龙门山深断裂、雅安—巴中基底断裂和华蓥山深断裂（图10-2）将基底分割成磁性和岩性完全不同的三个大的地层单元。

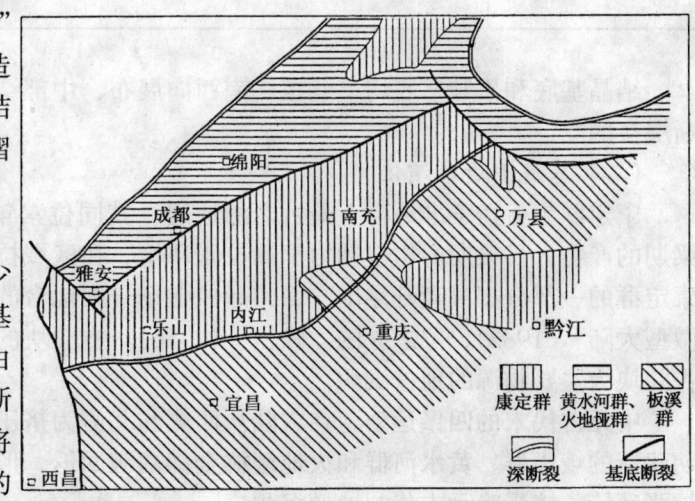

图10-2 上扬子准地台基底地质略图

西部基底的航磁显示为负异常，并与现今大巴山前缘的负异常相连，与其对应的地层是中元古界的峨边群、黄水河群和火地垭群，主要岩性为浅变质的碎屑岩、碳酸盐岩和少量基性火山岩，属冒地槽建造环境。

中部基底的航磁显示为宽缓的正异常，据周缘露头和威远、龙女寺深井资料，基底为太古界—下元古界的康定群，由中—深变质且混合岩化的结晶岩系构成。其原岩建造的下部为基性、中基性火山岩，中部为中酸性火山岩及火山碎屑岩，上部为火山碎屑岩和复理石，总厚逾10000m，为优地槽建造环境。

东部（川东）基底的航磁显示为平静的负异常，基底为上元古界的板溪群。主要岩性为浅变质的碎屑岩，属冒地槽建造环境。板溪群之下为冷家溪群，时代与黄水河群、峨边群、火地垭群相当（表10-1）。

表10-1　上扬子区前震旦系对比表（据四川省区域地质志，1991修改）

地层	同位素年龄	构造运动	构造期	汶川大邑	峨边	威远南充	南江旺苍	酉阳黔北
上元古界	850Ma	晋宁运动	晋宁期	震旦系	震旦系	震旦系	震旦系	震旦系
	1000Ma	四堡运动						板溪群
中元古界			四堡期	黄水河群	峨边群		火地垭群	冷家溪群
	1800Ma	吕梁运动						
下元古界			吕梁期	康定群	?	康定群	康定群	?
太古界	2500Ma							

结晶基底和褶皱基底均呈北东—南西向展布，中部结晶基底与其两侧的褶皱基底之间为断层接触。

（二）基底形成及演化

康定群为上扬子准地台上最古老的地层，其同位素年龄时限为1800～2950Ma，属于吕梁期的产物。吕梁期的构造动力学属拉张环境，在区域拉张应力作用下，地幔上隆，古陆壳康定群的一部分相对隆升浮出洋面，形成上扬子准地台的雏形——古陆块，即谢琪的"川中微型大陆"（1982），罗志立的"弧核"（1986）。古陆块的两侧为大断裂的上盘，下降接受以古陆块为主要物源的地槽沉积。

中元古代末的四堡运动，在古陆块西侧和北侧为挤压环境，在挤压应力作用下，使四堡期建造的峨边群、黄水河群和火地垭群全部褶皱回返，形成西部褶皱基底；古陆块东侧仍为拉张环境，接受晚元古代的地槽沉积。

晚元古代的晋宁运动在上扬子区为挤压环境，在区域挤压应力作用下使晋宁期建造的板溪群全部褶皱回返，形成上扬子准地台最年轻的褶皱基底。

上述表明，上扬子准地台基底形成与演化的动力学特征是吕梁期的拉张环境、四堡期的拉张—挤压环境、晋宁期的挤压环境。动力学环境的不同，导致了建造和构造演化的差异，最终使褶皱基底与结晶基底拼接在一起，形成统一的具有双层结构的上扬子准地台基底，为上扬子准地台的盖层建造和构造演化奠定了基础。

二、区域构造特征及演化

（一）区域构造特征

川东地区西以华蓥山为界，东至七曜山，分布有华蓥山、铜锣峡、七里峡、明月峡—大天池、南门场、黄泥堂—云安厂、苟家场、大池干井、方斗山和七曜山共10排高陡背斜带（图10-3）。背斜带常具多高点，呈狭长形延伸百余千米，核部多出露三叠系碳酸盐岩，翼部地层陡峻至直立倒转，地貌为正向高山，相对高差500~800m。向斜宽缓，分布侏罗系碎屑岩，地貌为低缓丘陵，地形起伏不大。高陡背斜与向斜宽度比例为1:3，具隔档式褶皱组合特征。

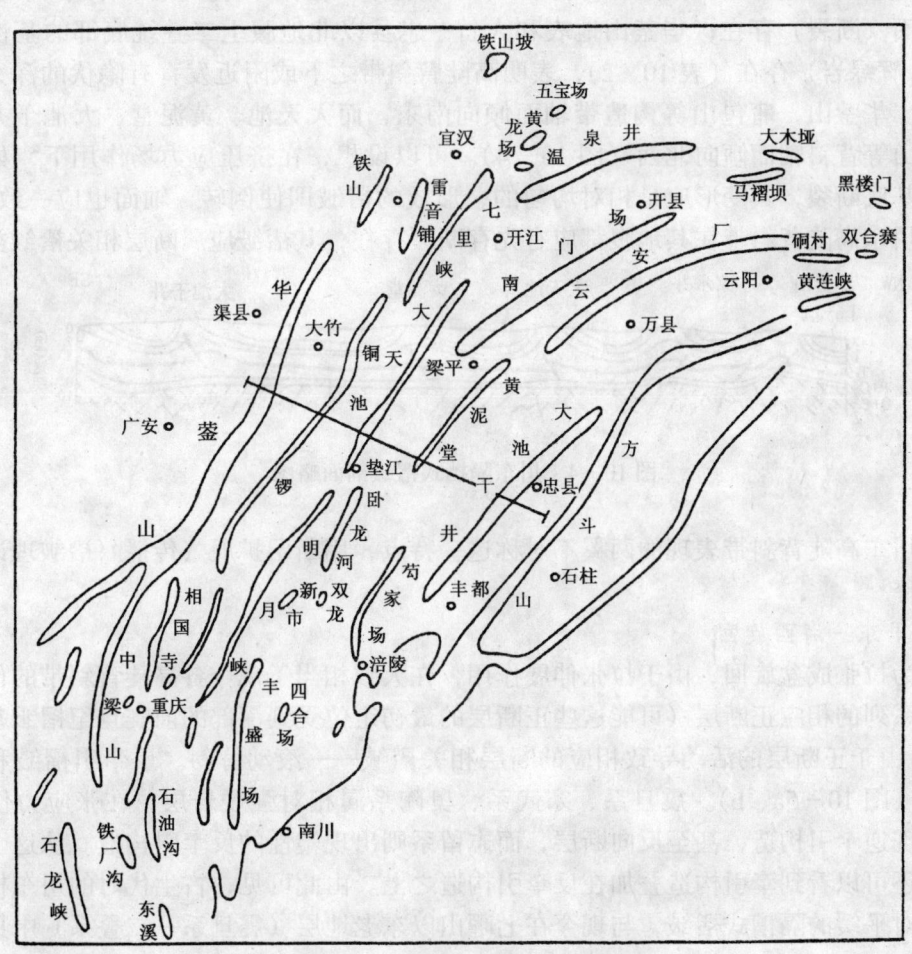

图10-3 川东地区地面构造分布图

川东地区高陡背斜带总体呈北北东和北东向展布，北段受大巴山弧形褶皱带的制约和影响，背斜带偏转为北东东—近东西向；南段受遵义—松坎构造带影响，背斜带偏转为南北—北北西向。

高陡背斜带两翼极不对称，一般缓翼地层倾角 20°～30°，陡翼地层倾角 40°～70°或地层直立倒转。绝大多数背斜带轴面倾向北西或北北西，仅华蓥山背斜带及少数背斜轴面倾向南东东。有的高陡背斜带轴面呈扭曲状，如铜锣峡背斜带在长江以南轴面东倾，长江以北轴面变为西倾，向北至蒲包山背斜轴面又变为东倾，展示出形成褶皱的构造应力场极为复杂。

高陡背斜带垂向变异明显，地表和地腹构造为不协调褶皱。地表为单个背斜带，断裂很少；地腹褶皱和断裂十分发育，往往出现多个次级的背、向斜。

（二）区域构造演化

前人已作了很多关于川东构造演化方面的研究，但都是从挤压变形的角度出发，即认为川东现今的构造变形格局主要是燕山—喜山期挤压变形的产物，是通过递进变形逐步形成的。而对这之前的加里东、海西、印支旋回造成的构造格局，仅有大隆大拗的认识。这次攻关研究根据伸展构造、断层相关褶皱、反转构造等构造新理论，按继承发展的观点对川东的构造演化作了系统探讨。

川东地表隔挡式褶皱中的高陡背斜带，是区域挤压（压扭）应力集中释放带，其地腹必有不连续面（断裂）存在；华蓥山地表和大竹—忠县以北地腹上二叠统底部的基性火山岩（玄武岩、辉绿岩）存在（表10-2），表明高陡背斜带之下或附近发育有隐伏的深大断裂或基底断裂。华蓥山、蒲包山等构造带轴面倾向南东，而大天池、黄泥堂、大池干井、方斗山、七曜山等背斜轴面倾向北西（图 10-4）。可以设想，在挤压应力场作用下，如果没有先存隐伏基底断裂，其变形应是相对均匀的，形成的褶皱即使倒转，轴面也应一致。因此，可以断定川东高陡背斜带在其地腹都应有先存断裂存在，其褶皱应属断层相关褶皱类型。

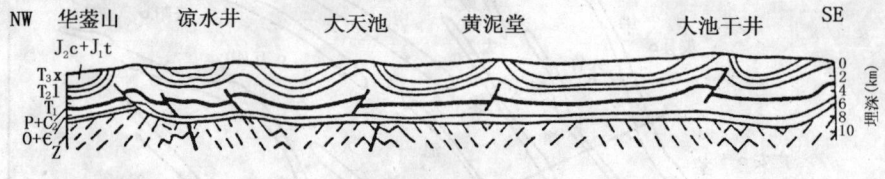

图 10-4 川东隔挡式褶皱剖面略图

根据川东高陡背斜带表现的两翼不对称这一特点，用断层扩展（传播）褶皱理论可以得到很好解释。

1. 加里东—海西旋回

此期为拉张成盆旋回，由于拉张伸展作用，在大致相当于现今各高陡背斜带的位置，首先出现一系列的相应正断层（可能这些正断层的最初定位受到深部的前震旦纪褶皱基底断裂的控制）。由于正断层的活动导致相应的断层相关褶皱——滚动背斜、反牵引褶皱和牵引褶皱的出现（图 10-5a、b）。震旦系、寒武系、奥陶系属相对强硬岩层，在张应力作用下首先拉断出现逆牵引构造，甚至反向断层，而志留系则出现塑性的反牵引构造。从这个时期的演化图中还可以看到牵引构造叠加在反牵引构造之上。由此可见，古生代时的川东构造格局总体是相对平缓的隔槽式褶皱，与现今在七曜山以东老地层（震旦系—二叠系）中见到的隔槽式构造格局是一致的。按这一演化机理可为开阔海台地沉积提供很好的解释。

2. 印支—燕山早期旋回（T—J）

为一过渡旋回，实现了由海相向陆相沉积的转变，相应的构造作用力也由原来的拉张逐渐转为挤压，因此出现构造反转，且由于先存正断层的反转，在地腹已发育有"两背一断"

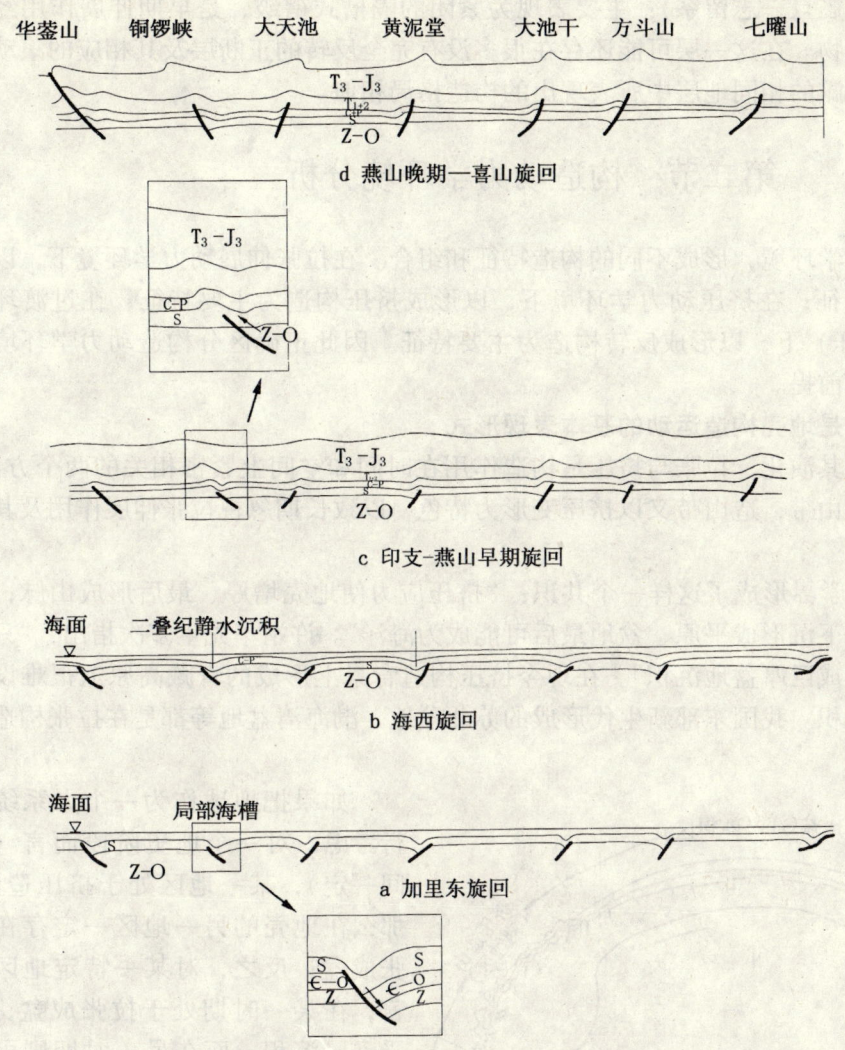

图 10-5　川东地区不同地史时期构造变形演化模式

的先存构造（图 10-5c），控制了喜山期高陡背斜带的发育和展布。

3．燕山晚期—喜山旋回（K 以后）

为强烈挤压造山旋回，这个时期在川东基本没有沉积，主要表现为剥蚀。在强烈挤压应力作用下，在"先存构造"处首先发生应力集中，断裂向上扩展，形成现今的川东隔档式和两翼不对称的高陡构造格局（图 10-5d）。

根据上述构造变形演化模式可看出，川东在褶皱基底之上的盖层构造中，其上、下构造样式是极不协调的，在剖面上大致可分为三个构造样式层。

上构造样式层（三叠—侏罗系）：主要表现为隔档式、两翼不对称的高陡背斜带，它是受基底先存构造控制的断层传播（扩展）褶皱，是燕山晚期—喜山期挤压环境的产物。

中构造样式层（石炭—二叠系）：主要表现为复杂褶皱，是早期伸展构造与晚期挤压构造叠加作用的结果。如果晚期挤压十分强烈，还可能出现一些调整性的新生构造（褶皱、断裂）。

下构造样式层（震旦—志留系）：主要表现为紧闭的隔槽式褶皱，是早期伸展作用经后期挤压构造强化的产物。在这一层可能还存在很多没有完全反转的正断层及其相应的滚动背斜，同七曜山以东出露的相同地层中所表现出的构造格局相似。

第二节 构造动力学环境分析

不同的构造动力学环境，形成不同的构造特征和组合。在拉张伸展动力学环境下，以形成伸展构造为主要特征；在挤压动力学环境下，以形成挤压构造为主要特征；在过渡环境（既有拉张、又有挤压）下，以形成反转构造为主要特征。因此正确区分构造动力学环境是盆地构造分析的重要前提。

一、拉张—挤压是地壳构造运动的基本表现形式

纵观全球构造及其演化，拉张与挤压是构造作用在时间和空间上紧密相关的两个方面。由于构造研究源于造山带，造山带又以挤压变形为特色，以致长期忽视拉张伸展作用及其形成的伸展构造。

目前在构造地质学界形成了这样一个共识："挤压应力使地壳增厚、最后形成山脉；拉张应力使地壳变薄，下沉形成平原、盆地最后可能成为海洋"。许靖华先生多次指出："只有拉张构造环境才能形成巨厚盆地沉积"。在现今挤压构造背景上形成的青藏高原上很难设想能形成巨厚的盆地沉积。我国东部新生代形成的苏北盆地、渤海湾盆地等都是在拉张构造环境下形成的。

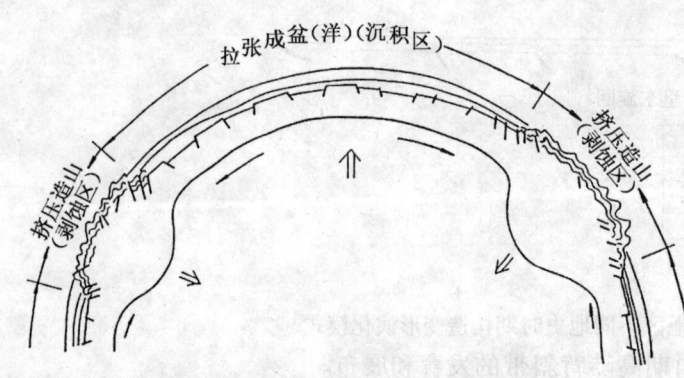

图10-6 地球挤压造山—拉张成盆构造示意图

如果把地球作为一个大系统进行考虑，对一个地史阶段而言（时间一定），某一地区处于挤压造山，那么在地壳的另一地区一定存在拉张成盆；反之，对某一特定地区而言，在某一时期处于拉张成盆，接受巨厚沉积，而在另一时期则可能转换成挤压造山，形成强烈的挤压构造变形（图10-6）。

对一个地区进行构造分析时，一定要注意拉张—挤压这一动力学过程随着时间的迁移而交替变化的情况，对这一情况的正确认识有助于辩证地认识一个地区构造变形演化历程。有机地将伸展构造、反转构造、挤压构造、断层相关褶皱等构造新理论纳入同一盆地的构造变形分析，避免仅从挤压观点认识盆地构造的局限性。

二、川东地史时期的构造动力学环境

四川盆地在形成和发育过程中经历了多次地壳运动，对盆地形成有重要的影响。根据其地质发展历程，可以对四川盆地各地史时期所处的构造动力学背景作些具体分析。

（一）四川盆地地质演化特征

已有研究成果揭示，四川盆地地质演化历程具有如下几大特征。

（1）现今的四川盆地是在上扬子海盆地基础上逐步发展形成的，自震旦纪以来，即为一个稳定的大型沉积坳陷区。盆地的基底是"前震旦系"的变质岩系，其上沉积了震旦系到第

四系比较发育的盖层，总厚 6000～12000m。

(2) 四川盆地的沉积建造，受川中稳定基底控制，升降运动虽较频繁，造成局部层系缺失或保留不全，但总体是以下沉为主。震旦纪到早中三叠世四川盆地是当时整个上扬子海盆的一部分，以近岸浅水泥质碎屑和台地相碳酸盐岩沉积为主。印支运动后，边邻的地槽区多发生回返，同时江南古陆也不断向西扩展，从此，海水后撤，代之以内陆湖盆碎屑岩沉积，一个大型独立的沉积盆地才得以定型下来。但就当时的湖盆范围而言，远远超出现今四川盆地边界。以后又经历了晚印支和早燕山运动，周边的古陆不断上隆，褶皱成山，使盆地边界不断向内侧收缩，直到喜山运动才形成现今边界。所以从性质上讲，四川盆地是在上扬子准地台大型坳陷基础上，最终经历喜山运动而形成的构造盆地。

(3) 不同阶段的沉积史和沉积岩相分布，明显地受周边古陆和一些大断裂控制。康滇古陆位于盆地西侧，长期以来一直是盆地主要的物源供给区，前缘受南北向断裂控制为一坳陷带。以宝兴、九顶山、轿子顶等杂岩体组成的龙门山岛链，构成了盆地的西北边界，它时而分离与西侧地槽海以通道相连，时而连为一体形成屏障，成为重要的物源区，到印支运动以后，西侧地槽区褶皱回返，盆地的西部边界才逐步固定下来，在其前缘形成山前坳陷，发育有磨拉石建造。大巴山古陆是加里东运动后南秦岭地槽回返上升成陆的，从此露出水面或为水下隆起，成为东北方向物源区。江南古陆位于现今盆地东南一侧，早期为分隔上扬子海盆与赣湘海盆的水下隆起，后逐步抬升成为盆地重要的物源区，印支运动后活动显著，使盆地边界不断向后退缩，并且在它的前缘形成坳陷。

多方向物源供给和周边古陆在不同时期此起彼伏，使区内地层岩性岩相的主要变化是近东西向的。

(4) 四川盆地在形成和发展过程中经历了多次地壳运动，其中影响深远、涉及面广的运动主要有：

震旦纪前的晋宁运动——前震旦系地层褶皱回返，发生区域性变质作用，形成盆地基底，由地槽转入地台发展阶段。

志留纪末的加里东运动——主要是隐伏的吕梁期基底断裂的不均衡升降，第一次在沉积盖层中出现走向北东东大型隆起与坳陷（图 10-7），不同方向的断裂逐渐活跃起来，块断活动开始增强。加里东运动后，上扬子准地台整体抬升，除在川东坳陷和川西北地区有石炭系沉积外，普遍缺失泥盆、石炭系，直到二叠纪才沉没水下接受沉积。

早二叠世末的东吴运动——受吕梁期、加里东期隐伏基底断裂和深断裂的活动影响，出现水下基性火山岩（峨嵋山玄武岩）的喷发，在川西南广大地区和川东华蓥山地表、井下见有玄武岩和辉绿岩发育于上二叠统底部（表 10-2）。

中三叠世末的早印支运动——仍然是隐伏的早期基底断裂的不均

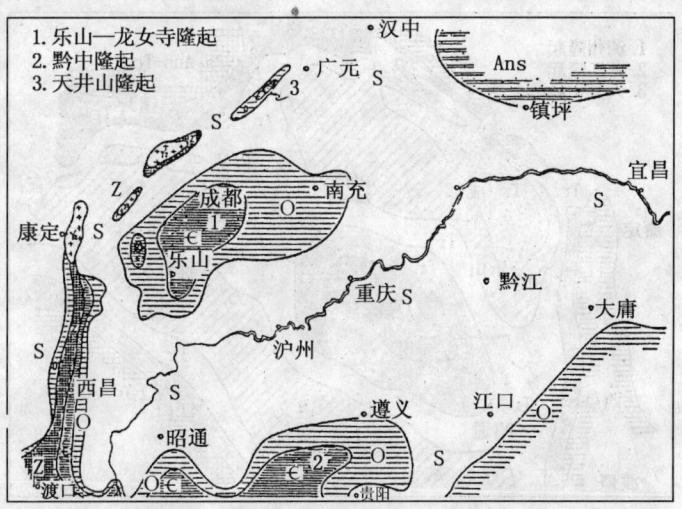

图 10-7 上扬子区泥盆纪前古地质图（据张继铭，1984）

衡升降，第二次在沉积盖层中出现大型隆起和坳陷（图10-8），延伸方向偏转为北东向，从此海水撤出上扬子地台，大规模的海侵基本结束，转入内陆湖盆沉积。

表10-2 川东地区钻遇二叠系岩浆岩情况表

井 号	井段（m）	厚度（m）	岩 性
梁向1	4356～4394	42	辉绿岩
梁5	4619～4653	34	辉绿岩
梁6	2444～2466.5	22.5	辉绿岩
云安8	4596～4615	19	玄武岩
天东4	4132～4154.5	22.5	辉绿岩
天东13	4537.5～4603	65	玄武岩
邓1		12	玄武岩
七里4	4452～4474	22	玄武岩
亭1	4762～4772.5	10.5	玄武岩
铁1	3652.5～3657	4.5	玄武岩及屑砂岩
	3672～3674	2	玄武岩
	3676～3682	6	玄武岩
雷2	3368～3388	20	玄武岩及辉绿岩
峰2	4956～4963	7	玄武质砂岩
	4963～4969	6	玄武岩
峰8	4810～4821.5	11.5	上部1m玄武质砂岩，下部玄武岩
邻北6	2775～2803	28	辉绿岩
	2814～2846	32.5	辉绿岩
邻北2	3079～3109	30	玄武岩
门3	3024～3045	21	辉绿岩

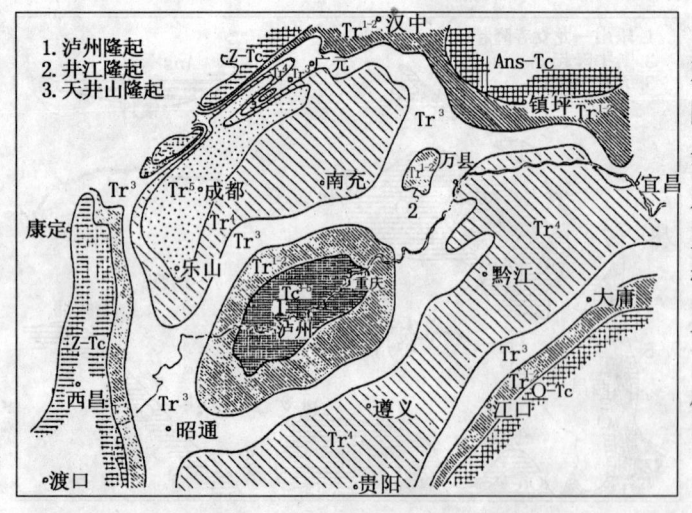

图10-8 上扬子区晚三叠前古地质图（据张仲武，1984）

1. 泸州隆起
2. 井江隆起
3. 天井山隆起

侏罗纪末的早燕山运动——受东部隆起带影响，东侧包括江南古陆前缘附近，从震旦系到侏罗系的全部地层发生褶皱，但在四川盆地则主要表现为抬升活动，只侏罗系上部地层遭受剥蚀，西侧龙门山一带上升幅度也日趋强烈，湖盆边界显著向内侧缩小。

早、晚第三纪间的早喜山运动使沉积盖层发生褶皱变形从而形成了四川盆地现今构造面貌。

综上所述，可以概括为：

（1）加里东—海西旋回（Z—

P)，构造运动主要表现为大隆、大拗的地壳升降运动。主要接受的是一套巨厚的海相沉积，其隆起是在一种整体下沉背景上的相对隆起。

(2) 印支—燕山早期旋回（T—J），构造运动主要表现为升降运动，接受了一套巨厚海陆交互相沉积，到晚期可能已出现了部分褶皱。侏罗系上部地层遭受剥蚀。

(3) 燕山晚期—喜山旋回（K以来），构造运动主要表现为沉积盖层的强烈褶皱及剥蚀。仅在龙门山和米仓山前缘接受了少部分白垩系、第三系和第四系的前陆盆地沉积。

（二）地史时期的构造动力学环境

根据四川盆地表现出来的这些地质演化特征，如果从构造动力学角度考虑，燕山晚期—喜山旋回（K以来）四川盆地总体处在区域挤压环境，但对加里东—海西旋回期（Z—P）及印支—燕山早期旋回（T—J）的构造动力学背景又该如何认识，过去没有明确定性，但倾向于用传统挤压的观点来认识这一时期的构造动力学环境。这次攻关研究认为，加里东—海西旋回期（Z—P）的构造动力学环境应按拉张伸展环境来考虑，而印支—燕山早期旋回应按早期拉张、后期逐渐转为挤压的过渡环境来考虑。其理由如下：

(1) 盆地可以在拉张、挤压、剪切等背景下形成，但直接控制盆地发育的应主要是拉张环境，只有拉张构造环境才能形成巨厚的盆地沉积。当然这个拉张环境可以是区域性的，也可以是在总体挤压背景或剪切背景下派生的局部拉张环境（如前陆盆地、走滑拉分盆地）。区域拉张环境形成相对大型或巨型盆地（如海盆）；局部拉张环境形成相对小型盆地（山间断陷盆地）。

(2) 从构造建造演化来看，晋宁运动使本区前震旦系褶皱回返后，本区进入了造山期后的拉张成盆（洋）环境，在沉积建造上反映得很清楚。下震旦统莲沱组为一套填平补齐式的砂、砾岩及中—酸性（包括部分基性）喷出岩沉积，这反映了紧接着造山期后拉张伸展环境的出现，因此在下震旦统这套盆地沉积的最底部有大量岩浆岩喷出。此后，随着拉张的持续，地壳逐渐下沉，沉积建造逐渐由陆相变为海相沉积。

(3) 从四川盆地地域当时处于海洋这一背景，且接受了一套上震旦统巨厚的海相沉积来看，其构造动力学背景也只能是拉张伸展环境。以灯影组为例，在其潮坪沉积环境下，主要沉积了一套含藻白云岩，平均厚度为800m左右。可以想象，如此巨厚、稳定环境下的沉积，只能是盆地边沉积边下沉，且下沉速率与沉积速率应大体一致，因此地壳一定处于拉张伸展环境。

(4) 从加里东—海西旋回构造变形呈浑圆状大隆、大拗的总体特征反映出，与挤压环境下形成的成排成带、定向性明显的褶皱有很大区别。这正是拉张伸展环境下基底

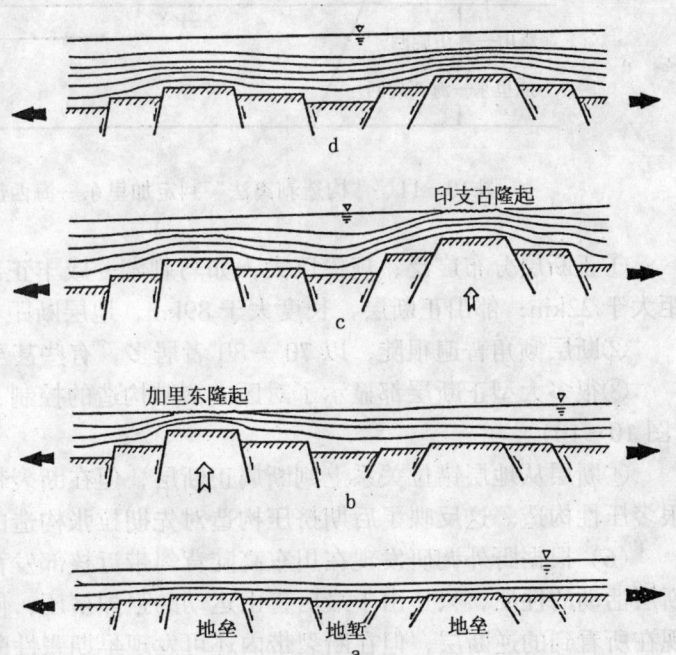

图10-9 基底垒式差异升隆与迁移导致盖层被动褶皱

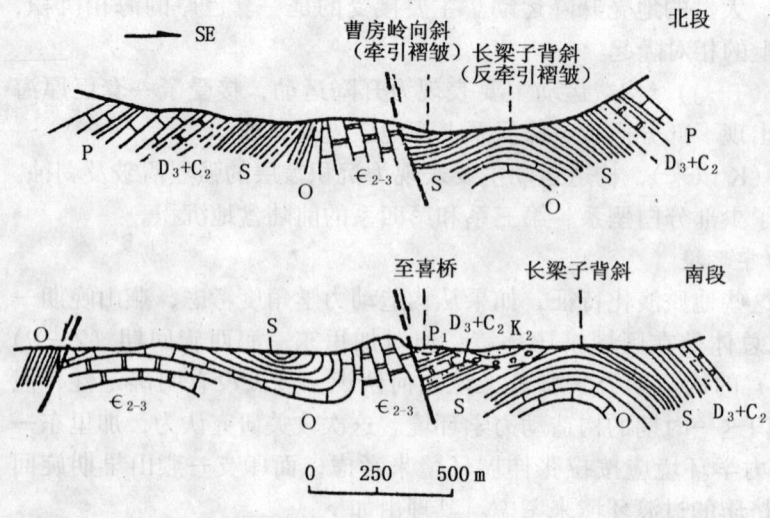

图 10-10 至喜桥正断层剖面图（据杜永碧等，1980，中国区域地质调查报告，1:20万奉节幅）

垒堑式差异活动导致盖层被动褶皱的结果（图10-9）。

（5）在加里东—海西旋回地层（Z—P）中，有大量的拉张伸展构造形迹保留着，如在七曜山以东的老地层中（Z—P），除了发育很多大型逆断层外，还有很多区域性的大型正断层及其相关的滚动背斜存在（图10-10）。根据其产出状况及与川东构造特征对比分析，可断定区域性大型正断层是加里东—海西旋回拉张伸展的产物（图10-11）。根据前人资料（1:20万区域地质调查报告）显示，在古生代地层（Z—P）中出现的正断层具有如下特征：

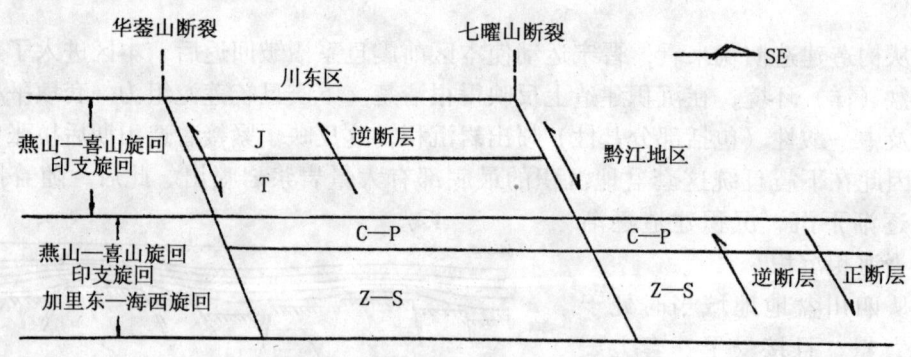

图 10-11 "构造剥离法"判定加里东—海西旋回拉张伸展环境示意图

①正断层分布广泛，规模巨大，如马刺湖—咸丰正断层，长度大于60km，最大地层断距大于22km；郁山正断层，长度大于89km，地层断距400m（可能已发生部分反转）。

②断层倾角普遍很陡，以70°～80°者居多，有些甚至直立。

③很多大型正断层都显示了对区内褶皱构造的控制，如至喜桥断裂对长梁子背斜的控制（图10-10）。

④断层从地层错位关系上判断属正断层，但在断裂带或断裂带两侧上、下盘地层中又有很多压性构造。这反映了后期挤压构造对先期拉张构造的叠加强化。

（6）根据野外调研发现在川东高陡背斜带近核部发育的大型逆断层，其早期都曾具有正断层活动的性质，只是由于最后喜山运动的强烈挤压，使原来的正断层发生完全反转，形成现在所看到的逆断层，但在断裂带内还可发现早期张性断层角砾岩的残存。如方斗山北段近核部发育的一条大型逆断层就具有这样一些特征（图10-12）。

（7）根据姚军辉、赵锡奎（1993）对平武—忠县平衡构造剖面复原（以志留系顶面为恢复基准面）的研究成果揭示，在龙门山后山区现今表现为逆冲断层的几乎所有大断层，在泥盆纪前均显示正断层性质。同样，川东隔档式褶皱带上，现今为逆冲状态的许多深层断裂（断穿Z—P），前泥盆纪时也应为正断层。

(8) 根据川东构造横剖面实测资料统计，高陡背斜带两翼出露地层（T—J）厚度几乎都有陡翼薄、缓翼厚的变化规律（图10-13）。

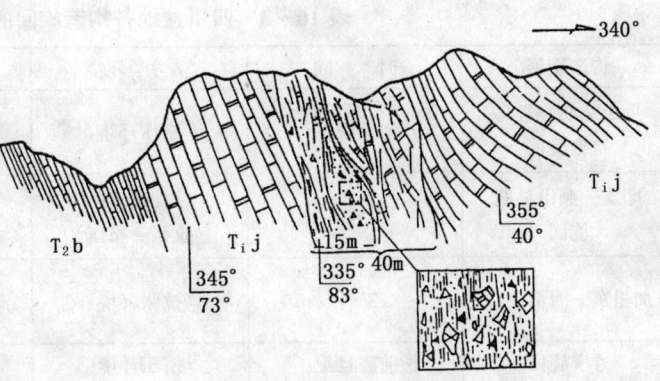

图10-12 方斗山构造带倒转翼T_1j地层中发育的断裂带特征
示断裂历经先张后压多期活动特征

这正好说明在川东地表、地腹所见到的大型逆断层，在中生代（T—J）时曾是控制沉积建造的同沉积正断层（多为隐伏正断层），造成在其上盘（缓翼）地层厚，下盘（陡翼）地层薄的沉积。只是后来由于喜山期强烈挤压，这些先期正断层强烈反转，向上扩展形成逆断层。

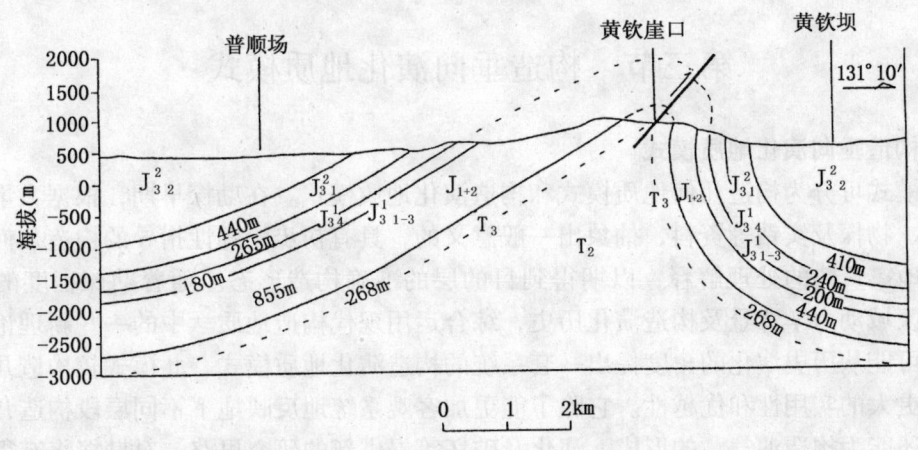

图10-13 黄泥堂背斜ⅤⅢ—ⅤⅢ′横剖面图

(9) 根据1975年川东地区梁平向斜地震详查资料，在380~392地震剖面上，发育有"断点特征清楚可靠"的早期为正断层、晚期反转成为逆断层的"古断层"存在，表现为现今的断层上盘地层厚度明显大于下盘。如志留系上盘厚约1180m，下盘厚约1060m，这种厚度变异现象在其它很多层系（∈、O、C、P）也都存在，反映了古生代沉积是在拉张伸展环境下进行的。

综合上述，把四川盆地的动力学环境作如下划分（表10-3）。

从表10-3可看出，晋宁运动之后根据沉积环境变迁及建造演化特征，四川盆地地域的构造动力学环境大致可分为三个期：

(1) 区域拉张期（Z—P）：为四川盆地第一个原型盆地（海盆）成盆期，主要接受了一套巨厚的海相盆地沉积，地层之间主要表现为整合、假整合接触。加里东—海西旋回形成的乐山—龙女寺及开江古隆起是此期基底垫垒式构造差异活动的产物。

表 10-3　四川盆地各构造旋回的动力学环境

构造旋回	时间	动力学环境	运动结果	构造特征
燕山晚期—喜马拉雅旋回	K 至现在	挤压环境	形成现今盆地的构造格局	挤压构造
印支—燕山早期旋回	T—J	过渡环境（拉张→挤压）	实现由海相向陆相的转变	反转构造
加里东—海西旋回	Z—P	拉张环境	形成古生代巨厚的海相盆地沉积地层	伸展构造
晋宁旋回	前震旦纪	挤压环境	形成盆地褶皱基底	挤压构造

（2）过渡期（T—J）：表现为先期拉张逐渐转变为后期挤压的过程，实现由海相向陆相的转变。中三叠世以后接受了一套陆相湖盆沉积，地层之间主要为整合、假整合接触。

（3）区域挤压期（K 以后）：表现为强烈的挤压褶皱，使先期地层遭受大面积剥蚀，仅在盆地西、北缘接受少部分陆相地层沉积，且与下伏地层多呈区域性不整合接触。构造变形以挤压和压扭性变形为特征，是四川盆地盖层构造变形最强烈的时期。

第三节　构造垂向演化地质模式

一、构造垂向演化地质模式

地质模式可分为构造几何地质模式和构造演化地质模式。在勘探早期，根据大量的地面地质调查、物探及实钻等资料，抽象出一般意义的，具有初步轮廓性指导的构造几何地质模式，指导地震资料的处理解释，以期得到目的层的准确构造形态。随着勘探程度的不断加深，结合区域动力学背景及构造演化历史，综合运用现代构造地质学中的一些新理论、新方法，就有可能从历史演化的角度提出一套系统的构造演化地质模式。此模式较构造几何地质模式具有更大的实用性和优越性。它除了能更加客观系统地反映地下不同层段构造几何特征变异外，还能为构造油气藏的形成、演化及破坏等提供新的研究思路，对勘探将有很大的指导作用。

在前人构造几何地质模式研究的基础上，结合区域构造变形特征、区域动力学背景等从构造继承演化的角度运用伸展构造、反转构造及断层相关褶皱等新理论，兼顾岩石力学性质及构造变形自身特点，系统地提出了川东地区的 5 种构造演化地质模式。构造演化模式是在前述的"两背一断"先存构造基础上进行的。

模式Ⅰ：此模式是"先存构造"在区域挤压应力作用下，发生应力集中，导致"先存断裂"向上扩展、逆冲，发生构造反转，使原来近水平的上覆地层出现断层扩展（传播）褶皱，形成现今高陡背斜带。在原来地腹主断裂上盘的两个先存构造继续存在，只是被逆冲抬升了（图 10-14）。这个模式在华蓥山溪口镇李子垭剖面可直接观察到。华蓥山大断裂是一条早期为正断层，晚期又强烈反转成为逆断层的多期活动大断裂，断面东倾，断层上盘的寒武—二叠系中有两个背斜，靠近断层背斜褶皱幅度较大，西翼被断层复杂化。

挤压应力作用下，"先存断裂"如果不发生复活，而是形成一系列新生断裂，可衍化出下列模式。

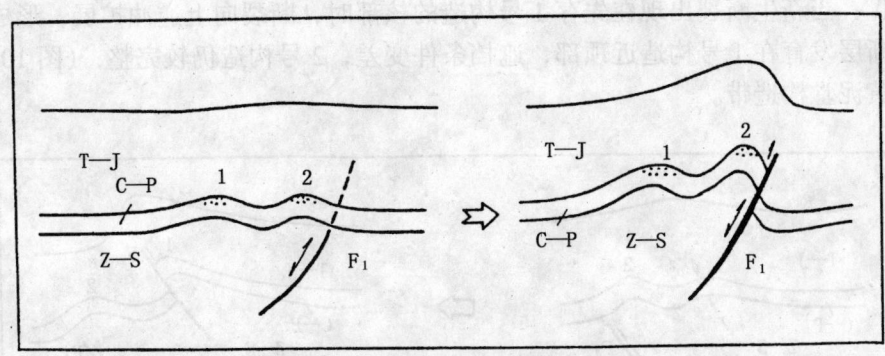

图 10-14 构造演化地质模式Ⅰ
F_1—先存断裂；黑点示含气构造

模式Ⅱ：当新生断裂出现在"先存2号构造"的核部时，断裂向上扩展形成高陡背斜，这时"先存2号构造"遭到破坏，1号构造仍较完整（图10-15），典型构造为南门场构造带。

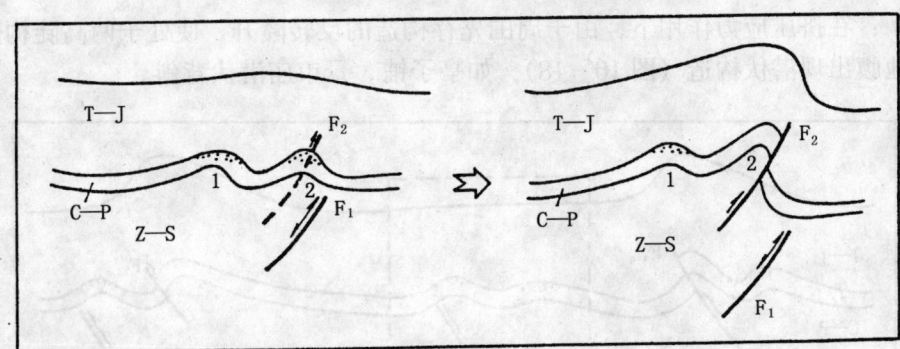

图 10-15 构造演化地质模式Ⅱ
F_1—先存断裂；F_2—新生断裂；黑点示含气构造

模式Ⅲ：当新生断裂出现在"先存1号构造与2号构造"之间时，由于断裂向上逆冲扩展，先存1号构造与2号构造沿断裂错开，导致地表出现高陡背斜，而地腹逆冲断层上、下盘分别有一个构造存在（图10-16），典型构造为大池干井构造带。

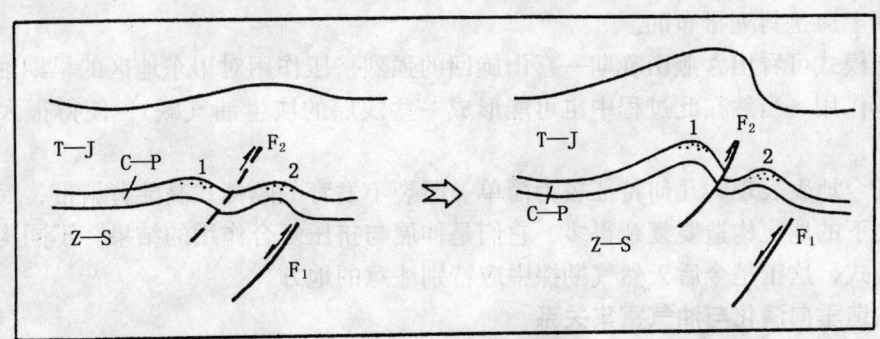

图 10-16 构造演化地质模式Ⅲ
F_1—先存断裂；F_2—新生断裂；黑点示含气构造

模式Ⅳ：当新生断裂出现在先存 1 号构造的核部时，断裂向上逆冲扩展，形成地面的高陡背斜。断层发育在 1 号构造近顶部，遮挡条件变差，2 号构造仍较完整，（图 10-17），典型构造为黄泥堂构造带。

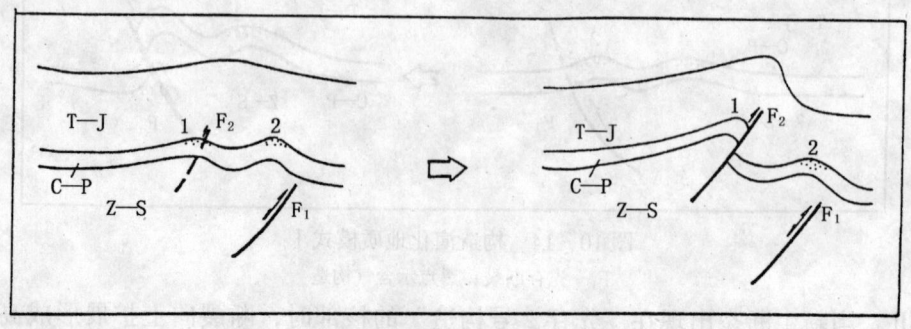

插图 10-17　构造演化地质模式Ⅳ
F_1—先存断裂；F_2—新生断裂；黑点示含气构造

模式Ⅴ：在挤压应力作用下，由于周围先存构造的反转隆升，使处于两高陡构造之间的向斜核部地腹出现潜伏构造（图 10-18），如亭子铺、景市庙潜伏背斜。

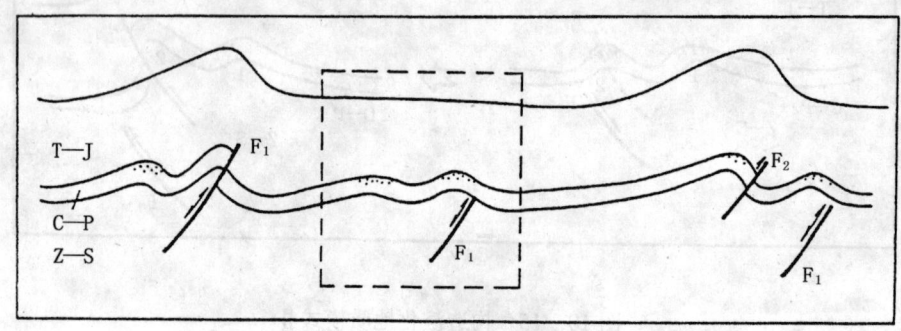

图 10-18　构造演化地质模式Ⅴ
F_1—先存断裂；F_2—新生断裂；黑点示含气构造

以上仅从挤压的情况考虑了构造地质模型在剖面上的一些基本演化情况。根据区域应力场分析，作用于川东地区的最后一次应力性质应是左旋压剪性的。因此上述 1 号、2 号构造高点在平面上应是斜列排布的。

从演化模式可看出，燕山晚期—喜山旋回的强烈挤压作用对川东地区的早期油气聚集主要是起破坏作用（当然在此过程中也可能形成一些浅层的次生油气藏），使得很大一部分天然气散失。

川东现今地表表现为几何特征较为简单、断裂不发育的隔档式高陡背斜带，而在每个高陡背斜带之下的地腹构造要复杂得多，它们是伸展与挤压复合作用的结果。不同构造带可能有不同的模式，这正是今后天然气勘探中应特别注意的地方。

二、构造垂向演化与油气富集关系

从川东地区构造演化机理可以看出，川东地区构造变形经历了由隔槽式向隔档式演化的过程。在最后一次强烈挤压造山运动（燕山晚期—喜山旋回）发生之前，由于早期多期次构造运动（加里东—海西旋回、印支—燕山早期旋回）作用的结果，在现今高陡构造带地腹附近形成了"先存构造",即"两背一断"的格局。这些"先存构造"与川东地区志留系烃源岩在三叠、侏罗纪的生、排烃高峰期是配套的。由于它们的存在,在随后的燕山晚期—喜山旋回(K—Q)强烈挤压环境中,应力首先在有"先存构造"存在的地方发生集中,使"先存构造"复活(老断裂继续活动,或出现新生断裂及新生构造等),向上扩展,形成现今川东地表的成排展布的高陡背斜带。

从构造演化机理看出,川东的地腹构造与地表构造在形成时间上是分阶段性的,也就是说,假如不发生最后一次强烈挤压构造运动,地表不出现高陡背斜带,地腹也应有"先存构造"存在。这些"先存构造"对油气的早期聚集起控制作用。在川东地区寻找石炭系大中型气田,除高陡背斜带外,还应特别重视宽阔向斜区的地震勘探,以揭示地腹"先存构造"发育和展布情况。

第十一章 石炭系成藏系统和成藏模式

含油气系统（Petroleum System，又称石油体系或油气系统）是一个包含着有效烃源岩及与该烃源岩有关的油气聚集成藏所必不可少的一切基本地质要素和过程的天然系统（Magoon，1994），研究重点是烃源岩与油气藏之间的成因关系。成藏系统把含油气系统的研究向前延伸，直接与勘探目标联系在一起。

基本要素包括烃源岩、储集岩、盖层和上覆岩层，而地质作用则包括圈闭形成及油气的生成、运移、聚集和保存。这些基本要素和地质作用必须在时间和空间上具有良好的配置，才有利于油气藏的形成。

第一节 石炭系天然气成藏要素

一、烃源岩特征

（一）石炭系气源

川东石炭系是四川盆地的主要产气层。其沉积环境属海湾型潮坪沉积，沉积建造主要为一套浅灰到深灰色白云岩、角砾白云岩、角砾灰岩、生屑灰岩，底部含石膏。由于云南运动抬升普遍遭受剥蚀，目前残厚多为 20~40m，最大厚度 80m，生烃条件极差，不具备形成自源型工业油气藏的能力。经多年来的研究证实，其上覆二叠系及下伏志留系均为良好的烃源层。地球化学指标表明石炭系天然气主要来自志留系烃源层，主要依据如下：

（1）石炭系天然气组成特征与下二叠统有明显的差异。川东石炭系和二叠系气藏所产天然气均属过成熟干气。在同一气田石炭系较二叠系埋深大，成熟度应比二叠系更高，但两层所产天然气烃类组成特征恰好相反（表 11-1）。石炭系天然气甲烷含量和干燥系数一般比二叠系天然气低，石炭系重烃含量比二叠系天然气略高。同时，非烃气体组分中，氮和氦的含量也表现出石炭系天然气比二叠系天然气相对较高的特点。天然气组成特征表明石炭系与二叠系气源不同。

表 11-1 C_2hl、P_1 天然气组成特征

构造	层位	C_1（%）	C_2^+（%）	C_1/C_2^+	N_2（%）	He（%）	井深（m）
相国寺	P_1m	97.87	0.70	139.8	1.18	0.089	2030
	C_2hl	97.34	0.96	101.4	1.47	0.083	2222
卧龙河	P_1m	99.36	0.30	327.7	0.26	0.014	3272
	C_2hl	97.74	0.64	152.7	0.56	0.031	4121
新市	P_1m	98.67	0.64	154.7	0.55	0.05	3979
	C_2hl	94.99	1.00	94.99	2.48	0.070	
大池干	P_1m	97.62	0.26	375.4	0.57	0.023	3272
	C_2hl	96.34	1.02	94.5	1.73	0.070	3230

续表

构造	层位	C_1（%）	C_2^+（%）	C_1/C_2^+	N_2（%）	He（%）	井深（m）
张家场	P_1m	98.93	0.28	353.3	0.28	0.015	4540
	C_2hl	96.50	0.52	185.5	0.74	0.030	4581
板桥	P_1m	97.70	1.62	60.30	0.28	0.013	3218
	C_2hl	96.09	1.37	70.13	1.72	0.132	3183
雷音铺	P_1q	98.59	0.19	518	0.22	0.036	3540
	C_2hl	96.50	0.81	119.13	2.26	0.060	3760
沙罐坪	P_1m	97.77	0.38	257.3	0.74	0.022	3641
	C_2hl	97.34	0.36	270.3	1.19	0.030	

(2) 石炭系天然气碳同位素与二叠系天然气有明显的差异（表 11-2）。

石炭系天然气乙烷碳同位素 $\delta^{13}C_2$ 分布为 $-33.49‰\sim-40.36‰$，多为 $-35‰\sim-37‰$，而二叠系天然气 $\delta^{13}C_2$ 为 $-30.73‰\sim-35.72‰$，多为 $-32‰\sim-34‰$，且在同一构造上，石炭系天然气 $\delta^{13}C_2$ 较二叠系天然气 $\delta^{13}C_2$ 明显偏负。这一现象表明二者不同源，石炭系天然气不是来自二叠系。

表 11-2 石炭系与二叠系天然气碳同位素组成特征

气田	层位	$\delta^{13}C_1$（PDB,‰）	$\delta^{13}C_2$（PDB,‰）	$\delta^{13}(C_2-C_1)$（‰）	分析井次
卧龙河	P_2ch	-31.54	-31.50	0.04	1
	P_1m	$-31.69\sim-31.86$	$-32.79\sim-32.79$	$-1.10\sim-0.68$	2
	C_2hl	$-32.98\sim-32.13$	$-36.26\sim-35.35$	$-4.13\sim-2.48$	6
双龙	P_2ch	$-31.40\sim-30.46$	$-32.64\sim-30.79$	$-2.00\sim-0.61$	3
新市	P_1m	-29.77	-35.40	-5.63	1
	C_2hl	-35.20	-36.10	-0.90	1
相国寺	P_2ch	$-33.73\sim-33.41$	$-35.58\sim-34.47$	$-1.85\sim-1.06$	2
	P_1m	$-34.18\sim-33.60$	$-35.72\sim-33.89$	$-2.12\sim-0.29$	2
	C_2hl	$-34.40\sim-33.50$	$37.68\sim-35.24$	$-3.28\sim-1.74$	5
沙罐坪	P_2ch	-31.39	-30.87	0.66	1
	P_1m	-31.24	-33.87	-2.63	1
	C_2hl	$-31.02\sim-31.67$	$-34.41\sim-35.27$	$-3.39\sim-3.60$	2
铁山	P_2ch	-32.09	-33.70	-1.61	1
	C_2hl	$-32.06\sim-31.61$	$-34.33\sim-34.31$	$-2.72\sim-2.25$	2
张家场	P_2ch	-33.10	-33.92	-0.82	1
	C_2hl	-32.76	-36.00	-3.24	1
福成寨	C_2hl	$-33.09\sim-32.11$	$-37.25\sim-34.88$	$-4.16\sim-2.77$	2
七里峡	C_2hl	$-31.81\sim-31.60$	$-35.87\sim-34.40$	$-4.27\sim-2.59$	2

续表

气田	层位	$\delta^{13}C_1$ (PDB,‰)	$\delta^{13}C_2$ (PDB,‰)	$\delta^{13}(C_2-C_1)$ (‰)	分析井次
大天池	C_2hl	$-32.36 \sim -31.41$	$-37.27 \sim -35.55$	$-5.04 \sim -4.14$	3
大池干	C_2hl	$-36.58 \sim -29.62$	$-40.36 \sim -33.49$	$-6.47 \sim -3.78$	4
高峰场	C_2hl	$-33.41 \sim -31.23$	$-36.54 \sim -34.89$	$-3.66 \sim -3.14$	2
雷音铺	C_2hl	-33.96	-38.67	-4.71	1
云和寨	C_2hl	-31.61	-36.66	-4.72	1

（3）石炭系储层沥青的组成特征与二叠系有别，与志留系更接近。在氯仿沥青"A"族组成中，石炭系饱和烃含量分布在44.17%~71.32%，二叠系分布在33.60%~44.32%，石炭系饱和烃含量明显高于二叠系，石炭系沥青质含量（2%~20.35%）又显著低于二叠系（8.48%~30.16%），而与下伏志留系烃源岩的氯仿沥青"A"族组成特征相近（表11-3）。此外，氯仿沥青"A"红外光谱、芳烃紫外光谱分析资料亦展示了石炭系与二叠系有别，而与志留系相近的特征（表11-4），表明石炭系储层中的烃类来自志留系。

表11-3 岩石氯仿沥青"A"族组成特征（%）

层位	饱和烃	芳烃	非烃	沥青质	饱/芳
P_1l	33.60~44.23	7.69~19.98	19.76~28.18	8.48~30.16	1.7~5.75
C_2hl	44.17~71.32	2.17~30.56	10.77~33.93	2.0~20.35	2.6~18.60
S	40.00~63.12	6.45~34.88	15.50~36.29	3.8~23.08	2.36~12.0

表11-4 C_2hl储层沥青与S及P_1m烃源岩沥青某些地球化学特征对比（据程耀黄，1983）

层位	红外光谱（cm^{-1}/cm^{-1}）				紫外（$\mu m/\mu m$）
	1700/1460	1600/1460	750/720	720/1380	257/210
P_1m沥青	2.27	0.62	2.94	0.20	0.762~0.967
C_2hl储层沥青	0.99	0.17	0.69	0.36	0.286~0.580
S沥青	0.75	0.10	0.84	0.37	0.308

（4）石炭系储层沥青不具原生性。在显微镜下可观察到石炭系岩石薄片中有大量的沥青分布，主要充填于晶间或粒间溶孔、裂缝及溶沟内，多沿隙壁集中分布，不具分散状特征（图版Ⅶ）。储层沥青的分布状况表明石炭系的储层沥青主要为外来的运移沥青。

（5）饱和烃生物标志化合物分布特征表明，石炭系储层沥青主要来源于志留系。从生物标志化合物的分布特征看（图11-1），石炭系与志留系分布特征相似。标志物中一般无二环倍半萜，三环萜烷比较丰富，藿烷均以$17\alpha(H)-C_{30}$为主峰，$\alpha\alpha\alpha$（20R）甾烷的分布以$C_{29}>C_{27}>C_{28}$为特征。

（6）在芳香烃生物标志化合物组成中（表11-5、图11-2），石炭系储层沥青与志留系

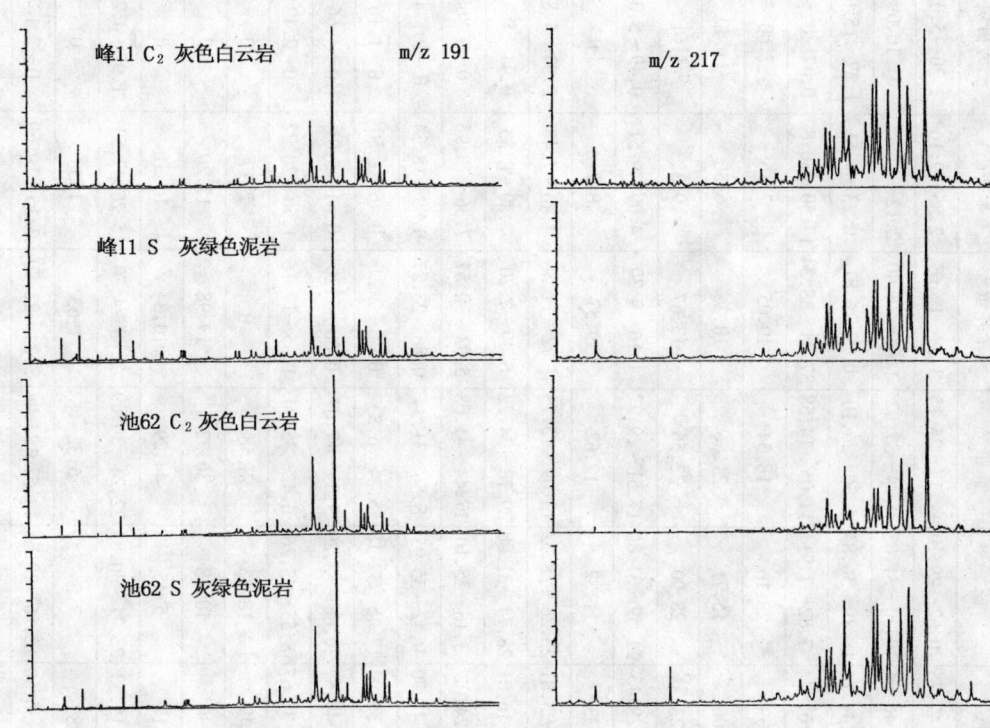

图 11-1 川东石炭—志留系烃源对比图

泥岩、砂岩抽提物及奥陶系灰岩、上寒武统白云岩储层沥青的相近,而与下二叠统碳质页岩差别较大。前者以萤蒽、芘为主要组分,次为䓛、苯并萤蒽和苯并芘,再次为菲和三芳甾烷,三芴化合物和萘含量甚低;而后者以苯并萤蒽和苯并芘为主要组分,次为䓛、萤蒽和芘,再次为菲以及三芴化合物,三芳甾烷和萘含量较低。此外,前者含䓬烯和苯并蒽及蒽系列化合物,而后者中不存在上述化合物。

这些资料表明石炭系储层沥青与上覆二叠系关系不密切,与下伏志留系暗色泥质岩有明显的亲缘关系。

(二) 烃源岩特征

1. 烃源岩的展布特征

石炭系气藏的烃源岩主要为下志留统的盆地相黑色页岩和深灰色泥岩,在川东地区烃源岩平均厚度约400m,变化在100~700m之间,大致由华蓥西向川湘坳陷逐渐增厚(图11-3)。烃源岩含笔石丰富,有机碳含量很高,深灰色泥岩平均丰度为0.138%,黑色页岩平均丰度为1.65%,最高值达3.15%(表11-6)。

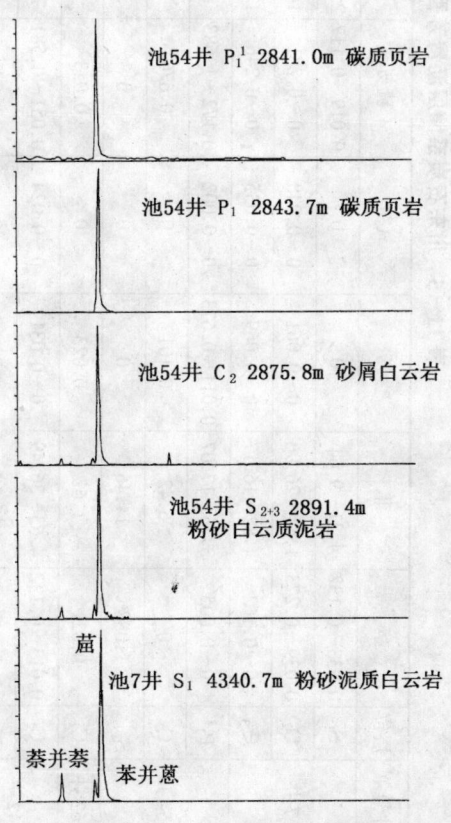

图 11-2 川东石炭—志留系烃源对比图

表 11-5 川东石炭系储层沥青芳香烃生物标志化合物组成（%）

井号	层位	萘	菲	芴	氧芴	硫芴	萤蒽	芘	䓛	苯并萤	苯并芘	三芳甾烷
池7井	S_1	0.033~0.132	4.31~9.64	0	0	0.019~0.117	25.14~42.75	20.62~29.10	11.77~25.15	3.68~12.63	2.86~9.16	1.20~5.05
	O_2	0.039~0.273	1.64~26.96	0~0.061	0	0~0.281	14.51~46.94	10.30~31.83	9.94~37.82	1.84~26.40	2.12~13.47	0~10.09
	ϵ_3	0~0.162	4.82~16.17	0~0.069	0~0.035	0~0.246	17.59~44.14	18.29~36.84	6.36~26.10	0.22~6.81	0.23~4.51	1.37~15.04
	P_1^1	0~0.005	3.76~17.07	0.011~0.673	0~0.002	0.172~1.683	3.26~6.87	7.82~7.91	11.05~14.58	37.34~38.34	17.50~30.80	0.07~0.52
池54井	C_2	0	6.42	0.101	0	0.676	27.09	23.16	18.34	10.05	7.16	7.00
	S_{2+3}	1.088	14.46	0	0	0	19.06	15.71	21.66	10.26	6.36	11.40
池62井	C_2	0.021	1.62	0.023	0	0.043	22.23	28.90	22.56	13.67	9.32	1.61
峰12井	C_2	0.013~0.122	4.63~36.49	0~0.031	0~0.024	0.051~0.581	7.78~29.43	21.59~31.86	17.51~29.97	1.16~9.30	4.09~9.51	0.49~5.08
	S_{2+3}	0.059	18.17	0	0	0.231	39.33	11.82	12.62	9.57	8.21	0
峰5井	C_2	0~0.031	10.68~21.56	0.031~0.098	0~0.039	0.276~1.203	22.69~23.81	23.28~28.32	13.09~15.73	7.72~11.38	4.46~7.45	2.33~5.83
云安12井	C_2	0.018~0.025	3.17~4.77	0.016~0.037	0.004~0.008	0.231~0.247	15.67~16.01	28.74~31.88	29.78~34.22	6.49~7.20	7.80~8.33	0.94~4.42
坪西1井	C_2	0~0.070	1.40~18.30	0	0	0~0.382	5.33~24.02	3.16~25.10	17.44~41.08	5.03~30.57	7.36~20.96	0~3.86
马槽	C_2	0.002~0.333	1.85~15.01	0~0.004	0~0.007	0~0.189	15.60~42.70	9.42~35.95	8.56~31.34	0.86~23.27	0.80~18.34	0~20.74
1-1井	C_1	0	19.48~50.30	0~0.119	0~0.015	0.202~1.353	24.70~36.94	17.45~32.18	5.24~6.33	0.36~2.21	0.46~1.50	0~1.16
马槽1井	C_2	0~0.087	7.05~11.96	0~0.034	0~0.011	0~0.190	34.54~49.67	20.06~38.29	3.59~17.07	0.60~7.26	0.51~5.01	0~4.66
天东11井	C_2	0~0.046	1.37~51.05	0~0.017	0~0.006	0~0.545	12.74~31.67	8.55~43.26	6.42~35.94	1.35~17.16	1.50~20.72	0~2.13
天东63井	S_{2+3}	0	15.94	0	0	0	54.49	18.83	8.58	0	2.17	0
天东31井	C_2	0	0.72	0	0	0	15.30	10.28	36.52	19.98	17.20	0
月东	C_2	0	11.34	0	0	0.099	12.17	5.45	44.29	10.34	16.31	0
2-1井	C_2	0.002~0.010	20.01~23.00	0.032~0.068	0.006~0.019	1.049~1.225	5.55~15.53	23.71~30.83	22.24~30.09	2.88~4.70	5.26~7.53	1.97~4.28
	S_{2+3}	0	59.92	0.851	0.222	6.942	14.89	7.64	6.32	1.63	1.58	0
双21井	C_2	0~0.153	8.61~33.99	0~0.047	0~0.033	0.093~0.797	14.36~36.60	12.56~22.56	14.52~23.94	3.24~22.20	3.15~19.69	0~2.18
	S_{2+3}	0.119~0.138	16.55~37.63	0.030~0.117	0	0.234~0.909	35.65~44.44	17.55~23.39	5.20~6.64	1.20~2.50	1.63~1.89	0~4.18

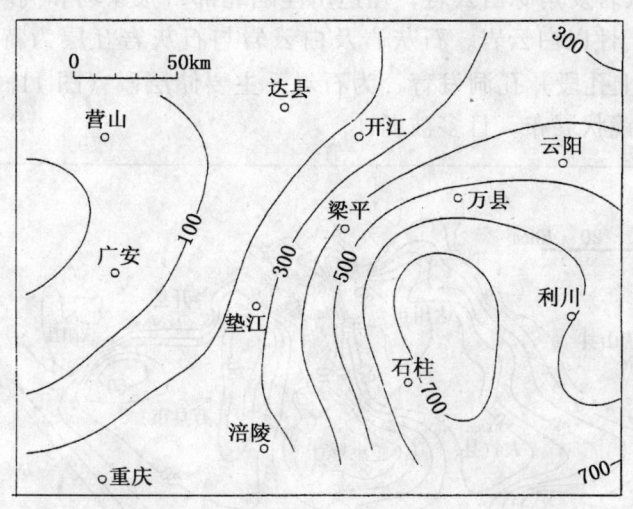

图 11-3 川东地区志留系烃源岩等厚图 (m)

表 11-6 川东志留系各类烃源岩有机碳丰度

岩 性	有机碳（%）	平均值（%）	样品数
灰绿色泥岩	0.02~0.4	0.097	248
深灰色泥岩	0.09~0.97	0.138	115
黑色页岩	0.56~3.15	1.653	58

由于烃源岩成熟度高，使得其 H/C 变小（为 0.20~1.10），但其干酪根 $\delta^{13}C_2$ 为 -30‰ 左右，镜下有机质呈无定型，沉积物粒细，为盆地相沉积环境，缺氧水体，以低等水生生物输入为主等。仍表明志留系烃源岩有机质类型好，生烃能力强，早期以生成液态烃为主。

根据志留系中部的 TTI 值计算 R_o 与现今实测 R_o 绘图分析，川东地区志留系烃源岩均达到过成熟阶段，R_o 为 2.2%~4.0%，以达川、垫江和万县—云阳等凹陷区热演化程度相对较高。在云阳地区，R_o 大于 4%，已达到过成熟晚期（图 11-4）。

二、储层结构

川东上石炭统黄龙组（C_2hl）顶底分别与二叠系梁山组和志留系呈假整合接触，残厚为 0~80m，具薄层状展布特征（图 11-5）。根据电性和岩性，自下而上分为五段。C_2hl^1 主要为一套细—中晶去白云

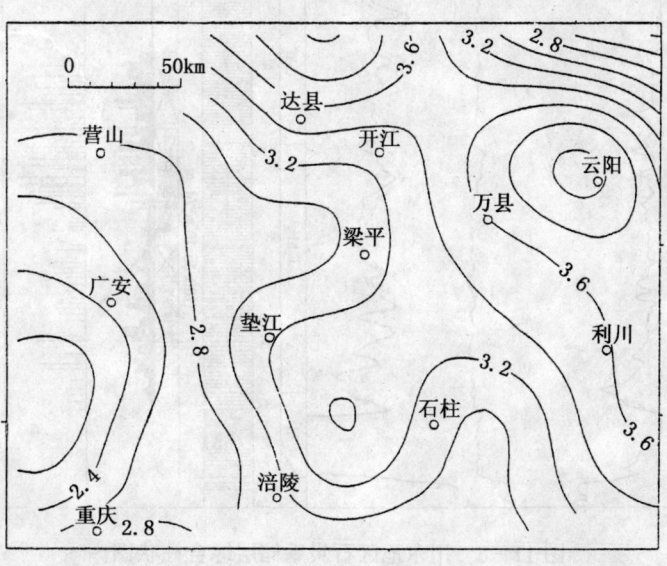

图 11-4 川东地区志留系热演化趋势图（R_o,%）

（膏）化灰岩、角砾灰岩及角砾白云岩，在达川洼陷北部，张家场和高峰场等地见硬石膏层分布。C_2hl^2—C_2hl^5 岩性以白云岩、石灰岩及白云岩与石灰岩互层为特征。其中，以 C_2hl^2（下孔段）和 C_2hl^4（上孔段）孔洞发育，为石炭系主要储层段（图11-6）。下孔段分布较稳定，上孔段多呈透镜状展布，且多被剥蚀。

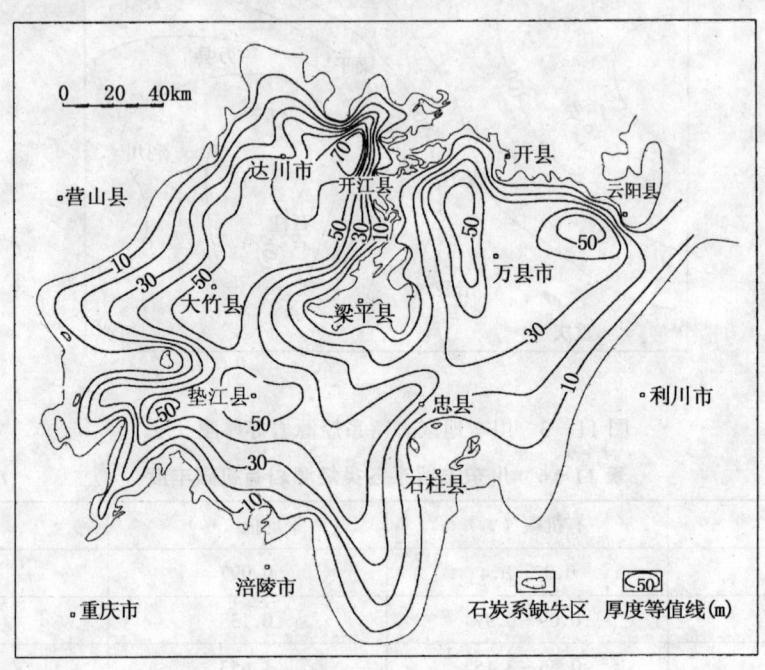

图 11-5 川东地区石炭系残厚等值线图

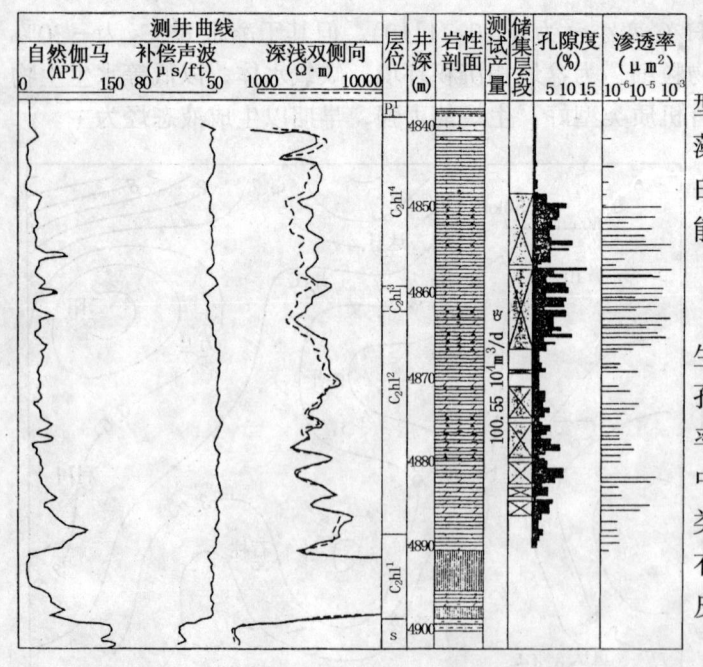

图 11-6 川东地区石炭系储层综合柱状图

（一）岩石类型

石炭系储层的主要储集岩石类型有：粒间溶孔亮晶粒屑白云岩、藻溶孔白云岩、角砾白云岩、溶孔白云岩、晶粒白云岩，其中储渗性能以亮晶粒屑白云岩最好。

1. 粒间溶孔亮晶粒屑白云岩

粒屑有砂屑、藻团块、鲕粒、生物碎屑等，属高能环境产物。其孔隙度一般为 5%～8%，平均渗透率为 $2.55 \times 10^{-2} \mu m^2$，为粗孔大、中喉型孔隙结构，往往构成Ⅰ、Ⅱ类储集岩。其生物较发育，主要有有孔虫、蓝绿藻及腹足、瓣鳃、棘皮、介形虫、腕足、鏾科、珊瑚等。

2. 角砾白云岩

角砾大小不一，分选较差。砾内及砾间分布有溶蚀孔隙、孔洞，平均孔隙度为4%～7%，孔洞间由不规则的微细裂缝所连通，是有一定储渗性能的储集岩。

3. 晶粒白云岩

晶粒之间有晶间孔及晶间溶孔，孔隙度为2%～8%，喉道较小，渗透性很低，为较差的储集岩。

（二）空隙类型

根据孔隙的成因和形态，可将川东石炭系的空隙分为两大类和13亚类（表11-7）。

表11-7 石炭系空隙类型表

成因类型		特征	岩性	孔隙形成时期
类	亚类			
孔隙	粒间孔	颗粒之间构成的孔，孔隙周围常见一世代纤维状栉壳及二世代环边	粉晶、亮晶虫、砂屑白云岩	沉积期—同生期
	体腔孔	分布于生物壳内，生物有机质腐烂后形成的孔隙	粉晶、亮晶生屑白云岩	
	窗格孔	藻粘液粘结藻球粒所形成的孔隙	藻粘结白云岩 藻绵层白云岩	
	遮蔽孔	角砾或生屑、砂屑遮蔽下形成的孔隙	角砾白云岩 砂屑白云岩	
	晶间孔	分布于较粗的白云石和次生方解石晶粒间	粒屑粉晶白云岩 泥粉晶白云岩	以同生期为主
	粒间溶孔	粒间孔被溶蚀扩大	粒屑白云岩	
	粒内溶孔	孔隙边缘为粒状白云石或石英充填，颗粒内部被淡水溶蚀	亮晶、粉晶虫砂屑、鲕粒白云岩	早成岩为主晚成岩期为辅
	铸模孔	石膏等晶粒或颗粒全部被溶蚀形成的孔隙	泥—粉晶角砾白云岩、白云岩	
	砾间溶孔	角砾间未被充填所形成的角状孔隙	粉晶角砾白云岩	
	砾内溶孔	角砾内部被溶蚀形成的不规则孔	泥—粉晶角砾白云岩	
	晶间溶孔	晶粒被溶掉或溶蚀扩大	粒屑粉晶白云岩及粉晶白云岩	
裂缝	微细缝	主要为早期构造作用或干化失水收缩而成，缝宽小于0.5mm的网状缝，长10cm	泥、细粉晶及角砾白云岩	同生期
	构造缝	受局部构造张性力形成，形状不规则，有的被溶蚀扩大，半充填或未充填	白云岩、石灰岩	褶皱期

（三）孔隙结构及储集岩分类

孔隙结构系指孔隙及其喉道的形态、大小、发育程度和组合关系，它制约着储集岩的有效性、渗滤性及孔隙性，是储集岩分类和评价的基础。根据孔隙度、渗透率、中值喉道宽度等参数将储集岩分为4类（表11-8）。

1. Ⅰ类储集岩

为好的储集岩，主要岩性为亮、粉晶有孔虫藻砂屑白云岩，主要孔隙类型为粒间（内）溶孔、粒间（内）孔、晶间溶孔等。其毛细管压力曲线特征是粗歪度、分选好，中值喉道半径$\geq 2\mu m$，孔隙度$>12\%$，渗透率$\geq 10\times 10^{-3}\mu m^2$。在纵向上厚度小，横向分布变化大。

表 11-8　石炭系储集岩分类参数表

储集岩 类别	Ⅰ （好的储集岩）	Ⅱ （较好的储集岩）	Ⅲ （较差的储集岩）	Ⅳ （非储集岩）
孔结构类型	粗孔大喉	粗孔或细孔中喉	粗孔或细孔小喉	微隙、微喉
ϕ（%）	>12	12～6	6～3	<3
K（$10^{-3}\mu m^2$）	≥10	10～0.1	0.1～0.001	<0.001
p_d（MPa）	≤0.2	0.2～2	2～10	>10
R_{50}（μm）	≥2	2～0.5	0.5～0.04	<0.04
毛管压力曲线特征	粗歪度分选好，平台段长	粗歪度分选较好，平台段较长	中—细歪度，分选中—较差，曲线呈斜坡状	极细歪度，分选极差，曲线具第二台阶段
分布层段	C_2hl^2、C_2hl^4	C_2hl^2、C_2hl^4	C_2hl^{2-5}	C_2hl^{2-5}

2. Ⅱ类储集岩

为较好的储集岩，主要岩性为亮晶、粉晶有孔虫藻砂屑、藻砂屑白云岩、粉晶（角砾）白云岩、砂屑白云岩。主要孔隙类型有粒间（内）孔、粒间（内）溶孔、晶间溶孔、体腔孔、砾间（内）溶孔、鸟眼孔、窗格孔等，其分布面积较大，厚度占总有效厚的 35.7%，是石炭系的主要储集岩类。其毛细管压力曲线特征为较粗歪度，分选较好，孔隙度 6%～12%，渗透率 $(0.1\sim10)\times10^{-3}\mu m^2$，中值喉道半径为 $0.5\sim2\mu m$。

3. Ⅲ类储集岩

为较差的储集岩。主要岩性为细粉晶白云岩、粉晶角砾白云岩、粒屑粉晶白云岩，孔隙类型有晶间（溶）孔、铸模孔、遮蔽孔、砾间（内）溶孔，一般厚 10～20m，占总有效厚度的 60.9%。毛细管压力曲线特征为中—细歪度，分选中—差。孔隙度为 3%～6%，渗透率为 $(0.001\sim0.1)\times10^{-3}\mu m^2$，中值喉道半径为 $0.04\sim0.5\mu m$。这类储集岩储渗性能较差，当裂缝发育或经人工压裂改造后才能产出工业气流。

4. Ⅳ类储集岩

为致密岩。主要岩性为致密灰岩、泥—细粉晶（角砾）白云岩。一般无可见孔，只有在电镜下可见微孔、微隙。其毛细管压力曲线特征为极细歪度，分选差。孔隙度<3%，渗透率<$0.001\times10^{-3}\mu m^2$，中值喉道半径<$0.04\mu m$，基本不具备储渗能力。

由Ⅰ、Ⅱ、Ⅲ类储集岩构成的石炭系储层因岩性岩相变化和云南运动的剥蚀，横向厚度变化很大，即使在同一气藏内变化也很大，如沙罐坪石炭系气藏的有效储层厚度在构造顶部为 15～20m，在东翼的罐 12 井钻厚仅 2.5m，储层已被剥蚀殆尽。

（四）储渗类型

石炭系的储渗类型以裂缝—孔隙型为主，在个别构造或井区也存在裂缝型或孔隙型。

1. 裂缝—孔隙型

主要由Ⅱ、Ⅲ类储集岩构成，有效储层横向分布稳定，裂缝发育，加权平均孔隙度为 5%～6%，基质渗透率一般为 $(0.5\sim2)\times10^{-3}\mu m^2$，具有孔隙为主要储集空间，裂缝为主要渗滤通道的储渗特点。单井产能在 $(50\sim100)\times10^4m^3/d$ 以上，多为中—高产气井，关井复压曲线上具裂缝与孔隙的双重介质渗滤特点（图 11-7A）。代表气藏有五百梯、龙头、高峰场等气藏。

2. 孔隙型

有效储层主要由Ⅰ、Ⅱ类储集岩和微细张裂缝构成，微细张裂缝的渗滤能力与Ⅰ、Ⅱ类储集岩的渗滤能力相近。气井多为中、低产井。关井复压曲线上无明显的上翘段，具低渗均质性特征（图11-7B）。代表性气藏有卧龙河、沙罐坪气藏。

3. 裂缝型

较典型的是亭子铺石炭系气藏。岩性以致密灰岩为主，在已完钻的几口井中，仅亭1井产气 $35.96 \times 10^4 m^3/d$，裂缝起主要储渗作用（图11-7C）。

三、盖层性质

盖层是成藏的基本要素之一，天然气成藏后是否被保存下来或遭到破坏，取决于盖层的完整程度。石炭系气藏的盖层分为直接盖层和间接盖层，其封闭机理分别为薄膜封闭和压力封闭。

（一）直接盖层

直接盖层为直覆其上的二叠系梁山组，是一套海陆交互相沉积，岩石致密，为黑色、灰褐色铝土质泥质岩夹煤及泥质粉砂岩。一般厚10m左右，最厚40m。孔隙度为0.17%~1.48%，排驱压力为1.32~27.7MPa（表11-9），比石炭系储层的排驱压力（0.1~0.6MPa）大两个数量级，具有较强的封闭能力。其封闭机理为毛管压力的薄膜封闭。

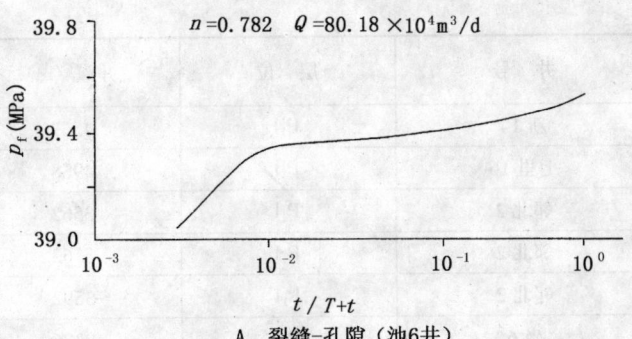

A. 裂缝-孔隙（池6井）

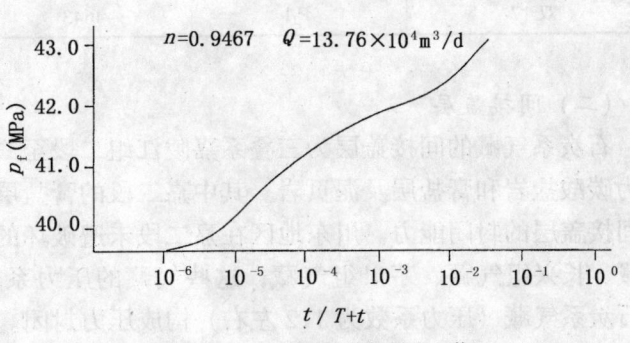

B. 孔隙型为主（卧58井）

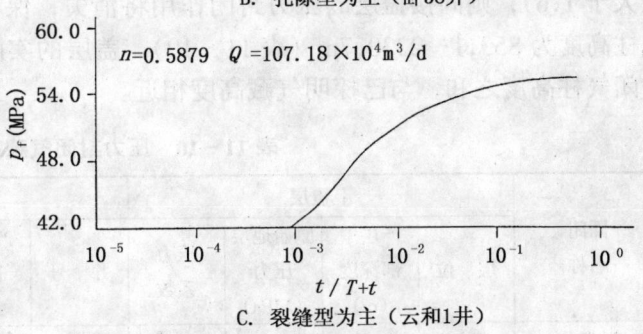

C. 裂缝型为主（云和1井）

图11-7　不同储渗类型储层压力恢复曲线图

梁山组直接盖层能够封闭的气柱高度为73.3~255.3m。而川东石炭系气藏的含气高度远大于此值，如卧龙河、沙罐坪及五百梯石炭系气藏高度分别为1560m，大于1200m及1341m，显然仅靠直接盖层的封闭是不够的，必须有间接盖层的封盖才能形成较高的气藏高度。

表11-9　梁山组盖层物性参数表（据刘树根等，1995）

井　号	层　位	井深（m）	孔隙度（%）	排驱压力（MPa）
邓1	P_1l	4643.72	0.41	14.24
云安2	P_1l	5277	0.54	21.0
云安2	P_1l	5271	0.17	27.7

续表

井 号	层 位	井深（m）	孔隙度（%）	排驱压力（MPa）
新14	P_1l	4562	1.35	1.32
七里16	P_1l	4988	0.49	8.6
邻北2	P_1l	3562	0.98	12.1
邻北2	P_1l	3562	0.84	4.18
邻北2	P_1l	3592	1.48	19.3
坐6	P_1l	3386	0.23	27.1
双17	P_1l	4643	0.62	18.4

（二）间接盖层

石炭系气藏的间接盖层为三叠系嘉陵江组二段至二叠系栖霞组，厚1500～1700m，其岩性为碳酸盐岩和膏盐层及泥页岩。其中嘉二段的膏盐层（厚40～60m）是否保存完好，将决定间接盖层的封闭能力。川东地区在嘉二段未遭破坏的情况下，存在嘉一气藏、飞三或飞一气藏、长兴组气藏、茅口组气藏，这些气藏的压力系数为1.4～2.2，为流体异常高压层，对石炭系气藏（压力系数为1.2左右）构成压力封闭。如果石炭系处在异常高压区（压力系数大于1.6），则间接盖层的压力封闭作用将消失，保存条件随之变差。间接盖层压力封闭气柱高度为853.1～2230.7m（表11-10）。盖层的实际封闭高度等于直接盖层与间接盖层封闭气柱高度之和，与已探明气藏高度相近。

表11-10 压力封闭气藏高度表

圈闭名称	上覆层				石炭系				C_2hl顶深度（m）	压力封闭气藏高度（m）
	层 位	产层中部深度（m）	原始地层压力（MPa）	压力系数	井 号	产层中部深度（m）	原始地层压力（MPa）	压力系数		
温泉井	P_1m	3815.00	69.29	1.78	1-1	4050.00	57.00	1.44	4006.00	1698.64
三岔坪	T_1j^2	3054.90	52.00	1.70	6	4617.00	61.858	1.37	4593.00	1818.61
卧龙河	P_1m	4815.00	78.337	1.68	69	4081.92	56.804	1.42	4062.7	1366.91
五百梯	P_1m	3710.00	59.99	1.65	15	4572.00	59.74	1.33	4538.6	1811.73
相国寺	P_1m	2435.00	36.26	1.52	14	2226.50	27.89	1.28	2201.2	622.68
福成寨	P_1m	3015.00	44.85	1.50	8	3814.17	48.92	1.31	3789.02	911.69
张家场	P_1m	4011.60	56.74	1.44	16	4397.76	52.09	1.21	4360.0	1098.04
双家坝	P_1m	4800.10	72.06	1.53	17	4938.00	54.017	1.12	4900	2223.40
沙罐坪	P_1m	3746.50	66.80	1.82	2	4320.00	59.46	1.40	4216	2230.68
铁山南	P_1ch	3827.16	53.10	1.42	12	3968.00	38.76	1.25	3920	853.09
板 东	P_1m	3627.00	62.914	1.77	12	3869.68	49.679	1.31	3842.13	2106.83
新 民	P_1q	4928.00	83.55	1.70	1-1	5117.00	67.95	1.36	5082.00	2022.28
大坪垭口	P_1q	2974.00	37.89	1.30	6	3094.25	30.92	1.02	3072.00	993.11
冯家湾	P_1m	4900.00	71.07	1.48	2	5294.00	65.30	1.21	5270.00	1665.34
邻 北	P_1m	3468.00	48.60	1.43	2	3108.23	37.16	1.22	3021.23	713.00

四、圈闭类型

根据圈闭的成因，将石炭系圈闭划分为构造圈闭、地层圈闭、岩性圈闭、地层—构造圈闭和岩性—构造圈闭五种类型。根据构造圈闭的垂向变异，又分为主体背斜和潜伏背斜两个亚类。

（一）构造圈闭

1. 主体背斜

构造变形程度剧烈，地表出露三叠系雷口坡组、嘉陵江组，地表与地腹石炭系构造为同心褶皱，形态基本一致。地腹构造轴线向缓翼偏移，构造两翼极不对称，陡翼常直立倒转，并伴生有断距数十米的倾轴走向逆断层。断层具开启性，其气水界面受断层溢出点控制，如云安厂构造带大坪垭口主体背斜。如果断层发育在主体背斜顶部，则该主体背斜缺少遮挡条件，天然气无法聚集成藏，如黄泥堂背斜。

2. 潜伏背斜

地表出露侏罗系，发育于高陡构造带翼部，地腹从三叠系飞仙关组（T_1f）开始出现背斜，垂向属于不协调褶皱。潜伏背斜常呈串珠状成带分布于主体背斜一侧或两侧。如双家坝、蒲西潜伏背斜。

（二）地层圈闭

石炭系上倾缺失，缺失边界内侧呈满月状，由上覆梁山组泥质岩与下伏志留系泥质岩接触，构成地层因素的遮挡。如高都铺地层圈闭。

（三）地层—构造复合圈闭

石炭系上倾或横向尖灭缺失，其上覆二叠系梁山组（P_1l）与下伏志留系泥质岩直接接触，形成地层因素的侧向遮挡，构成地层与构造复合圈闭。如温西地层—构造圈闭。

（四）岩性圈闭

岩性圈闭是由于石炭系储层的岩性或岩石物性侧向变化而成为遮挡体所形成的一种非背斜圈闭。已发现的这类圈闭有明月峡构造带的新房子西圈闭。

（五）岩性—构造复合圈闭

岩性圈闭受到后期构造的影响，而与现今构造重叠或部分重叠时形成的一种复合型圈闭，如甘家湾、石堰、陶家湾等圈闭。

第二节　石炭系天然气成藏系统

一、生烃子系统

生烃子系统重点研究了烃源岩的热演化史、生烃史及充注条件。

（一）烃源岩的热演化史及生烃史

热演化史研究结果表明（图11-8），志留系烃源岩在川东地区东南部成熟较早，在华蓥西地区成熟较晚。在热演化过程中，东部一直较西部地区成熟度高。晚三叠世至早侏罗世（R_o为1.0%～1.2%）为志留系烃源岩成油高峰期，这与印支期形成的开江、石柱等古隆起、古圈闭配合得很好，有利于油气的早期聚集。

生烃史研究结果表明，中三叠世前川东地区生成的气态烃很少，主要生成液态烃。在三叠纪—早侏罗世期间，烃源岩生成的液态烃量最大，标志着此时的川东地区志留系烃源岩已普遍进入成油高峰期。中侏罗世至白垩纪期间，液态烃量明显减少，而气态烃大量增加，表

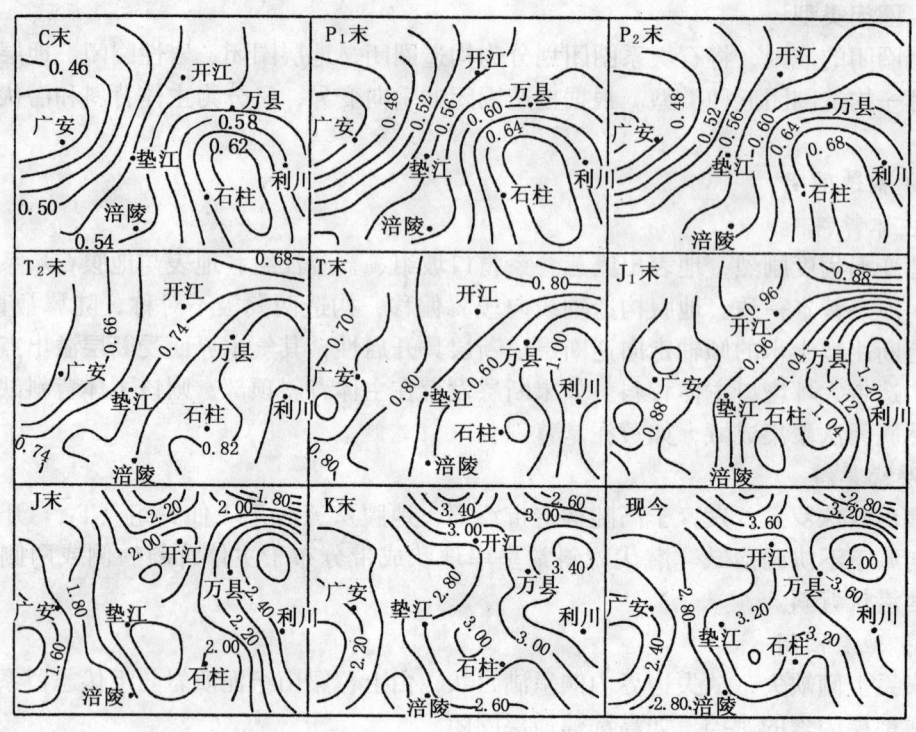

图 11-8　川东地区志留系烃源岩热演化趋势图（R_o,%）

明此时志留系烃源岩已演化至湿气阶段。从产烃速率的变化情况看（表 11-11），仍以三叠纪生油速度最大，中侏罗世—白垩纪生气速率最大。表明志留系烃源岩为良好的油源岩，早期以生油为主，生油高峰期在三叠纪—早侏罗世之间。中侏罗世以后，由于热演化程度进一步增高，原油大量裂解，干酪根亦主要生成干气。

表 11-11　各地质时期川东志留系生烃量及生烃速率变化

项目	时期	S	D	C	P_1	P_2	T_{1+2}	T_3	J_1	J_{2+3}	K	N
生烃量 (10^8t)	油	106.03	73.81	75.45	45.29	18.60	216.65	101.00	48.23	-458.24	-129.21	-5.81
	气	26.33	0.80	0.46	1.14	0.01	38.58	37.62	52.58	674.55	690.55	129.06
	总烃	132.36	74.61	75.91	46.43	19.59	255.23	138.62	100.81	216.31	561.34	123.65
生烃速率 (10^8t/Ma)	油	3.03	0.92	1.68	1.13	1.86	8.67	6.73	2.68	-13.09	-1.85	-0.09
	气	0.75	0.01	0.03	0.10	1.54	2.51	2.92	2.92	19.27	9.23	1.94
	总烃	3.78	0.93	1.69	1.16	1.96	10.21	9.24	5.60	6.18	7.38	1.85

（二）生烃量及生烃强度展布特征

生烃强度是指单位面积上烃源岩的生烃量。它是反映烃源岩厚度、有机质丰度、有机质类型和热演化程度的综合性指标。从源控论的观点出发，生烃强度与形成油气田的规模有直接联系。一般说来，生烃强度越大，可能形成油气田的规模也相对较大。从现今油气田的分布来看，油气田多处于强生烃区附近，也就是说烃源控制了油气聚集区的分布。因此，研究烃源岩生烃强度的时空展布，有助于深入研究油气藏形成过程中烃类充注条件的变化，对进一步了解油气形成的规模,以及预测油气聚集区都具有重要的意义。

志留系烃源岩生烃强度的展布特征是,各地质时期烃源岩的生烃度都以川湘坳陷区相对较高,并展示出由此高值区向川中地区逐渐降低的分布格局(图11-9)。

晚二叠世沉积前,川东地区平均生烃强度已达到 $5.44×10^8 m^3/km^2$(表11-12)。但其最大生烃强度仍小于 $25×10^8 m^3/km^2$。据程克明等(1989)形成各类油气田的生烃强度分类标准衡量,除石柱区外,川东大多数地区此时均不具备形成工业性油气田的烃源条件。到中三

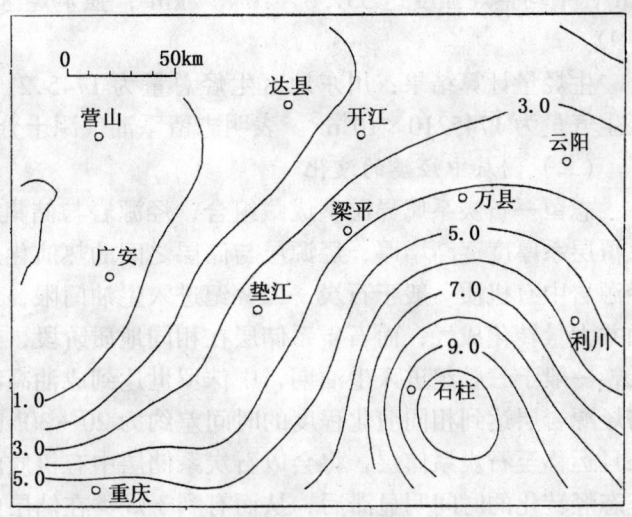

图11-9 川东地区志留系生烃强度图($10^6 t/km^2$)

叠世末,川东平均生烃强度已达 $11.62×10^8 m^3/km^2$,最大生烃强度已达到 $26×10^8 m^3/km^2$,初具形成小型油气田的烃源条件。

表11-12 川东志留系生烃演化特征表

时 间	生油量 ($10^8 t$)	生气量 ($10^8 t$)	生烃总量 ($10^8 t$)	最大生烃强度 ($10^8 m^3/km^2$)	平均生烃强度 ($10^8 m^3/km^2$)
S末	106.03	26.33	132.36	8	2.54
D末	179.84	27.13	206.97	12	3.98
P_1末	300.58	28.73	329.31	16	5.44
P_2末	319.18	29.72	348.90	26	6.71
T_3末	636.83	105.92	742.75	45	14.28
J_1末	685.06	158.50	843.56	54	16.22
J末	226.82	833.05	1059.87	60	20.38
K末	97.61	1523.95	1621.56	100	31.18
N	91.80	1653.41	1745.21	>100	33.56

晚三叠世至早侏罗世末,川东地区普遍进入成油高峰期,生烃速率加快,生烃强度迅速增大,其最大生烃强度分别达 $45×10^8 m^3/km^2$ 和 $54×10^8 m^3/km^2$,平均生烃强度已达 $14×10^8 m^3/km^2$ 和 $16×10^8 m^3/km^2$(表11-12),已具备形成中小型油气田的烃源基础。此时志留系生成的油气已开始大规模初次运移,与开江、泸州、石柱等继承性古隆起有良好的配置,可捕获大量下志留统生成的油气,有利于油气的早期聚集。

侏罗纪末和白垩纪末,气态烃生成量增多,最大生烃强度分别达 $60×10^8 m^3/km^2$ 和 $100×10^8 m^3/km^2$,平均生烃强度为 $20.38×10^8 m^3/km^2$ 和 $31.18×10^8 m^3/km^2$(表11-12),已具备形成大中型气田的烃源条件。至现今,川东志留系最大生烃强度已超过 $100×10^8 m^3/$

km², 平均生烃强度达 $33.56 \times 10^8 m^3/km^2$，强生烃区主要分布在川东地区的东南部（图11-9）。

生烃量计算结果：川东地区生烃总量为 $1745.21 \times 10^8 t$。按 1t 油折算 $1000m^3$ 气，则全区生气量为 $1745210 \times 10^8 m^3$。表明志留系油气源十分丰富。

（三）储层中烃类的演化

志留—石炭系属异源型成藏组合，烃源岩与储集岩之间的埋深相差 700～1400m，随着上覆层系厚度逐渐增厚，烃源层与储层之间的热演化差异越来越明显（表11-13）。志留系烃源岩中有机质一般于石炭—二叠纪进入生油门限，三叠纪达到生油高峰，中侏罗世结束生油并大量转化成气；而石炭系储层在相同地质阶段，有机质的热演化程度均比志留系烃源层低，一般于三叠纪进入生油期，中侏罗世达到成油高峰期，晚侏罗世才开始转化成气，储层与烃源岩层达到相同演化程度的时间差约为 20～30Ma。因此，志留系烃源层中生成的油气一旦运移至石炭系储层，将会以石炭系储层中有机质的热演化进程而继续演化，使液态烃向气态烃转化的时间明显滞后，从而有利于烃类在储层中的聚集和保存。

表 11-13 川东地区石炭系储层与其烃源岩 R_o（%）值演化对比

井号	层位	P_1末	P末	T_2末	T末	J_1末	J末	K末	N	成烃时间（Ma）		
										生油门限	生油高峰	生油结束
建28	S_1	0.697	0.712	0.854	0.987	1.163	2.321	3.448	3.547	282.1/397.9	181.3/228.4	154.1/191.2
	C_2hl	0.415	0.427	0.525	0.605	0.72	1.44	2.145	2.206	166.3	134.2	116.9
硐西3	S_1	0.586	0.61	0.878	1.049	1.255	2.701	3.787	4.44	232.6/363	193.9/212.8	167.8/193.2
	C_2hl	0.398	0.425	0.659	0.782	0.948	2.040	2.845	3.331	209.5	168.6	160
云安1	S_1	0.565	0.582	0.772	0.89	1.031	2.279	3.142	3.658	224/361.6	176.7/206	162.3/172.9
	C_2hl	0.403	0.424	0.605	0.704	0.831	1.824	2.522	2.939	205.7	164	156.4
罐7	S_1	0.556	0.566	0.586	0.791	0.916	1.798	2.733	3.197	218/359.9	167/193.2	158/165.2
	C_2hl	0.403	0.418	0.71	0.661	0.769	1.675	2.315	2.708	202	162.2	150.9
卧65	S_1	0.563	0.579	0.747	0.875	1.011	2.22	2.952	3.405	223/361.2	173.6/203.5	161.8/169.7
	C_2hl	0.403	0.423	0.593	0.688	0.806	1.788	2.434	2.822	204.3	163.4	155.5
成18	S_1	0.493	0.509	0.646	0.755	0.884	1.970	2.561	2.926	211.3/364.3	165.9/183.5	157.9/164.1
	C_2hl	0.404	0.425	0.588	0.683	0.814	1.798	2.327	2.660	203.7	163.8	155.9
座3	S_1	0.558	0.574	0.764	0.858	0.973	1.867	2.562	2.791	282.4/359.7	178.4/196.5	154/164
	C_2hl	0.40	0.417	0.599	0.675	0.770	1.481	2.054	2.243	205	160.4	144
广参2	S_1	0.447	0.461	0.629	0.791	0.977	1.783	2.385	2.614	209/209	171/171.1	157/157.3
	C_2hl	0.399	0.417	0.614	0.783	0.967	1.773	2.302	2.611	205.9	169.9	156.3

（四）川东石炭系气藏的充注条件

1. 充注因素定量评价方法

充注因素是成藏系统形成过程中最关键的要素之一。为此，每一个成藏系统都要求有一定的油气充注量。充注量等于圈闭的集烃面积内生成的油气数量减去运移过程中的散失量。在一个含油气盆地中，其区域充注量取决于盆地生油区中原始烃源岩的丰度和体积。对于烃源岩丰度，目前，国内外多用烃类生成潜量（S_1+S_2）表示。而实际应用中，对充注条件

的评价是以 SPI 为依据的,其表达式为:

$$SPI = \frac{h(\overline{S_1 + S_2})\rho}{1000}$$

式中 SPI——生烃潜量指数,$t_{烃}/m^2$;

h——烃源岩厚度,m;

ρ——岩石密度,kg/m^3;

S_1+S_2——平均生烃潜量,$kg_{HC}/t_{岩石}$。

在 SPI 表达式中,S_1+S_2 是该表达式的核心。它等于用 Rock-Eval 热裂解求出的 S_1+S_2。S_1 代表从 1t 岩石中热蒸馏出来的烃类生成量(kg),S_2 代表 1t 岩石中的干酪根经热降解作用生成的烃类量(kg)(Espitalie 等,1977;peters,1986)。由此可知,对于生油岩还未成熟的盆地,由于盆地从未生成过烃类,SPI 仅仅是一个理论值。对于高—过成熟的含油气盆地,由于已生成的烃(S_1)在排烃时大量消耗掉,干酪根热降解烃量(S_2)极微,S_1+S_2 仅仅反映烃源岩的残留烃量。不能反映成藏系统中充注因素的优劣。

川东地区志留系 R_o 值为 2.2%~4%,烃源岩已达过成熟阶段,烃源岩的 S_1 和 S_2 检测值都很低,若用 SPI 来评价烃源岩的充注因素已不能真实地反映川东的实际情况。针对川东志留系烃源岩成熟度高的特点,在"九五"攻关中创建了烃源岩可动烃(MHC)定量评价方法。由以下方程组表示:

$$\begin{cases} Q_o = C \cdot H \cdot \rho \cdot K_c(I_o - S_1) \\ Q_g = C \cdot H \cdot \rho \cdot K_c(I_g - S_0) \\ MHC = Q_o + Q_g \end{cases}$$

式中 C——残余有机碳含量,%;

H——烃源岩厚度,km;

ρ——烃源岩密度(kg/m^3);

K_c——残碳恢复系数;

I_o、I_g——液态烃产率、气态烃产率;

S_0、S_1——烃源岩中残留的气态烃和液态烃,由 Rock-Eval 热解仪分析获得;

Q_o、Q_g——分别为可动液态烃强度和可动气态烃强度值。

与 SPI 比较,该参数(MHC)有以下特点:

(1) MHC 将烃源岩厚度,有机质丰度、类型、成熟度以及烃源岩对油、气的吸附等多项参数融为一体,因此它是一个评价成藏系统充注条件的综合性指标;

(2) 使用该模型可快速计算任何烃源岩在任何指定地质时代(界面)的可动烃强度和可动烃量;

(3) 用该模型可以将可动的油和气分开,便于了解烃类演化过程中的相态变化;

(4) 该模型对低成熟至过成熟的烃源岩都适用。

2. 川东石炭系充注因素评价标准

在建立充注因素评价方法的基础上,根据川东石炭系的实际资料进一步建立了石炭系充注因素分类标准(表 11-14)。

3. 计算结果及充注条件评价

应用烃源岩可动烃定量评价方法和石炭系充注因素分类标准,对石炭系充注进行了定量评价。计算结果：川东志留系的可动烃强度为 $282.59 \times 10^4 t/km^2$，可动烃总量为 $1444.034 \times 10^8 t$（表 11-15）。

表 11-14　川东石炭系充注因素分类标准（$10^4 t/km^2$）

类别 \ 充注因素	过充注	正常充注	欠充注
垂向排烃	$MHC>3$	$3>MHC>1$	$MHC<1$
侧向排烃	$MHC>1.5$	$1.5>MHC>0.5$	$MHC>0.5$

表 11-15　川东志留系可动烃演化特征表

时间 \ 项目	可动烃强度（$10^4 t/km^2$）	面积（km^2）	可动烃量（$10^8 t$）	可动系数（%）	排烃系数（%）
S末	0.092	1700.85	0.016	0.012	0.001
D末	11.295	8874	10.024	4.84	0.57
C末	20.267	23664	47.961	16.95	2.75
P_1末	36.686	25364.85	93.054	28.25	5.33
P_2末	38.862	27.953.1	108.633	31.14	6.23
T_2末	74.525	45553.2	339.485	56.19	19.45
T_3末	96.023	49176.75	472.212	63.57	27.06
J_1末	112.947	50433.9	569.637	67.53	32.64
J末	153.536	50729.7	778.884	73.49	44.63
K末	259.290	50951.55	1321.124	81.47	75.70
N	282.593	51099.45	1444.034	82.74	82.74

川东地区石炭系储层充注条件的演变过程和展布特征是：(1) 志留系烃源岩在川东地区东南部排烃最早，早二叠世末，该区已具中等充注水平，且地史中一直为 MHC 高值区，充注条件最优，特别是石柱古隆起附近，由于古构造背景的作用，若有保存完好的圈闭，具有获气的优越条件。(2) 云南运动期间川东石炭系虽经暴露剥蚀，但由于当时志留系供烃范围不大，烃源岩排烃系数仅为 2.75%，排烃量十分有限，运移至储层的烃类损失不大。(3) 中三叠世末，志留系排烃范围进一步扩大，MHC 值、可动烃量及排烃系数等参数都突变式增大，标志着此时烃源岩已进入生油高峰和快速排油期。(4) 白垩纪末，MHC 值、可动烃总量和排烃系数等产生第二次突变，标志着烃源岩生气高峰的到来和气相排烃的开始。(5) 从 MHC 值平面展布特征看，川东地区东南部一直为 MHC 高值区，向西 MHC 值逐渐降低，呈现出东南高、西北低的展布格局（图 11-10）。展示了川东东南部充注条件优越，向西变差的分布特征。

以上仅仅是以垂向排烃而论，未考虑区域上的横向运移，且局限于研究区范围之内，在研究区外的川东东北部的大巴山前缘、西南边缘的泸州地区，以及重庆—涪陵一线以南地区，志留系沉积巨厚，烃源岩十分发育，生烃量和排烃量都很大，在油气演化过程中，不可避免地将向川东地区排烃，极大地改善川东石炭系的充注条件。

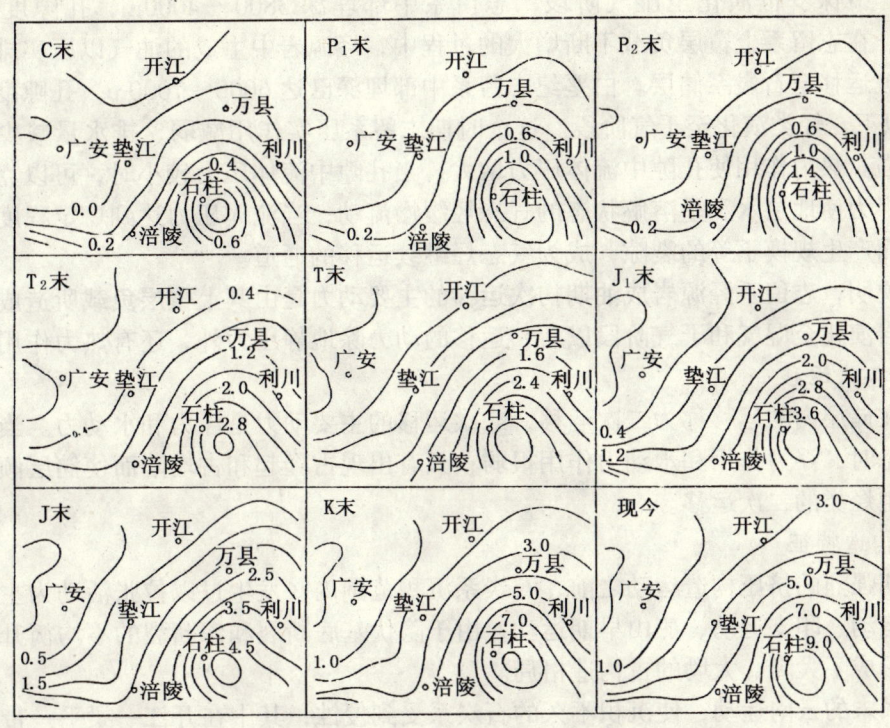

图 11-10 川东地区志留系可动烃强度演化特征图（$10^6 t/km^2$）

二、运移—捕集子系统

石炭系运移—捕集子系统包括烃类由志留系烃源岩向石炭系初次（垂向）运移，在石炭系储层内二次（侧向）运移至印支期—燕山期古圈闭内聚集，最后在喜山期各类圈闭内富集成藏的全过程。而这个过程又受制于运移的动力、通道和相态等物理条件。

（一）初次（垂向）运移

志留系泥质（含烃源岩）沉积物成岩较晚，在成岩过程中，随其上覆沉积物的不断增厚，负载逐渐增大，它的原始孔隙度由最初的50%～60%，被压缩至现今的1%～2%（图11-11），被压缩空间中的地层水被排至上覆石炭系储层或二叠系（无石炭系分布区）。志留系

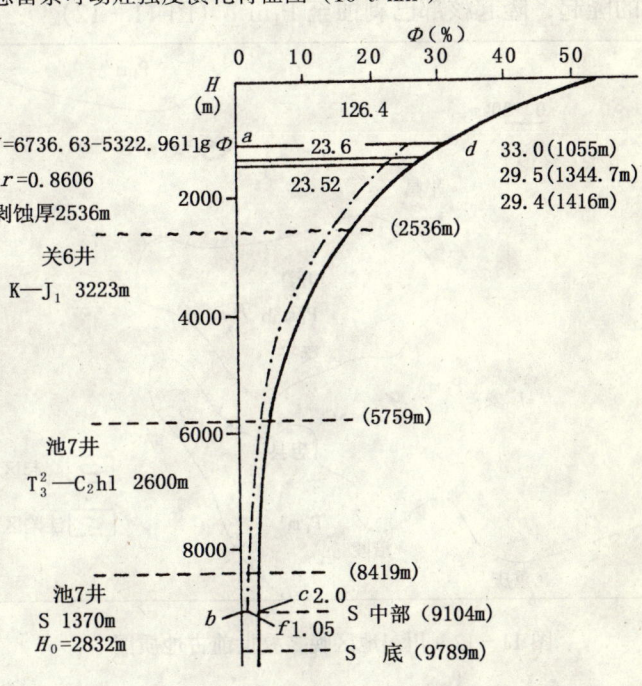

图 11-11 志留系泥质岩压实模拟曲线

烃源岩中有机质于二叠纪进入生油门限，此时志留系中部埋深1400～1500m，孔隙度被压缩至30%左右；三叠纪达到生油高峰期，志留系中部埋深2900～3100m，孔隙度被压缩至

15%左右；中侏罗世演化至湿气阶段，志留系中部埋深3800～4000m，孔隙度被压缩至10%左右。在志留系上覆层负载不断增大的过程中，烃源岩中生成的油气以压实排出的地层水为载体被运移至石炭系储层。白垩纪志留系中部埋深已达6000～7000m，孔隙度逐渐被压缩至5%以下，烃类演化至干气阶段。这个时期志留系压实作用减弱，排水量减少，热力作用逐渐增强。热力作用使孔隙中流体压力增大，当孔隙中流体压力较小时，可以克服志留系的毛细管阻力使地层水和呈溶解状态的气态烃缓慢流动；当流体压力达到一定程度时，将突破泥质岩而产生规模不等的裂隙，成为气态烃继续运移的通道。

上述说明，志留系烃源岩成油期初次运移的主要动力是由其上覆层负载所造成的地静压力，烃源岩演化至湿气和干气阶段以后，运移的动力除地静压力外，还有热力作用。

（二）二次运移

烃类在储层内的运移称为二次运移，二次运移的主要动力是浮力和水动力。当储层处于近水平状态时，浮力作用和水动力作用很弱；只有出现古隆起和古坳陷而使储层倾斜时，才有可能发生烃类的二次运移。

1．古构造特征

喜山期强烈的挤压构造运动之前，石炭系沉积范围内曾发生过以拉张活动为主的云南运动、东吴运动、印支运动、燕山早期运动，由于隐伏基底断裂和深断裂的不均衡升降，在沉积盖层中形成了大隆、大坳的古构造格局。

石炭系末的云南运动，使沉积不久的石炭系受到侵蚀，其中在开江—梁平一带石炭系被剥蚀殆尽，形成侵蚀古隆起。早二叠世末的东吴运动，在开江、梁平、万县地区形成一东西向的隆起，隆起核部已剥蚀至P_1m^2b（图11-12）。

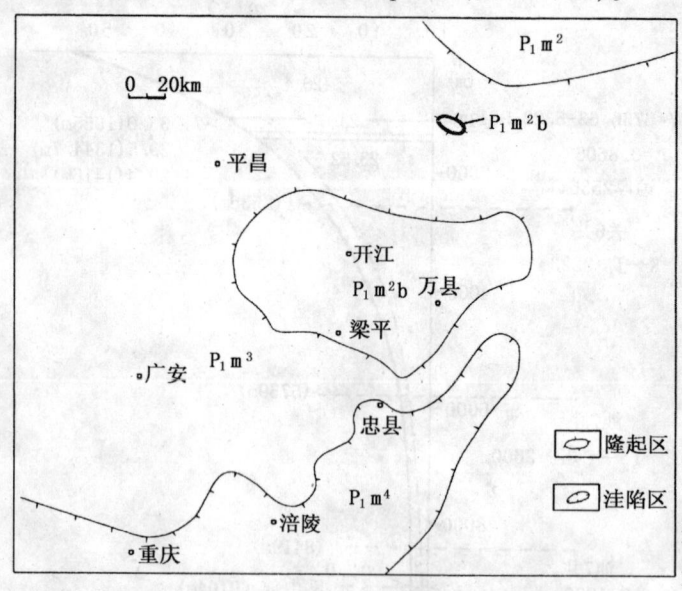

图11-12 川东地区晚二叠世前古地质图

中三叠世末的印支早幕，在川东地区形成了"三隆三洼"的古构造雏形。其中的开江古隆起改变为一北北东向的巨型鼻状背斜，北与大巴山古隆起、南与泸州古隆起及石柱古隆起分别以鞍部相接（图11-12），这种古构造面貌一直延续至喜山运动前。

在川东石炭系残存范围内，由石炭系上倾边界分别同继承性发展的开江古隆起、泸州古隆起和石柱古隆起构成了四个大型地层—古构造复合型圈闭（图11-13）。其中开江古隆起隆起幅度达800～1400m，东西两侧古圈闭面积分别达1970km²和2180km²，泸州古隆起北缘古圈闭和石柱隆起古圈闭面积分别为2000km²和2530km²，成为川东石炭系储层中烃类二次运移和早期聚集的最佳场所。

2．二次运移的动力

二次运移的动力与运移相态密切相关，当油气全部以溶解状态运移时，水动力是烃类二次运移的主要动力，浮力作用相对较弱，如果以游离相态运移，主要动力是浮力，水动力相对较弱。当出现油、气、水两种以上相态时，其运移主要受浮力和水动力合力的作用。

浮力作用是石炭系储层发生倾斜引起的，地层倾角愈大，浮力作用越明显。当地层呈水平状态时，油气将平行于储层顶部平铺一层薄膜而不能运移。从目前世界上许多大油气田看，地层倾角并不大，每公里仅下降几米。而在川东石炭系范围内，由于存在着开江、泸州和石柱等继承性隆起与洼陷，石炭系储层坡度一直保持在每公里下降10~15m以上，浮力作用应是烃类二次运移的主要动力。

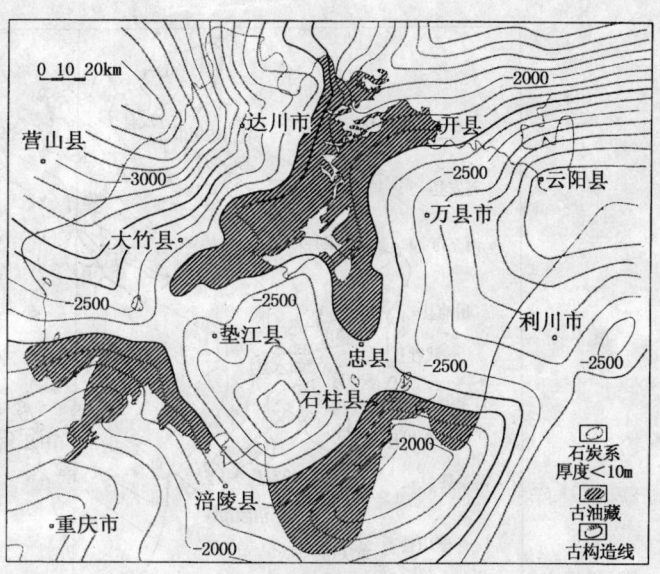

图11-13　川东地区中三叠世末石炭系古构造及古圈闭展布

3．喜山期前水势演化及运移指向

烃类在地层水中无论呈溶解状态的单相运移或呈悬浮状态的多相运移，其运移方向总是由高势区指向低势区。因此，通过对油气运聚的关键时刻（中三叠世末至喜山期前）石炭系储层中的水势演化分析，可直观地反映出喜山运动前石炭系储层中油气二次运移的主要方向和油气早期聚集区。

中三叠世末，在石炭系残存范围内存在3个低势区和3个高势区（图11-14）。其中低势区位于开江—梁平古隆起、泸州古隆起北缘、石柱古隆起。高势区分布于达川洼陷西北部、万县洼陷以东的云阳一带及垫江洼陷以南的丰都一带，水势值高达450~650m。此时，志留系烃源岩已进入生烃、排烃高峰期，烃源岩中的烃类大量运移至石炭系储层后，烃类二次运移由高势区指向低势区，低势区成为烃类运聚的有利地区。

晚三叠世末至早侏罗世末，水势场的分布格局同中三叠世末一致。同样存在3个低势区和3个高势区（图11-15），且位置无大的变化。由此可见，从中三叠世末到喜山期褶皱前的漫长时期，川东石炭系残存范围内的开江—梁平古隆起、泸州古隆起北缘、石柱古隆起一直是低势汇流区，是烃类运聚的最有利地区。

4．喜山运动后烃类的运聚

喜山运动使四川盆地的沉积盖层全面褶皱，在川东地区地表形成了以高陡背斜带为主体的隔档式平行褶皱。早期的水动力系统被破坏，天然气再次运移和聚集，最后在现今的多种类型的圈闭内成藏。

1）水动力条件　川东石炭系露头甚少，露头区有效标高为400~1000m，低于附近水井的水头值，地表水很难进入石炭系，其水动力系统为单一的沉积水承压水动力系统。

现今的水动力场特征同喜山期前相比，既有继承性，又有其特殊性，变得更加复杂。区内同样存在三个高势区，分别位于达川洼陷东北部的铁山北高点，万县洼陷东部的砜村西潜伏背斜，垫江洼陷南端的麦子山高点，水势值大于3000m。水势最低处，位于古隆起背景上

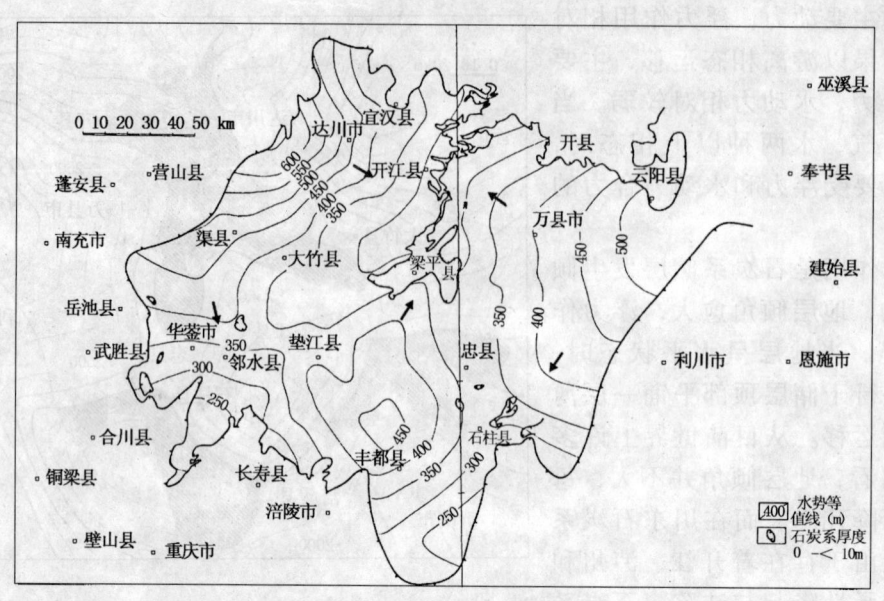

图 11-14 川东地区中三叠世末石炭系水动力场展布图

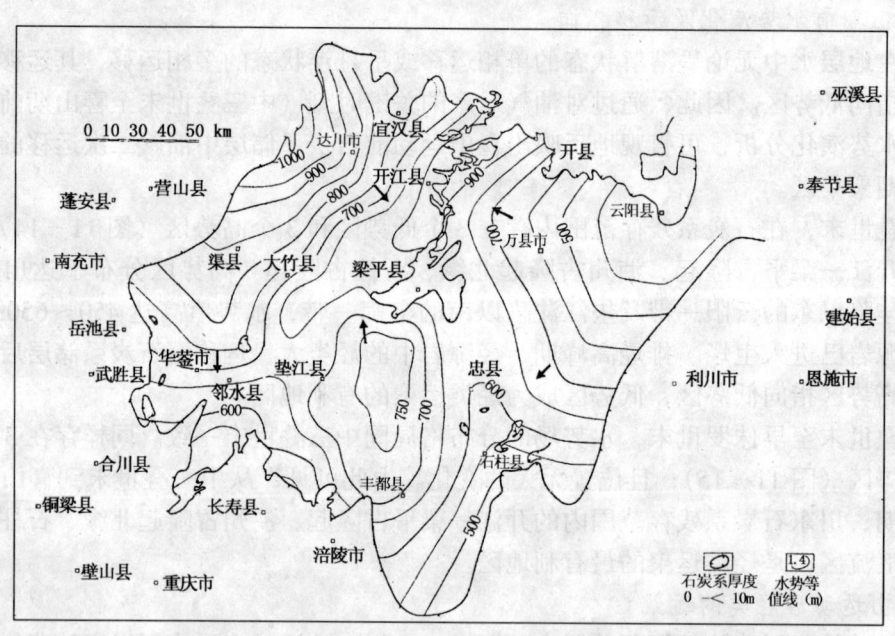

图 11-15 川东地区早侏罗世末石炭系水动力场展布图

出露了三叠系嘉陵江组的主体背斜，如大天池背斜带、南门场背斜带、明月峡背斜带、黄泥堂背斜带等，水势值低于 1200m。反映出现今石炭系地层水和天然气由石炭系高势区向高陡背斜带的主体背斜运移的趋势（图 11-16）。

铁山北高点、麦子山高点和硐村西 3 个高势区，与喜山期前的 3 个高水势区所处位置大致相同，分别与达川、垫江、万县 3 个洼陷相对应，异常高压的产生可能与洼陷区的沉积厚

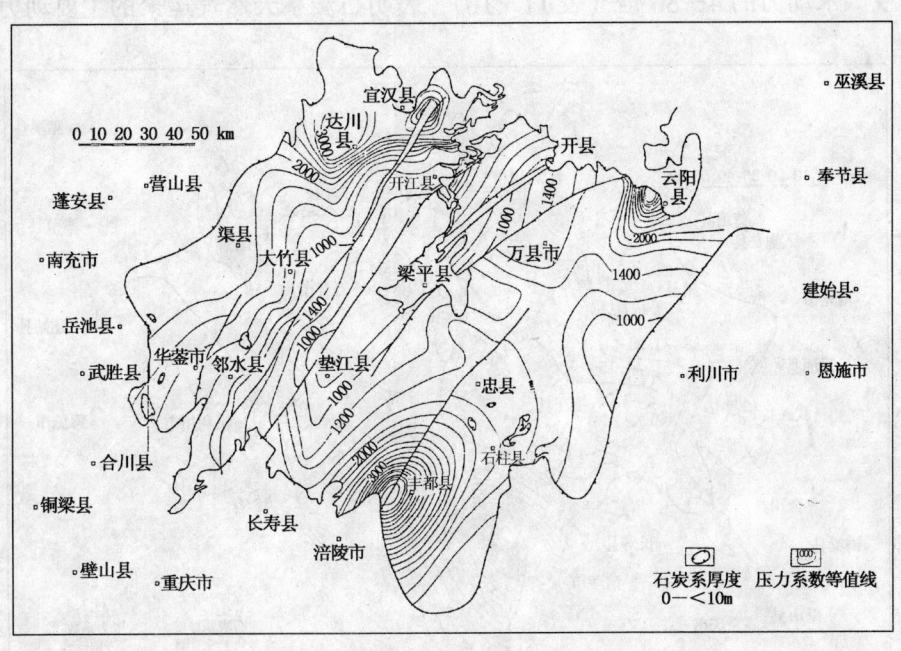

图 11-16 川东地区现今石炭系水动力场展布图

度较大有关。高水势区周围的岩性岩相变化和石炭系缺失变薄带阻碍了压力的快速释放，至今仍保持了较高的原始压力。如铁山北高点和麦子山高点附近，石炭系岩性以石灰岩为主，岩性致密，孔隙不发育，地层水主要赋存于裂缝中，泄压困难，形成了压力系数为 1.76 和 2.06 的超压区（图 11-16）。硐村西石炭系岩性主要为白云岩，有效厚度 25m，但其西侧轿顶山—路阳坝存在一石炭系储层变差和缺失带，造成侧向连通不畅，形成压力系数 1.76 的超压区（图 11-17）。

根据现今石炭系水势场的展布特征，可将水势分为高势区、低势区、过渡区。

(1) 高势区分布于铁山北高点，麦子山高点、硐村西潜伏背斜和其它水势大于 2400m 的地区，是喜山期褶皱至今缓慢向低势区排出地层水和天然气的地方。此外，由于其压力系数在 1.6 以上，间接盖层压力封闭作用消失，目前天然气的聚集程度已变得很差。

(2) 低势区分布于现今高陡构造的主体背斜上，水势小于 1200m，是最终接受天然气聚集的场所。由于主体背斜翼部多发育有开启性的逆断层，因而也是石炭系流体泄压和天然气逸散的地方。只要断层未发育在主体背斜顶部，圈闭内就均有天然气聚集，断层溢出点之上充满天然气。

(3) 过渡区介于高势区与低势区之间，水势在 1200~2400m 的区域。具有古隆起背景的地层—构造圈闭和潜伏背斜，储层发育分布稳定，保存条件良好，是石炭系天然气最富集的地区。如五百梯、沙罐坪、双家坝、大池干井等气田，已探明为大中型气田。

2) 气力场强度 气力场强度（E_G）即"在动水条件下，某计算点单位质量气在消除了重力和水动力影响后，趋向某一方向的浮力"。

从现今石炭系气力场强度展布特征反映出，气力场强度最低处同铁山背斜北高点、麦子山南高点和硐西潜伏背斜的高水势分布区一致。水势过渡区和低势区的气力场强度为中—高值区，与已发现的石炭系气藏相对应。经计算，石炭系中单位质量气的浮力（阿基米德浮力)是"视"水动力的4~86倍(表11-16),表明石炭系天然气运聚的主要动力是浮力。

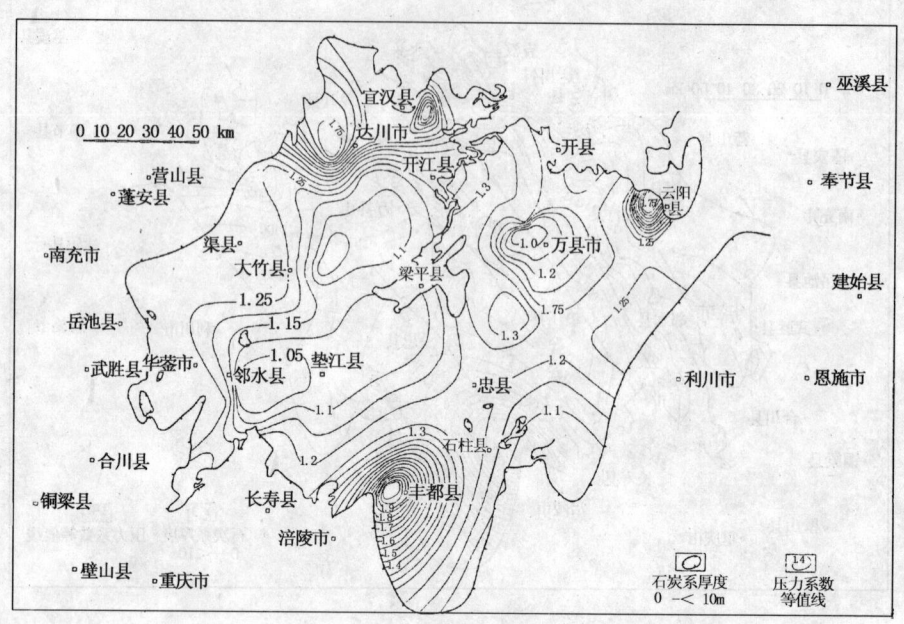

图 11-17　川东地区石炭系地层压力系数等值线图

表 11-16　石炭系气力场强度、浮力、水动力对比表

计算点	E_g1	E_g2	E_g3	E_g4	E_g5	E_g6	E_g7	E_g8	E_g9	E_g10	E_g11	E_g12
气力场强度(N/kg)	13.96	13.52	20.75	27.76	17.67	25.2	38.89	26.88	29.86	17.42	27.6	20.5
浮力(N/kg)	23.5	23.5	30.63	37.6	27.53	35.0	48.76	36.7	39.68	26.48	37.4	30.26
水动力(N/kg)	5.5	4.77	3.93	4.03	2.97	2.89	2.72	1.48	0.82	0.43	0.52	0.35
浮力/动力	4.27	4.93	7.79	9.33	9.87	12.11	17.93	24.8	48.39	61.58	71.92	86.48

(三)捕集方式

根据含油气系统理论,圈闭的捕集方式可分为高阻抗和低阻抗(Demaison,1991)。"高阻抗圈闭"以横向分布稳定的区域盖层以及中—高强度的构造变形为其主要特征。区域盖层的连续性有利于保持圈闭的完整性和提高圈闭周围供烃区的聚集效率。川东地区地表出露最老地层为侏罗系(表11-17),构造变形程度中等,储层发育良好的石炭系潜伏背斜和地层—构造复合圈闭,区域盖层完整性好,天然气充满圈闭,保存条件好,属于高阻捕集,如五百梯、双家坝、沙罐坪等圈闭。

"低阻抗圈闭"主要是构造变形程度强烈,区域盖层连续性差(断裂或剥蚀)和虽有连续的区域盖层但变形程度极低的圈闭。属于前者的为地表出露下三叠统嘉陵江组(表11-17),区域盖层完整性已破坏,和发育断层使溢出点抬高的高陡构造带主体背斜。属于后者的有位于平缓单斜或向斜中的地层—构造复合圈闭和潜伏背斜,如华蓥西地层—构造复合圈闭。

表11-7 川东局部构造水文地质垂直分布

圈闭类型	圈闭名称	出露最老地层	J₂	J₁	T₃x	T₂l	T₁j⁵	T₁j⁴	T₁j³	T₁j²	T₁j¹	T₁f	P₂
潜伏背斜	板东	J₂											
	张家场	J₁											
	高峰场	J₂											
	池东	J₂											
	麦南	J₂											
	双家坝	J₂											
	檀木场	J₂											
	亭子铺	J₂											
	明达	J₂											
	任市	J₂											
	千峰	J₂											
	龙会场	J₂											
	云和寨	J₂											
	三岔坪	J₂											
	木子场	J₂											
	冯家湾	J₂											
	磨盘场—老湾	J₁											
	沙罐坪	J₂											
地层—构造	邻北	J₁											
	五百梯	J₂											
	义和场	J₂											
	温西	J₁											
	黄龙场	J₂											
主体端部	雷音铺	J₁											
	麦子山	J₁											
	万顺场	J₁											
	高桥	J₂											
主体背斜	相国寺	T₂l											
	铁山南高点	T₂l											
	大坪亚口	T₂l											
	黄泥堂	T₁j											
	南门场	T₁j											

自由交替带 □   交替停滞带 ■

三、成藏系统分类

(一) 石炭系含油气系统划分

川东地区石炭系是在加里东期古剥蚀面上建造的一套海湾型潮坪沉积。由于云南运动抬升剥蚀，残留面积约 34000km², 地层厚度 10~70m, 主要岩性以白云岩为主，其中 C_2hl^2（下孔段）及 C_2hl^2（上孔段）为主要储集层段，洞缝发育，孔隙度为 4%~7%, 平均渗透率为 $2.5×10^3\mu m^2$, 为四川盆地大面积分布的孔隙性储层。

下伏志留系为一套灰绿—深灰色含砂质页岩，夹粉砂岩，底部为黑色页岩。深灰—黑色泥页岩厚 100~700m, 有机质极丰富，是川东地区主要烃源层之一。

上覆层为二叠系梁山组泥质岩，厚 5~40m, 为非渗透层，其上阳新统含数百米的致密灰岩夹泥灰岩，乐平统下部发育泥质岩夹煤层。这套地层普遍超压，压力系数达 1.4~2.0, 远远高于石炭系（1.1~1.3），为稳定分布的区域性封盖层。纵向上由志留系—石炭系—二叠系组成了完整的 S—C 含油气系统。

石炭系含油气系统的平面边界，由石炭系储层尖灭线结合构造向斜轴线（油气运移分界线）圈定。在华蓥山以西，石炭系减薄为 10~40m, 储层物性变差，构造平缓，储层沥青和天然气 $\delta^{13}C$ 与川东有异，发育史也与川东迥然有别，华蓥山基底断裂的继承性发展，阻隔了其与川东地区的联系，可能为一独立的含油气系统。

在川东地区，从开江到石柱古隆起带上，石炭系地层减薄、甚至缺失。石炭系尖灭带及忠县、丰都西侧的古洼陷区是油气运聚的分水岭，将川东地区分为东西两个含油气系统。二者在共同的生储盖层组合中，相对独立，各自按照不同的地质及构造圈闭发育历史，进行着油气运移和聚集活动。例如东部含油气系统折算压力高于西部系统 5~6MPa; 储层沥青的正构烷烃碳数分布在东部系统以低碳前峰为主，西部系统以双峰和高碳后峰为主。

总之，根据石炭系的沉积、构造发展、生、储、盖组合、储层流体性质和压力场分布等特征，宏观上可将四川东部石炭系划分为三个含油气系统。

(二) 成藏系统分类

含油气系统分类限定为三个相互关联的地质因素，即充注因素（Demaison, 1991）、运移排烃方式和捕集方式。针对石炭系的勘探程度较高，研究中将含油气系统分类延伸到石炭系圈闭，从成因上划分出含油气系统亚类（成藏系统），以示聚集和富集程度的差异。使成因分类与勘探目标直接挂钩，对降低勘探风险、提高勘探成功率、促进深化勘探具有重要的意义。

1. 成藏系统分类标准

1) 充注因素 充注因素分为过充注、正常充注和欠充注。

MHC 值大于 $3×10^6 t/km^2$, 喜山期前处于古隆起及上斜坡范围内为过充注。

在石炭系的残存边缘和石炭系分布区，因储层变差或因储层不连续（残丘），天然气充注量相对较少；在继承性古洼陷区，喜山褶皱前一直处于油气运聚的供烃区，残留烃类也较少，属欠充注。

介于两种情况之间的地区属正常充注。

2) 运移排烃方式 运移排烃方式在不同的沉积盆地中是有区别的。对于有横向连续的区域盖层，并覆盖在广泛发育的孔隙性储层之上的压性和压扭性沉积盆地，其二次运移方式为侧向排烃。

喜山褶皱之前，石炭系在区域上呈透镜状，被夹于直接盖层二叠系梁山组和下伏志留系泥质岩之间，并有横向分布稳定的间接盖层覆在直接盖层之上，形成完整的生储盖组合。

东吴运动和印支运动形成了继承性发展的开江、泸州和石柱古隆起。石炭系储层始终保持一定的坡度，油气在浮力和水动力作用下产生侧向运移，特别是在孔隙层横向连通较好的古隆起及上斜坡区，油气的侧向二次运移更为明显。侧向排烃是石炭系二次运移的主要方式。

3）捕集方式分类原则　捕集方式分为高阻和低阻捕集两类，对于盖层完整性已受破坏的主体背斜，因发育断层而溢出点抬高，或因间接盖层受到剥蚀而天然气已有散失，使圈闭的阻抗条件变差，其捕集方式属于低阻。

潜伏背斜和地层—构造圈闭构造变形程度中等，盖层完整性好，富集天然气后不易散失，为高阻捕集方式。

位于平缓单斜和向斜中的地层—构造圈闭，尽管盖层完整性好，但构造变形程度较低，天然气聚集能力变差，捕集方式为低阻。

2.石炭系成藏系统分类

在成藏系统分类的三要素中，石炭系的二次运移排烃方式均为侧向排烃，不再作为分类的因素考虑，仅从充注因素和捕集方式角度，将石炭系成藏系统分为过充注高阻捕集成藏系统，正常充注高阻捕集成藏系统，过充注低阻捕集成藏系统，正常充注低阻捕集成藏系统和欠充注低阻捕集成藏系统等五类。经钻探证实，过充注高阻系统勘探成功率最高（94.1%），正常充注高阻捕集成藏系统次之（85.7%），勘探风险由Ⅰ类至Ⅴ类依次增大（表11-18）。

表11-18　川东石炭系各类成藏系统钻探情况表

成藏系统分类	过充注高阻（Ⅰ类）	正常充注高阻（Ⅱ类）	过充注低阻（Ⅲ类）	正常充注低阻（Ⅳ类）	欠充注低阻（Ⅴ类）	合计
圈闭数（个）	20	14	19	32	23	108
已钻圈闭（个）	17	7	15	19	16	74
已钻获气圈闭（个）	16	6	10	10	0	42
钻探成功率（%）	94.1	85.7	66.7	52.6	0	56.8

第三节　石炭系天然气成藏模式

根据川东地区构造演化史、志留系烃源岩热演化史、石炭系储层孔隙演化史和烃类运移聚集史等在地质历史时期中的相互配置，将川东石炭系分为印支—燕山期聚集成藏、印支—燕山期聚集喜山期成藏、喜山期聚集成藏三种成藏模式。

一、印支期—燕山期聚集成藏模式

石炭纪末的云南运动，使石炭系遭受强烈剥蚀，上孔段已不存在。

早二叠世末，烃源岩进入成熟期，开始向石炭系储层初次运移。中三叠世末，R_o大于1%，烃源岩中有机质进入生油高峰期，大量向储层排烃。在排烃过程中，有机酸进入储层，埋藏溶蚀作用使早期生成的孔隙溶扩沟通，孔隙度增大，改善了储集性能。此时，古隆起顶部一直处于低势区，促使进入石炭系储层的油气向古构造高部位侧向运移。在上覆盖层良好的封盖作用下，于古隆起及上斜坡的地层—构造古圈闭中，形成初具规模的石炭系烃类聚集区。侏罗纪末，聚集在地层—构造古圈闭中的烃类热演化为天然气。喜山褶皱后，印支—燕山期聚集的天然气虽经强烈改造，但古、今形成的圈闭类型相同，分布位置大体一致，天然气被现今圈闭所继承（图11-18）。因此，这类气藏的气充满度较高，如位于开江古隆起东侧的五百梯气藏，圈闭面积达 $161.45km^2$，天然气探明储量达 $539.88×10^8m^3$，为四川盆地目前储量最大的气藏。

二、印支—燕山期聚集喜山期成藏模式

印支—燕山期油气聚集在地层—构造复合型古圈闭内，喜山期形成的潜伏背斜和主体背斜圈闭使早期聚集在地层—构造古圈闭内的天然气重新分配，天然气运移的方向由宽向斜指向高陡背斜。最后聚集在主体背斜和潜伏背斜内成藏（图11-19）。

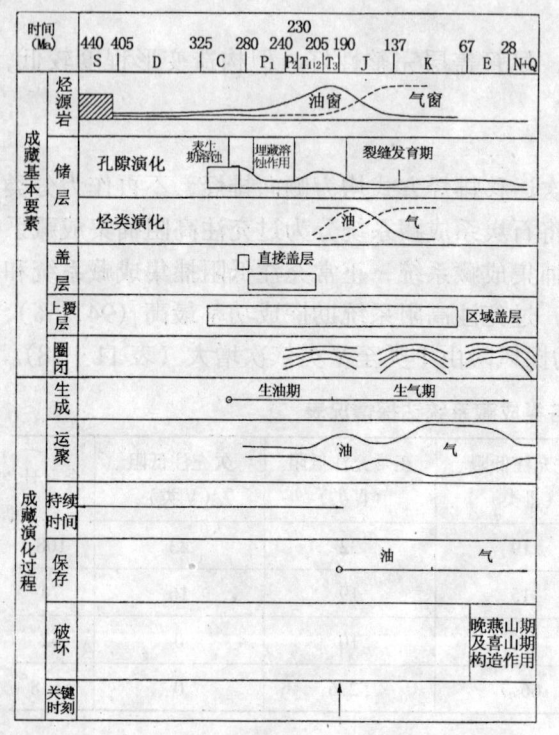 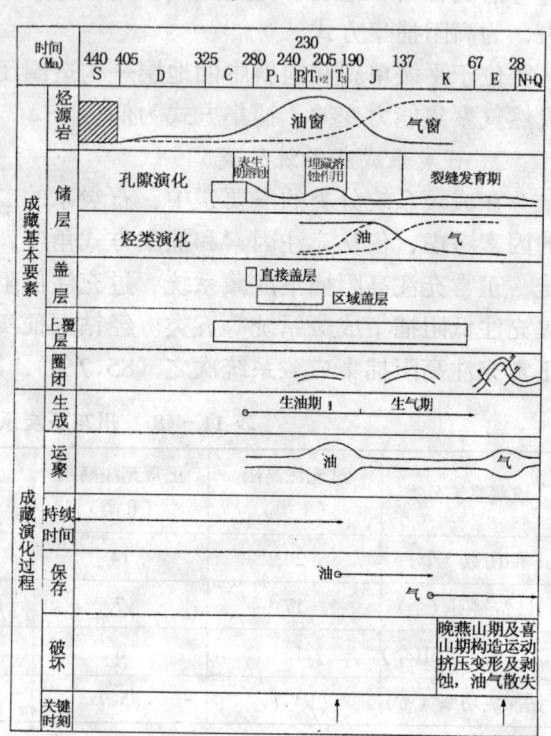

图11-18 印支期—燕山期聚集成藏模式图　　图11-19 印支—燕山期聚集、喜山期成藏模式图

主体背斜多发育断层而使其捕集油气能力变差溢出点抬高，如位于石柱古隆起上斜坡的大池干井构造带的龙头—吊钟坝主体背斜，地面出露下三叠统嘉陵江组，石炭系气水界面在-2550m，如按构造最低圈闭线算，充满度仅54.2%，探明储量为 $142.95×10^8m^3$。黄泥堂主体背斜存在切项断层，成藏条件很差。

地表出露一般为中、下侏罗统，有完好的区域盖层，虽发育小断层，但不起破坏作用，气藏的充满度为100%，如双家坝、磨盘场等石炭系气藏。

三、喜山期聚集成藏模式

喜山褶皱前，一直处于古洼陷区，石炭系储层中充满了高含烃的地层水，喜山运动形成的高陡背斜及潜伏背斜使地层水中的天然气析出，另外，喜山期形成的断裂作为通道，使志留系烃源岩中干酪根降解生成的天然气直接运移至圈闭成藏（图11-20）。

喜山期形成的石炭系气藏，一般充满度较低，多为中、小型气藏，勘探风险较大，如大

坪垭口气藏。

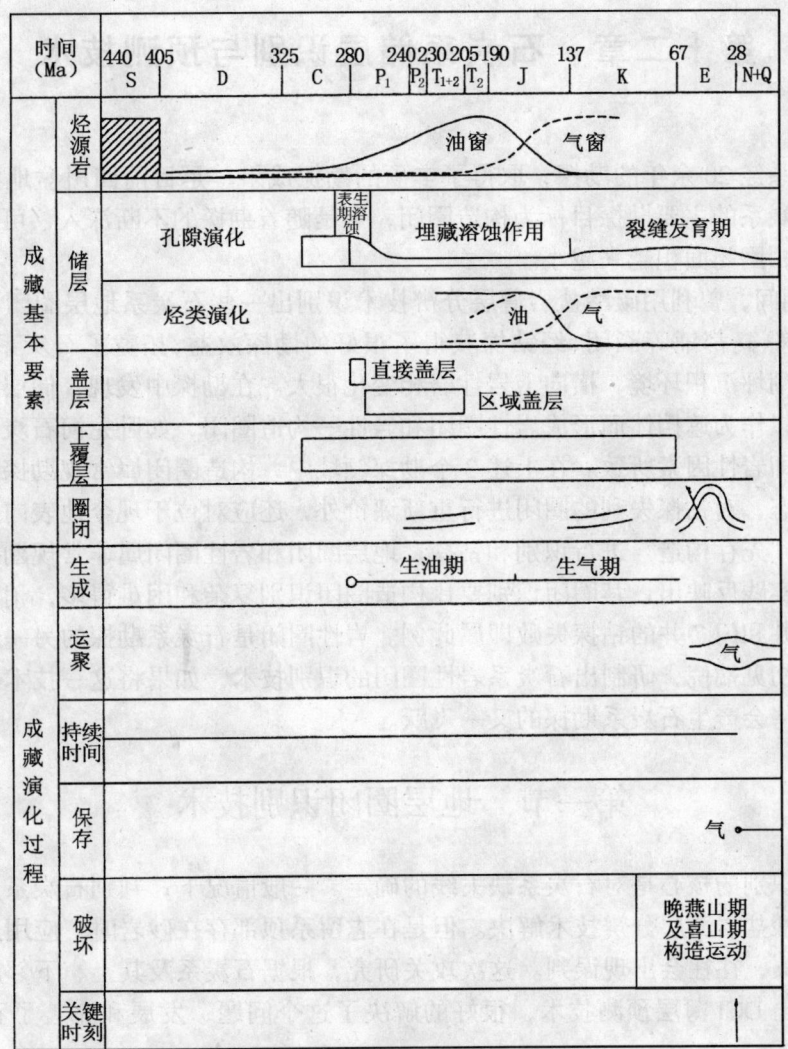

图 11-20 喜山期聚集成藏模式图

第十二章 石炭系储层识别与预测技术

川东石炭系经 20 余年的勘探，取得了丰硕的勘探成果，是目前四川盆地的主要勘探与开发气层。石炭系的主要勘探目标为构造圈闭，可是随着勘探的不断深入，可供勘探的构造圈闭越来越少，圈闭面积越来越小。

"八五"期间，曾利用碳酸盐岩薄层分辨技术识别出一些石炭系地层圈闭和地层—构造圈闭，如五百梯、高都铺等圈闭，经钻探获得了很好的勘探效益，拓宽了石炭系的勘探领域。

石炭系属潮坪沉积环境，横向上岩性岩相变化很大。在勘探中发现，储层在横向上的尖灭或缺失，可以作为遮挡体而形成岩性圈闭和岩性—构造圈闭，如卧龙河石炭系气藏气水界面南高北低，即岩性因素所致。在上述 3 个勘探领域中，构造圈闭属常规勘探领域，除了继续搞准圈闭形态，对钻探失利的圈闭进行重新评价外，还应对位于现今地表向斜区的燕山晚期前的石炭系"先存构造"进行识别和钻探；地层圈闭和岩性圈闭属非常规勘探领域，从地层圈闭的钻探实践反映出，其圈闭识别要比构造圈闭识别复杂和困难得多，稍有不慎将落入陷井，如门 4 井和门 7 井的钻探失败即属此例。岩性圈闭是石炭系勘探的另一新领域，这次探索性攻关已初见端倪，研制出石炭系岩性圈闭的识别技术，如果将这一技术深化完善并在区域上推广，将会产生石炭系勘探的又一飞跃。

第一节 地层圈闭识别技术

地层圈闭识别的核心是对石炭系缺失线的确定。一般情况下，判别石炭系是否缺失，可应用常规的碳酸盐岩薄层分辨技术解决。但是在志留系顶部存在砂岩时，应用这个技术判别石炭系是否缺失，往往会出现误判。这次攻关研究，根据石炭系及其上、下邻层的特殊地质结构，首次提出 DCI 薄层预测技术，很好的解决了这个问题，发展和完善了石炭系薄层预测技术。

一、常规薄层预测技术

石炭系超覆于志留系不同层位之上，顶部曾遭受不同程度的剥蚀，与上覆二叠系梁山组和下伏志留系均呈假整合接触，地质结构为泥质岩夹碳酸盐岩，地震速度结构为低速层夹高速层。因此，石炭系顶界和底界均为强反射系数，在常规地震剖面上很容易识别出来（图 12-1），石炭系顶界对应地震Ⅶ反射层波峰，底界对应波谷。

根据钻井资料，建立了石炭系厚度 0~100m 的楔状正演模型（图 12-2a），采用 32Hz 雷克子波进行模型正演（图 12-2b）。

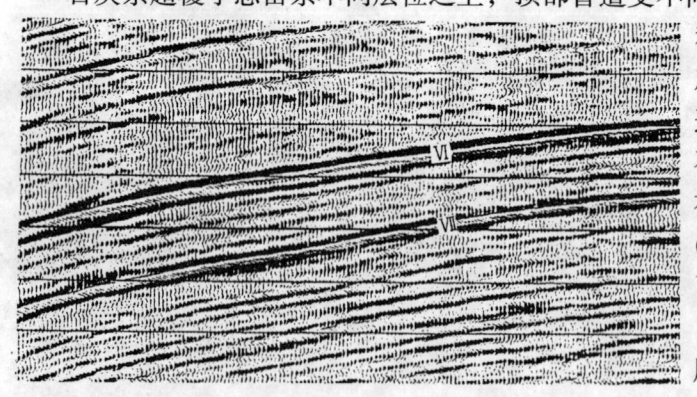

图 12-1 地震 92-D359 测线偏移剖面

从模型正演反映出，反射震幅随石炭系厚度增大而增大，当石炭系厚度在 50~60m 时（λ/4），反射振幅达到最大值；石炭系厚度再增大，振幅逐渐减小至稳定，而时差逐渐增大，当石炭系厚度为 80~100m 时，出现复波。

石炭系厚度为 10m 时，反射振幅很弱，已不易识别。若石炭系缺失，二叠系梁山组与志留系泥质岩接触，无反射界面。勘探实践表明，石炭系厚度小于 10m 时，孔隙层段一般已不存在，可视为储层缺失。

根据上述原理，利用经统一流程处理的常规数字地震 VⅡ 的反射层资料，在区域上基本搞清了石炭系的缺失边界和厚度变化。当地震 VⅡ 反射层资料较差或者对石炭系缺失边界不易准确判别时，还对地震资料进行了高分辨率、G-LOG、宽带约束反演等处理，提高了确定石炭系缺失边界的可信度。

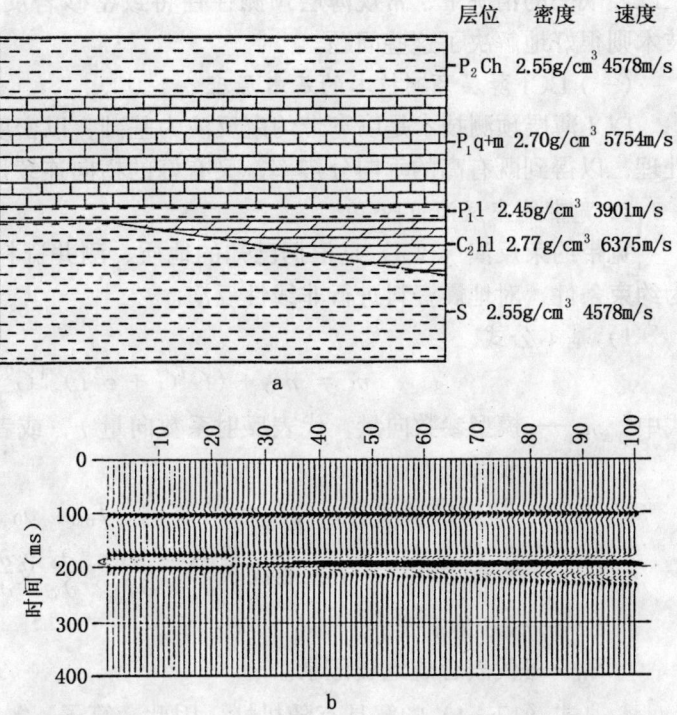

图 12-2 川东石炭系地层模型（a）及合成地震记录（b）

在判别石炭系厚度变化和缺失边界的过程中，发现部分地区因石炭系及其上下邻层的岩性岩相变化，导致了层速度的变化（表 12-1），而使地震 VⅡ 反射层的波形特征发生变化。例如华蓥西地区的华西 1、华西 2 井处，石炭系厚度仅 20 余米，其地震 VⅡ 反射层波形特征显示厚度应大于 30m；而温泉井构造的温泉 2 井，石炭系钻厚 73.5m，其地震 VⅡ 反射层波形特征显示厚度要小得多。上述情况说明，只用一个识别模式不能解决研究区的全部问题，应随不同地区的岩性岩相变化建立局部性的石炭系识别模式。

表 12-1 层速度对比表

层位	井号 层速度(ms)	华西 2	温泉 2	门 3
P_1q		5650	5650	5880
P_1l		4100	4900	4250
C_2hl		6700	5550	6150
S		5050	4750	4700

二、DCI 薄层预测技术

常规薄层预测技术还不能预测任一地震道的石炭系绝对厚度，只能根据其波形特征进行厚度的区间预测，如 0~10m、10~30m、>30m。在志留系近顶部存在致密砂岩，且石炭系已经缺失的情况下，常规薄层预测往往将致密砂岩反射误认为石炭系，而 DCI 薄层预测技术则很好地解决了这些问题。

(一) DCI 薄层预测技术的基本原理

DCI 薄层预测技术是以宽带约束反演为基础，以密度反演为约束条件，对地震资料进行处理，以得到既有高的垂向分辨率，又有好的横向连续性的储层物性剖面。

1. 宽带约束反演 (BCI)

宽带约束反演 (BCI) 是根据已知的地质、测井资料建立模型，然后以地质、测井资料为约束条件，对地震资料进行非线性反演。

1) 基本公式

$$m = m_0 + (G^T G + \varepsilon^2 I)^{-1} G^T (S - S_0) \tag{12—1}$$

式中 m——模型参数向量，代表反射系数向量 r，或者波阻抗向量 I_m，或者速度向量 v，或者密度向量 ρ；

m_0——初始模型向量，相应地代表 r_0、I_{m0}、v_0 及 ρ_0；

G——灵敏度矩阵，相应地代表 $\frac{\partial s}{\partial r}$、$\frac{\partial s}{\partial I_m}$、$\frac{\partial s}{\partial v}$ 及 $\frac{\partial s}{\partial \rho}$；

S——代表地震道；

S_0——代表合成地震记录。

式 (12—1) 的解具有随机性，因此，算子：

$$H_f = (G^T G + \varepsilon^2 I)^{-1} G^T$$

称作随机逆，则 (12—1) 式变为：

$$m = m_0 + H_f \Delta S$$

考虑地震道含有随机噪音，用 X_t 代替 S_t：

$$X_t = S_t + n_t$$

n_t 为噪音，引入协方差，则式 (12—1) 又变为：

$$m = m_0 + (G^T G + C_z C_m^{-1} I)^{-1} G^T (X - X_0)$$

$$\Delta m = (G^T G + C_z C_m^{-1} I)^{-1} G^T (X - X_0)$$

$$m = m_0 + \Delta m$$

式中 C_m——m 的协方差矩阵；

C_z——X_t 的协方差矩阵。

BCI 反演流程如图 12-3。

高分辨率波阻抗反演的实现步骤：

(1) 用声波测井和井旁地震道综合得到初始波阻抗模型 m_0；

(2) 将 m_0 制作合成地震记录剖面 ζ_0；

(3) 将 ζ_0 与地震剖面 ζ 作比较，所得差值作为反演的约束控制条件，进行逐道反演计算；

(4) 求取灵敏度矩阵：

$$G = \frac{\partial \xi}{\partial I_m} = \frac{\partial S}{\partial I_m}$$

由地震道的协方差 C_ξ 及初始模型协方差 C_m，从而得到随机算子：

$$H_f = (G^T G + C\xi C_m^{-1})G^T$$

(5) 计算模型改进值：
$$\Delta m = H_f \Delta \xi$$

(6) 改进模型，使：
$$m^{(1)} = m_0 + \Delta m$$

(7) 用 $m^{(1)}$ 作模型求合成记录 $\xi(1)$，再回到第(3)步，反复迭代，直到

$$\Delta \xi = \{\Delta \xi_0, \Delta \xi_1, \Delta \xi_2, \cdots, \Delta \xi_n\}$$
$$\Delta \xi_0 \mid_0^n < \varepsilon'$$

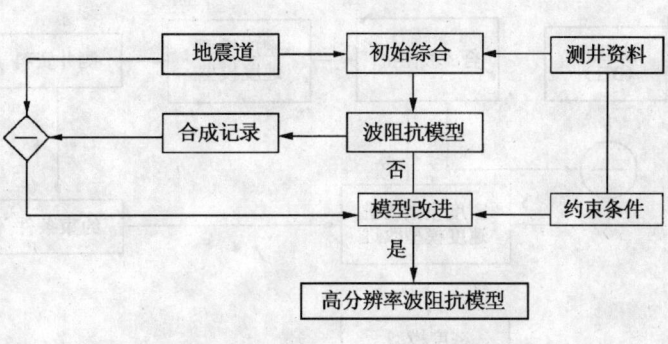

图 12-3 宽带约束反演流程图

即：该误差达到所要求的精度为止。ε' 为选取的允许误差门限值。

2) 反演中的子波问题　子波提取是宽带约束反演工作中的基础，也是最关键的一环。子波质量的优劣，直接关系到反演工作的成败。在反演时，必须假定子波是已知的，在有钻井及测井资料的地震剖面上，子波可以求取出来。

在实际工作中，一般用反演方法获取子波。

定义目标函数：

$$O(\omega) = |X(t) - Y(t)|_p \to \min \qquad (12-2)$$

式中　$X(t)$ ——井旁地震道；

$Y(t)$ ——合成地震记录；

$|\cdot|$ ——表示 L_p 模。

建立子波迭代求解方程：

$$W^{n+1} = W^n + (J^T R^n J)^{-1} R^n (X - Y^n)$$

式中　n ——迭代序号；

W ——子波函数；

J ——雅可比矩阵。

$$R^n = \text{diag}\{|r_k^n|^{p-2}\}$$
$$r_k^n = \sum_j j_{k,j} \Delta W_j^n - (x - y^n)_k$$

y^n 为第 n 次迭代时，W^n 和反射系数合成的地震记录。

2. 密度约束反演

根据测井及地质资料，建立密度 ρ 及速度 v 的微观模型。密度约束反演流程如图 12-4。

定义目标函数：

$$O(\vec{m}) = \| Z - Z^{\text{BCI}} \| \to \min \qquad (12-3)$$

式中　模型向量——$\vec{m} = (\rho, v)^T$；

Z^{BCI} ——由 BCI 反演的波阻抗；

Z ——由 ρ 和 v 合成的波阻抗。

式 (12—3) 的意义是求出与 BCI 反演出的波阻抗最为接近的波阻抗 Z，式中只有 Z^{BCI} 是已量，ρ 和 v 皆是未知量。这是一个不定解，具有多解性。利用最短距离约束和速度与密度之间关系为软约束，不断修正 ρ 和 v 模型，使 $Z(\rho \cdot v)$，逐步接近 Z^{BCI}。当 Z 与 Z^{BCI} 之

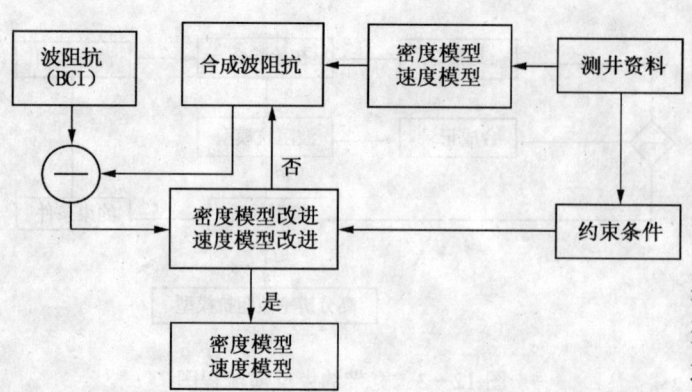

图 12-4 密度约束反演流程图

间达到一定精度时，Z 为最优解。此时相应的 ρ 和 v 为所需的参数。

3. 速度、密度与反射系数

$$R = \frac{\rho_2 v_2 - \rho_1 v_1}{\rho_1 v_1 + \rho_2 v_2} \quad (12-4)$$

式（12—4）给出的是标准的反射系数定义公式，现在，给 R 一个变量 ΔR，在速度或密度不变时，求出相应的密度或速度的变量 $\Delta \rho$、Δv：

$$\Delta \rho = \left(\frac{1+R+\Delta R}{1-\gamma-\Delta R} - \frac{1+R}{1-R} \right) \cdot \frac{v_1}{v_2} \cdot \rho_1$$

$$\Delta v = \left(\frac{1+R+\Delta R}{1-\gamma-\Delta R} - \frac{1+R}{1-R} \right) \cdot \frac{\rho_1}{\rho_2} \cdot v_1$$

设：

$$A = \frac{1+R+\Delta R}{1-\gamma-\Delta R} - \frac{1+R}{1-R}$$

$$\rho = \frac{\rho_1}{\rho_2}$$

$$v = \frac{v_1}{v_2}$$

则：

$$\Delta \rho = A v \rho_1 \quad (12-5)$$
$$\Delta v = A \rho v_1 \quad (12-6)$$

比较式（12—5）与式（12—6）可知，Δv 比 $\Delta \rho$ 大 3 个数量级，表明当反射系数受外界因素的影响而产生畸变时，主要导致速度产生畸变，而密度则保持相对稳定。当目的层比较薄或受其它因素（如观测系统、地面因素、地质因素等）的影响时，反射系数已被歪曲，不能正确反映目的层的真实情况，这时，使用密度信息（结合目的层地质背景）来研究目的层就更具有优越性。对川东石炭系而言，使用密度信息还有其特殊的地质背景。石炭系以白云岩为主，在部分地区发育石灰岩。白云岩密度为 $2.84 \sim 2.88 \text{g/cm}^3$，其上覆梁山组为低密度泥岩，密度为 $2.45 \sim 2.55 \text{g/cm}^3$，下伏志留系为泥页岩夹砂岩，密度为 $2.5 \sim 2.65 \text{g/cm}^3$。因此，石炭系处于两低夹一高的特殊地质背景之中。利用这一特征，可以非常清楚地辨别石炭系存在与否（图 12-2）。

（二）资料预处理

1. 密度曲线的预处理

密度测井主要用于测量地层的体积密度 ρ_b 和计算地层孔隙度，井眼扩大或者井壁不规则对密度曲线有严重影响，往往使密度曲线陡然下降，测出的 ρ_b 值明显偏低，可采用逐点检验和校正方法来近似地消除这种影响。

首先，计算某段地层密度的下限值 $\rho_{\min}$：

$$\rho_{\min} = v_{sh}\rho_{sh} + (1 - v_{sh})\rho_p$$

式中 ρ_{sh} 和 v_{sh}——分别为泥质密度和地层的含泥量；

ρ_p——某层段中密度背景值。

其中，ρ_{sh} 和 ρ_p 可在该层段附近井径规则的密度曲线上选取，v_{sh} 则用 GR、SP 或其它方法导出。

其次，进行逐点检验和校正：当某点的 ρ_b 值小于 $\rho_{\min}$ 时，说明由于井眼扩大或井壁不规则，仪器极板贴井壁不好，导致测出的 ρ_b 比地层密度的下限值 $\rho_{\min}$ 还低，这时就令 $\rho_b = \rho_{\min}$，作为该点地层密度的近似值；反之，如 ρ_b 大于 $\rho_{\min}$，则仍取 ρ_b 值。

2．声波曲线的预处理

与密度测井相比，声波测井受井眼的影响较小，因为目前使用的井眼补偿声波测井仪对井眼影响有较强的补偿作用，但当扩径严重或井壁极不规则时，声波测井值会明显增大，对此，也可采用类似密度测井曲线的处理方法来对声波测井曲线进行处理。

首先，计算某段地层的声波时差上限值 $\Delta t_{\max}$：

$$\Delta t_{\max} = v_{sh}\Delta t_{sh} + (1 - v_{sh})\Delta t_p$$

式中 Δt_{sh}——井壁未垮塌处泥质的声波时差值；

Δt_p——声波时差背景值。

Δt_{sh} 和 Δt_p 可在声波时差曲线上手工选取。

其次，进行逐点检验和近似校正：当实际测出的 $\Delta t \leqslant \Delta t_{\max}$ 时，则仍取 Δt；反之，当 $\Delta t > \Delta t_{\max}$，且井径与钻头直径之差 $(d - d_0)$ 大于某一定值 Δd_p 时，可认为由于井壁发生垮塌，导致测出的 Δt 比上限值 $\Delta t_{\max}$ 还大，这时就令 $\Delta t = \Delta t_{\max}$ 作为该点的声波时差近似值。

在含气孔隙性地层中，地层大量吸收声波能量，声波发生较大衰减，在声波时差曲线上出现"忽大忽小"的幅度急剧变化现象，即"周波跳跃"。在裂缝发育的井段往往也有"周波跳跃"的情形出现。目前的测井仪器已能自动地对声波测井曲线的"周波跳跃"段进行识别和平滑处理，处理后的测井值基本上能真实地反映地层的时差值。

在对声波时差曲线和密度曲线的预处理过程中，遇有断层出现时要作特殊处理，剔除重复段地层，恢复正常层序。

3．地震资料预处理

用于反演的地震资料为迭后偏移资料，在迭偏资料品质不高时，需要对资料进行信号增强处理，方式有两种：

（1）相似性导向中值滤波，剔除数据中的野值，提高地震资料的横向连续性，这种方法的优点是考虑了地层倾角。

（2）正交多项式拟合，提高地震资料的信噪比。

（三）DCI 薄层预测技术应用效果

为了说明利用密度约束反演（DCI）预测石炭系厚度的可靠性和可行性，首先对建立的石炭系和上、下邻层地质模型及模型正演（图12-2）进行试验。假定第50道处有一完钻井，以该井为约束条件，利用宽带约束反演方法对合成记录进行反演，提取密度值（图12-5）。从中看出石炭系厚度变化在相应的反演密度曲线上均有响应，反演出的石炭系厚度与模

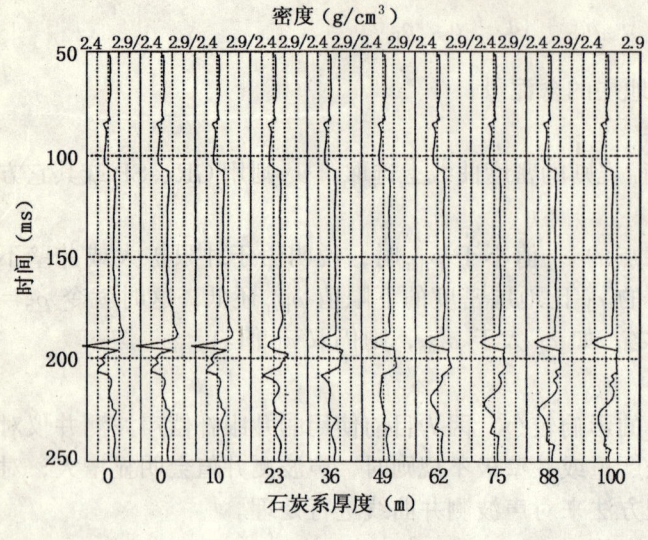

图 12-5 对应图 12-2a 的反演密度曲线

型厚度非常接近（表 12-2），精度是很高的。

为了进一步说明利用反演密度曲线预测石炭系厚度的精确度，对五百梯的 86-D464 测线进行了试验研究（图 12-6），该测线上有大天 3 井和天东 7 井两口完钻井，石炭系钻厚分别为 29.0m 和 29.6m。先后以大天 3 井为约束条件、大天 3 井和天东 7 井为共同约束条件，对 86-D464 测线进行宽带约束反演，两次反演之间和两次反演与测井密度之间的吻合程度很高（图 12-7），说明横向逆推的精度是可信的。

表 12-2 石炭系反演厚度与模型厚度对比

模型厚度 (m)	反演厚度 (m)	误差 (m)
0	0	0
10.0	0	-10.0
23.0	26.0	3.0
36.0	37.2	1.2
49.0	47.0	-2.0
62.0	63.8	1.8

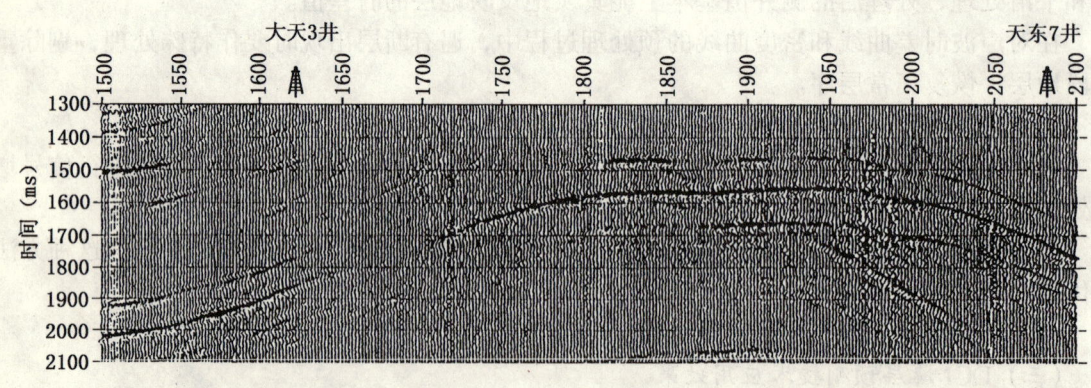

图 12-6 大天池 86-D464 测线的偏移剖面

利用 DCI 薄层预测技术对明月峡构造带南段和坪西地区进行了石炭系厚度预测。从石炭系完钻井的 DCI 反演厚度与钻厚比较中看出，预测的精度是很高的（表 12-3）。其中位于 94-D12 测线的坪西 1 井当时为石炭系正钻井，以位于 94-D12 测线南侧的板东 9 井为约束条件，对 94-D12 测线进行 DCI 反演，预测坪西 1 井石炭系厚度 32.5m，实际钻厚 36.0m，表明预测结果是可靠的。

在石炭系缺失，志留系近顶部又存在致密砂岩时，常规薄层预测技术对石炭系是否存在将无能为力，而 DCI 薄层预测技术却能很好地解决这个问题。如门 3 井和门 4 井分别位于南门场构造西南段的 86-

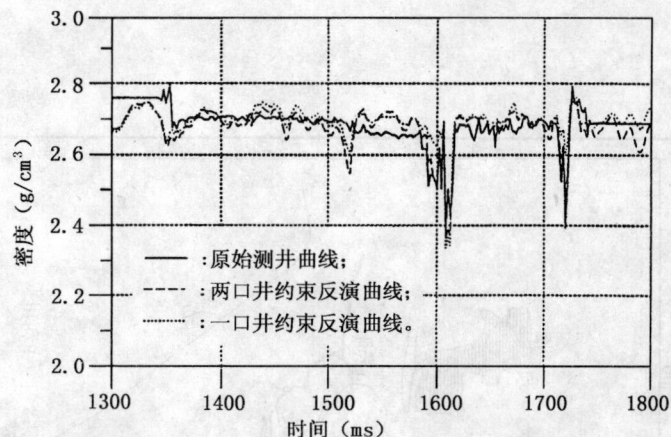

图 12-7　天东 7 井旁道两次反演密度与测井密度的比较

D412 和 86-D404 测线上，其构造位置相似，且在 G-Log 剖面上都有Ⅶ反射层的显示。前者石炭系钻厚 25.5m，为高产气井；后者石炭系缺失，志留系近顶部钻遇致密砂岩。原认为 86-D404 测线的地震"Ⅶ反射层"，实际上是志留系致密砂岩的反射，是一种假象。而在这两条测线的 DCI 剖面上，非常清楚地展示了石炭系的存在与否（图版Ⅷ）。由此看出，利用 DCI 薄层预测技术对石炭系进行预测，在石炭系较厚时，预测其厚度值是准确的，在石炭系很薄或波形特征不好时，预测石炭系是否缺失是可靠的。

表 12-3　DCI 反演厚度与钻厚对比表

井　名	DCI 反演厚度（m）	钻井厚度（m）	预测误差（m）
张 18	37.2	38.5	-1.3
月东 2	33	31	2.0
卧 124	34.1	32.5	1.6
月 1	29.45	28.5	0.95
月 4	12.4	15.6	-3.2
新 17	0	0	0
坪西 1	32.5	36	-3.5

三、地层圈闭识别

以常规薄层预测技术为主，部分地区采用 DCI 薄层预测技术，对川东地区约 34000km² 范围内的石炭系厚度变化进行了预测，编制出"川东石炭系分布预测图"（图 12-8）。在石炭系的缺失边界内侧，落实和识别出地层圈闭和地层—构造复合圈闭共 26 个（图 12-8）。这些圈闭主要分布在继承性的印支—燕山期开江古隆起、石柱古隆起两侧及泸州古隆起北缘，具备了烃类早期运聚的动力和圈闭，是现今石炭系天然气最富集的区域。

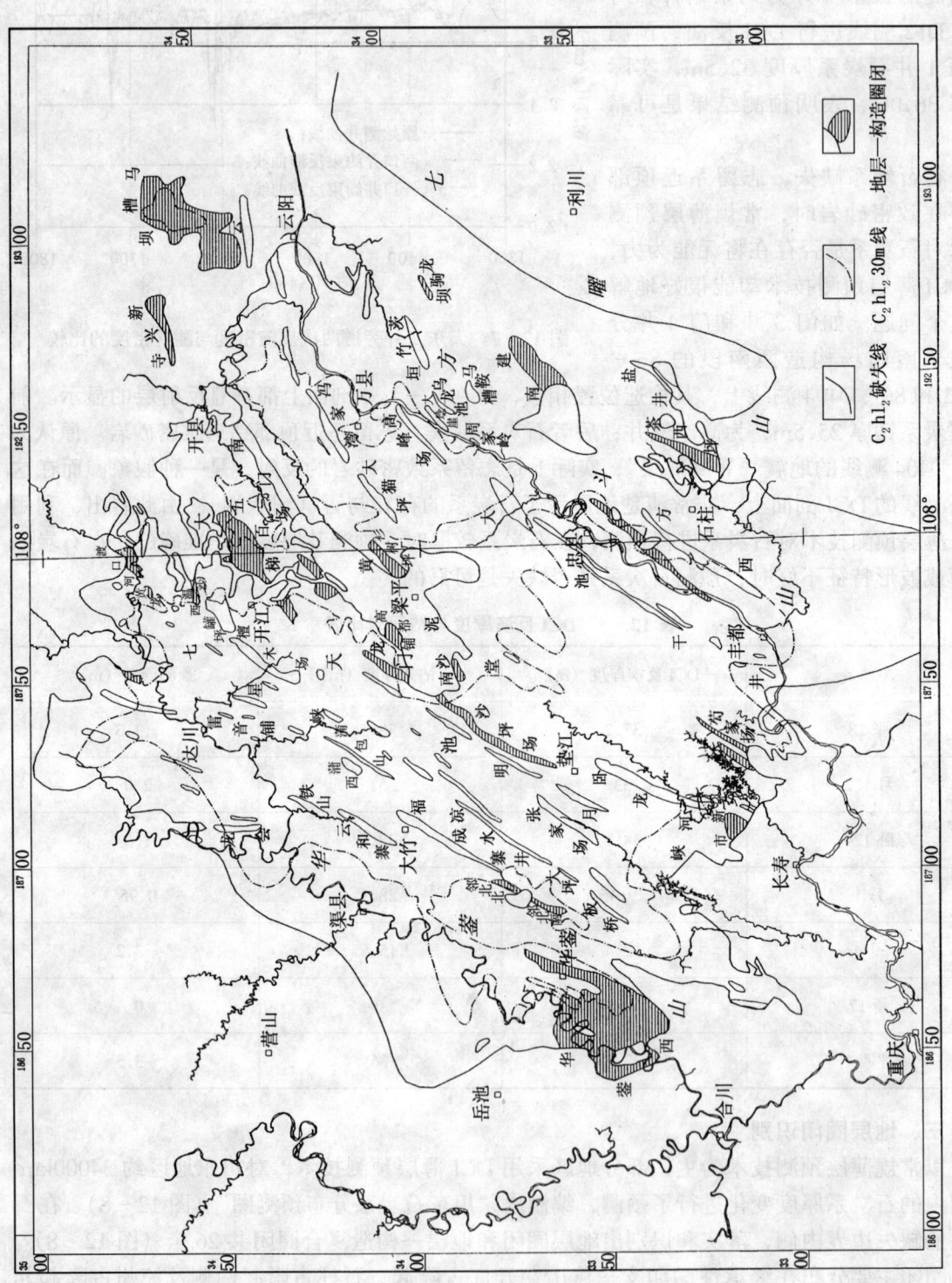

图 12-8 川东石炭系分布预测图

第二节 岩性圈闭识别技术

岩性圈闭识别的核心是定量或半定量的储层预测。石炭系深埋地腹 3000～5000m，一般厚度 20～40m，其中有效储层厚度 10～20m，对这样薄的储层进行横向预测，其难度是很高的。为此，前人从单参数的 F-LOG、连续频谱、吸收系数等到多参数的模式识别、神经网络等对石炭系储层进行了不懈的探索性研究，但都未能攻克定量或半定量预测石炭系储层这一难题。"九五"攻关研制出 CDT 储层预测技术，实现了对石炭系储层的半定量预测，进而在明月峡构造南段识别出石炭系岩性圈闭，提出了石炭系勘探的又一新领域。

一、CDT 储层预测原理

孔隙度和有效厚度是评价储层优劣的两个主要参数，也是影响地层密度和层速度发生变化的主要原因。

根据石炭系及上、下邻层具有低密度值夹高密度值的地质特点，给出如下定义。

定义一：石炭系顶、底两个低密度值之间的高密度深度差值，为石炭系的厚度值。

定义二：在同类岩石中，由岩石物性变化而造成的密度变化值与岩石密度理论值的比值，为岩石密度衰减系数。

定义三：岩石密度衰减系数与石炭系厚度的乘积称为储层 CDT 值。

在岩性相对稳定和厚度变化较小的地区，储层 CDT 值反映了石炭系储层的横向变化，可以度量储层的相对好坏。

根据石炭系及其上、下邻层地质组合，假设石炭系中有一透镜状储层发育段建立地质模型，进行正演（图 12-9a、b），然后作 DCI 反演和 CDT 处理，求出其密度衰减系数和储层 CDT 值（图 12-9c），在储层发育段，密度衰减系数和储层 CDT 值均有很好的对应关系。

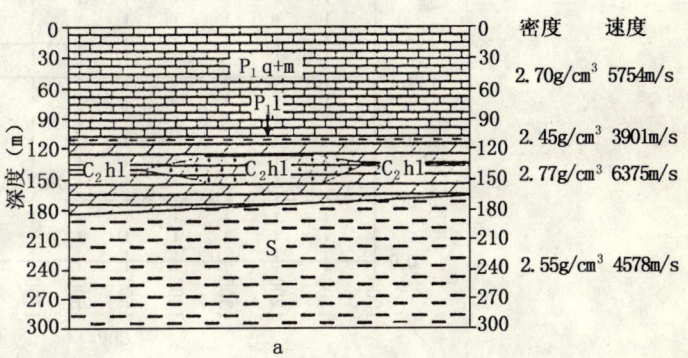

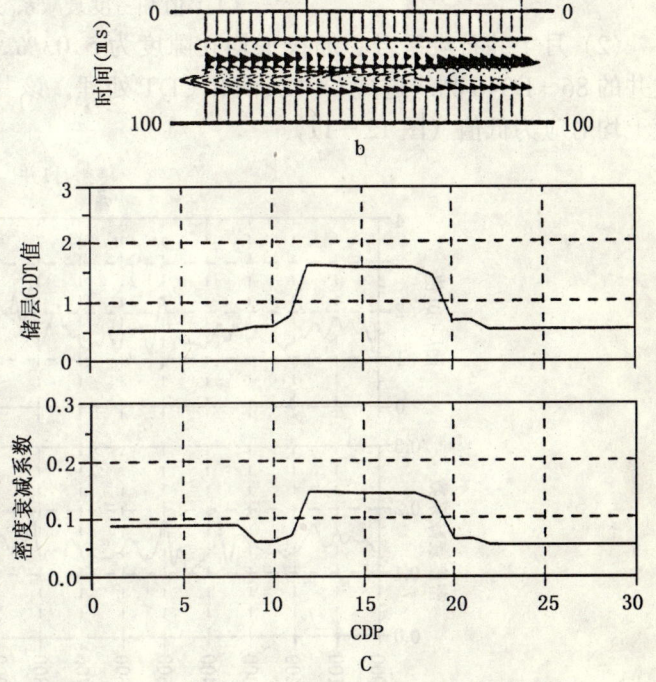

图 12-9 CDT 储层预测
a—川东石炭系储层地质模型；b—合成地震记录；
c—储层 CDT 值和密度衰减系数

二、CDT 储层预测技术应用效果

（1）张 3 井石炭系岩心加权平均孔隙度为 5.24%（下限值 3%），有效厚度 12.12m，产气 $16.03 \times 10^4 \mathrm{m}^3/\mathrm{d}$。对过张 3 井的 92-D363 测线进行 DCI 反演和 CDT 处理，在密度衰减系数和储层 CDT 值上，张 3 井处均显示为较高值（图 12-10）。

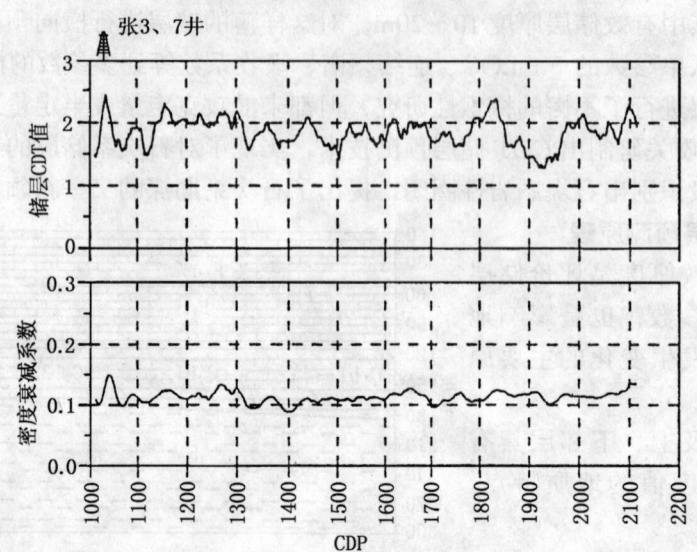

图 12-10　明月峡 92-D363 测线的储层
CDT 值和密度衰减系数

（2）月 1 井石炭系岩心加权平均孔隙度为 5.03%，有效厚度 3.47m，测试为干层。对过井的 86-D346 测线进行 DCI 反演和 CDT 处理，该井在求出的密度衰减系数和储层 CDT 值上均对应为低值（图 12-11）。

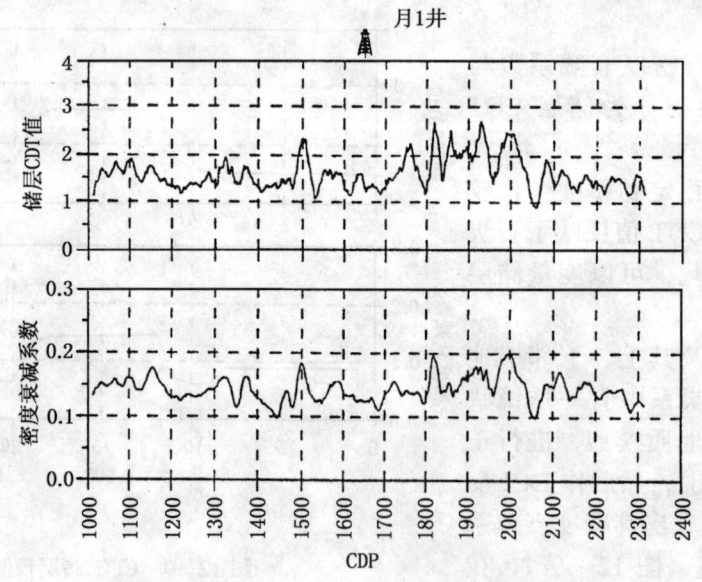

图 12-11　明月峡 86-D346 测线的储层
CDT 值和密度衰减系数

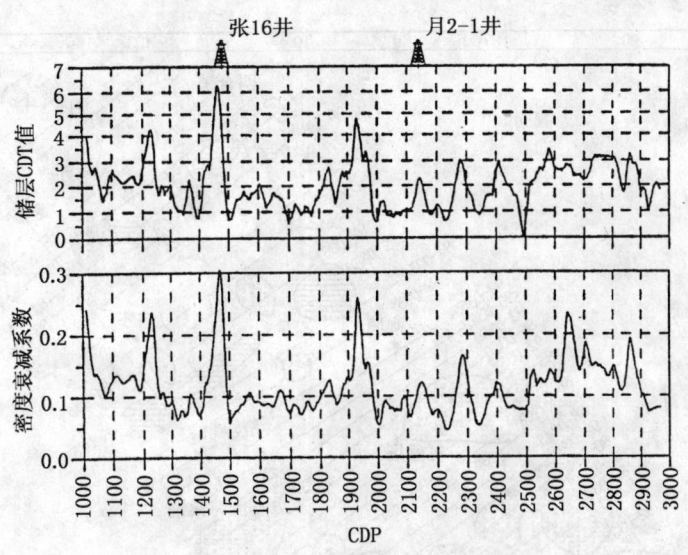

图 12-12 明月峡 84-D360 测线的储层
CDT 值和密度衰减系数

(3) 张 16 井石炭系岩心加权平均孔隙度为 6.8%，有效厚度 18.82m，测试产气 34.84×10⁴m³/d。对过井的 84-D360 测线进行 DCI 反演和 CDT 处理，求出密度衰减系数和储层 CDT 值，除了该井所处位置的密度衰减系数和储层 CDT 值均较高外，在 CDP1850～2000 段和 CDP2120～2170 段还有两个高值区（图 12-12）。而正在加深钻探石炭系的月 2-1 井正处于 CDP2145 点附近，反映出该段石炭系储层较厚，有可能获得工业天然气流。该井石炭系实钻岩心加权孔隙度为 6.54%，有效厚度 14.86m，测试产气 33.75×10⁴m³/d，同完钻前预测完全相符。

上述实例均反映出储层 CDT 值与储层的相对好坏有对应关系，利用储层 CDT 值预测石炭系储层变化是可行的，反演出的 CDT 值精度是高的（表 12-4）。

表 12-4 CDT 值反演误差

井 号	反演 CDT 值	测井 CDT 值	误 差
月 1	1.4	1.0	0.4
月 4	1.1	1.2	-0.1
月东 2	1.62	1.5	0.12
卧 124	1.95	1.9	0.05

三、石炭系储层预测

利用 CDT 储层预测技术，对明月峡构造带的 24 条共 500km 数字地震剖面进行了处理，编制了石炭系密度衰减系数分布图和石炭系储层 CDT 值分布图（图 12-13、图 12-14）。

通过对研究区内及邻近石炭系完钻井的储层物性和 CDT 值进行对比（表 12-5），发现储层 CDT 值与储层有效厚度及 $H \cdot \Phi$ 值有很好的正相关关系，即随储层 CDT 值增大，石炭系有效厚度增大，并由此确定了石炭系储层预测标准（表 12-6）。

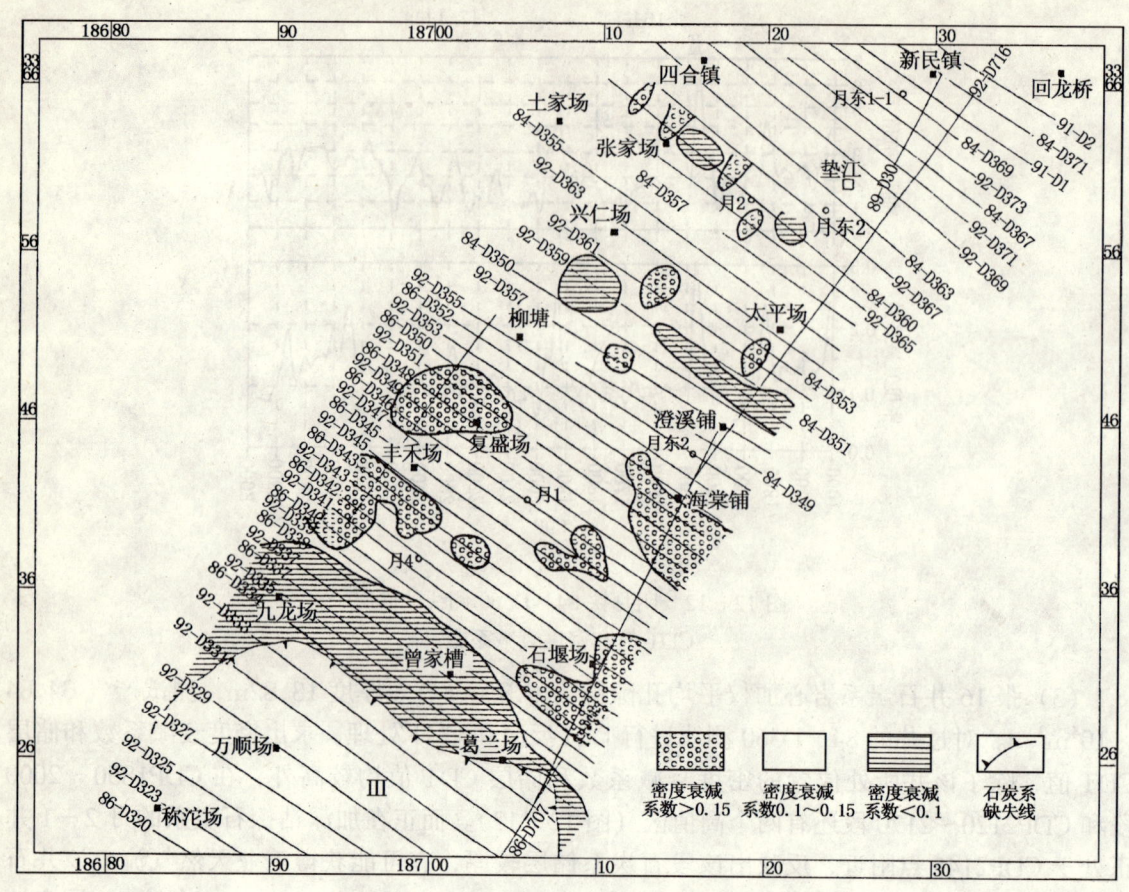

图 12-13　明月峡构造石炭系密度衰减系数分布图

表 12-5　石炭系储层参数与储层 CDT 值对比表

井　号	孔隙度（%）	有效厚度（m）	$H·Φ$ 值	储层 CDT 值	测试产量（$×10^4 m^3/d$）
张 16	6.8	18.82	1.28	4.5	24.84
张 3	5.24	12.12	0.64	2.55	16.03
月 2-1	6.54	14.86	0.97	2.5	3.75
月东 2	4.59	11.4	0.52	1.5	干层
月 1	5.03	3.47	0.17	1.0	干层
月 4	4.89	2.45	0.12	1.2	干层
张 17	4.29	3.0	0.13	0.8	干层

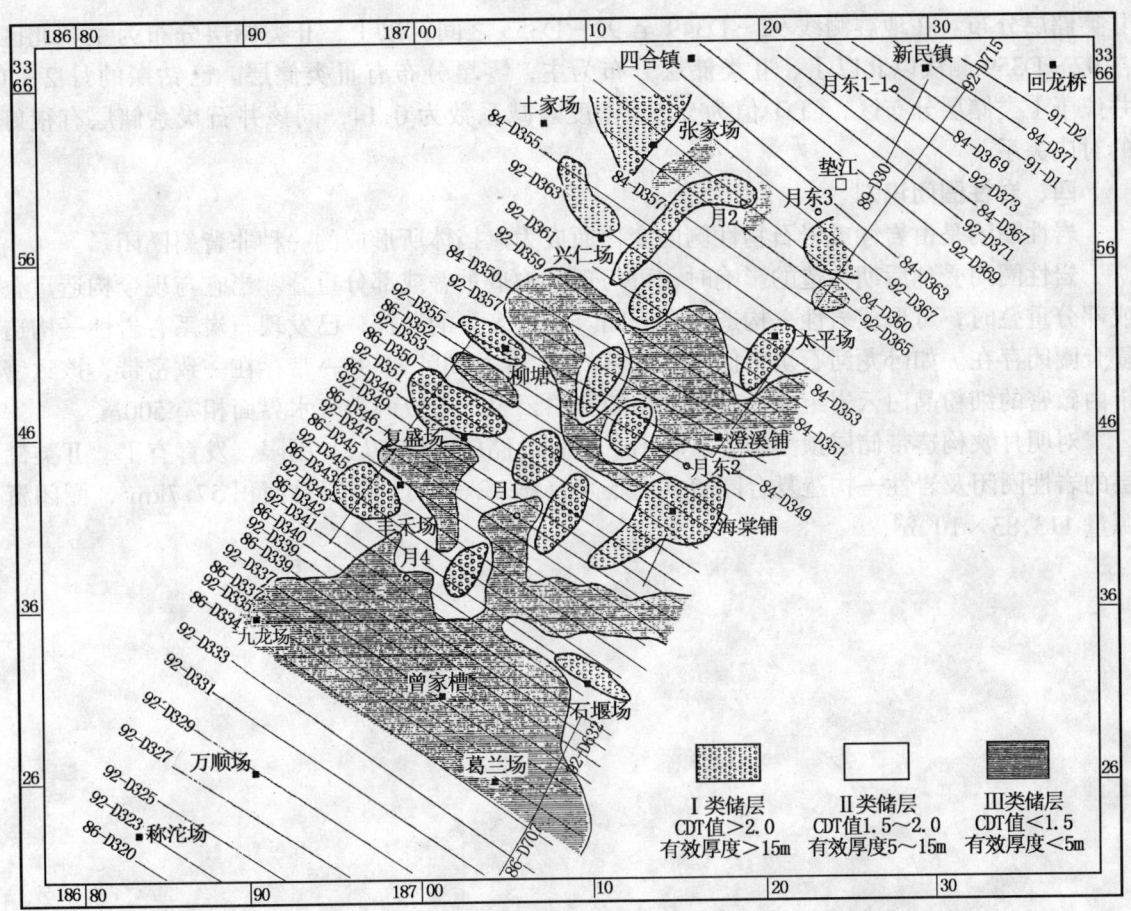

图 12-14 明月峡构造石炭系储层 CDT 值分布图

表 12-6 石炭系储层评价标准

储层类别	储层 CDT 值	预测有效厚度 (m)	储量丰度 ($\times 10^8 m^3/km^2$)
Ⅰ	>2.0	>15	>2
Ⅱ	1.5~2.0	5~15	1.5~2.5
Ⅲ	<1.5	<5	无

在明月峡构造带上，当 CDT 值>2.0 时，它所对应的有效厚度一般>15m，为Ⅰ类储层；

当 CDT 值在 1.5~2.0 时，它所对应的有效厚度为 5~15m，为Ⅱ类储层；

当 CDT 值<1.5 时，它所对应的有效厚度<5m，已不具工业储产能力，为Ⅲ类储层，即致密层。

在地震测线 92-D353 至 92-D359 测线之间，为石炭系致密带，CDT 值小于 1.5。

在致密带中，Ⅰ、Ⅱ类储层呈孤岛状分布，周围被致密层所围限。同时这一致密带将明月峡构造分为南、北两部分。南区在地震测线 86-D336 测线以南，石炭系缺失。在地震测线 86-D336 至 92-D349 之间以Ⅲ类储层分布为主，只在甘家湾、石堰附近有小范围的Ⅰ、

Ⅱ类储层分布。在地震测线 92-D349 至 92-D353 之间，以Ⅰ、Ⅱ类储层分布为主。北区在 92-D359 测线以北以Ⅰ、Ⅱ类储层分布为主，零星分布有Ⅲ类储层。已钻探的月 2-1 井位于Ⅰ类储层分布区，CDT 值为 2.5，密度衰减系数为 0.14，同该井石炭系储层有很好的对应关系。

四、岩性圈闭识别

岩性圈闭是由岩性或岩石物性侧向变化而成为遮挡体所形成的一种非背斜圈闭。

岩性圈闭受到后期构造的影响时，可与现今构造重叠或部分重叠。当它与现今构造重叠或部分重叠时，可形成岩性—构造复合圈闭。经过多年的勘探，已发现石炭系有岩性—构造复合圈闭存在。如卧龙河石炭系储层在北部的卧 76 井到卧 89 井一带存在一致密带，该致密带由致密的细粉晶白云岩组成，其两侧为溶孔白云岩，造成两端气水界面相差 500m。

对明月峡构造带储层预测结果反映出，被Ⅲ类储层（致密层）围限，发育有Ⅰ、Ⅱ类储层的岩性圈闭及岩性—构造复合圈闭共有 5 个（图 12-14），圈闭总面积 57.7km^2，圈闭资源量 $113.83 \times 10^8 m^3$。

第十三章 石炭系大中型气田形成条件及评价方法

第一节 大中型气田形成的地质因素

一、烃源岩生烃强度大

志留系烃源岩的生烃中心位于石柱东南的川湘洼陷,最大生烃强度大于 $100\times10^8m^3/km^2$(图11-9),川东地区志留系平均生烃强度为 $33.56\times10^8m^3/km^2$,具备了形成大中型气田的烃源条件。

二、成层性好的孔隙性储层

由Ⅰ、Ⅱ、Ⅲ类储集岩组成的石炭系孔隙层,在区域上分布较稳定,有效厚度10~30m,既是天然气富集的有效空间,也是天然气二次运移的良好输导层。

三、印支—燕山期古圈闭的早期聚集

继承性发展的印支—燕山期古隆起与石炭系缺失边界构成4个大型地层—构造古圈闭(图11-12),在时空上与志留系烃源岩的生、排烃高峰期配置良好,对烃类早期运聚有明显作用。已探明气藏个数的85.71%,探明储量的91.44%,均分布在印支—燕山期隆起上斜坡和古圈闭内(图13-1)。

四、面积大的多类型圈闭

喜山期造山运动形成石炭系多类型圈闭,为天然气最终聚集成藏提供了场所。以高陡构造带为单元统计,石炭系圈闭总面积多在 $100km^2$ 以上,是形成大中型气田的重要地质因素。

五、喜马拉雅期异常压力封闭

大范围分布的区域性盖层是石炭系天然气早期运移和聚集而不致散失的天然屏障,也是石炭系聚集成藏而得以保存的重要原因。

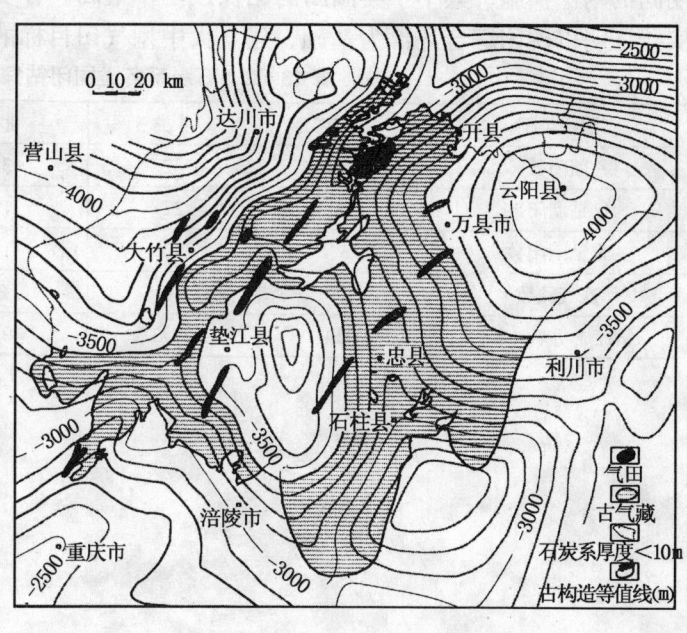

图13-1 川东地区早侏罗世末石炭系古圈闭与现今大中型气田分布

上述地质因素相互叠置的区域,就是石炭系大中型气田分布的最有利区域。

第二节 大中型气田评价方法

一、圈闭综合评价

以高陡背斜带为勘探单元,以石炭系天然气储量丰度和现今气藏保存条件为主要依据,

结合石炭系区域水动力条件和成藏系统分类的勘探风险性,制定出圈闭评价标准(表13-1),对石炭系圈闭进行分类评价。

表13-1 石炭系圈闭综合评价标准

评价类别	评价标准			
	有效储层厚度	出露最老地层	区域水动力条件	成藏系统分类
Ⅰ	>15m	T_2l以上	水势过渡区	过充注高阻捕集系统、正常充注高阻捕集系统
Ⅱ	10~15m	T_1j	水势过渡区、低水势区	过充注低阻捕集系统、正常充注低阻捕集系统
Ⅲ	5~10m	T_1f	水势过渡区、低水势区	过充注低阻捕集系统、正常充注低阻捕集系统
Ⅳ	<5m		高水势区	欠充注低阻捕集系统

二、勘探效果

根据圈闭综合评价标准,对108个石炭系圈闭进行了分类评价,经"八五"至"九五"期间的勘探实施,其中Ⅰ类圈闭的钻探成功率最高,Ⅳ类圈闭的钻探全部失败(表13-2)。实践证明以圈闭综合评价为基础,建立大中型气田目标的方法是科学的和行之有效的方法。

表13-2 石炭系各类圈闭钻探情况表

圈闭类型	Ⅰ类	Ⅱ类	Ⅲ类	Ⅳ类	合计
圈闭数	21	32	33	22	108
已钻圈闭数	18	22	19	15	74
未钻圈闭数	3	10	14	7	34
获气藏数	17	17	8	0	42
钻探成功率(%)	94.4	77.3	42.1	0	56.8

第十四章 加里东古隆起寒武—震旦系的烃源岩特征

第一节 主要烃源岩的地质特征

一、沉积相

从早寒武世沉积相的展布来看，西部为三角洲—扇三角洲，中、东部为广海陆棚。沉积持续时间长、物源丰富且粗。而陆棚区水深，主要沉积生油岩。

下寒武统筇竹寺组烃源岩属广海陆棚相沉积。它是四川盆地生烃能力最强、分布范围最广的一套烃源岩。岩性为深灰色泥岩、泥质灰岩夹粉砂岩、粒屑灰岩、核形石灰岩条带。含三叶虫、腕足、棘皮碎片，偶见骨针。薄层状，见水平层理、中小型交错层理、粒序层理。

沉积相的区域展布特征表现有一定规律，乐山—成都一带三角洲相的沉积厚度大，以砂、粉砂岩为主夹紫红色、灰绿色泥岩；绵阳—广元扇三角洲相的沉积厚度较大，以砂、砾岩、粉砂岩为主；自贡—南充—达县—万县广海陆棚相可分为两个亚相：自贡—南充碎屑广海陆棚相以粉砂岩、页岩为主，厚度较小；达县—万县碳酸盐广海陆棚相以泥晶灰岩、页岩为主，北部星散分布古杯丘和鲕粒滩，规模很小。

二、相模式

物源区位于康滇古陆至龙门山以西，向东海水逐渐加深，沉积物变细并过渡为碳酸盐泥，西部为三角洲—扇三角洲，中、东部为广海陆棚。该阶段持续时间长（筇竹寺—沧浪铺期）、物源丰富且粗，表明剥蚀区处于强烈抬升期。陆棚区水深，主要沉积生油岩，海陆过渡区形成砂岩储层（图14-1）[1]。

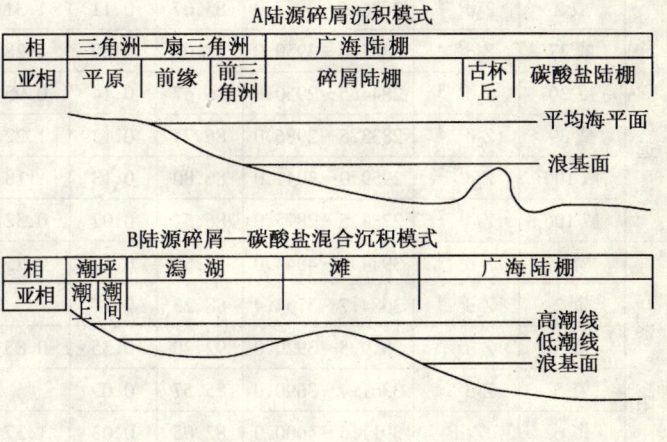

图14-1 陆源碎屑沉积模式图

第二节 震旦系气藏的天然气特征

一、天然气的组成

（一）烃类组成特征

威远、资阳震旦系天然气的干燥系数都较大，属过成熟干气。它们在烃类组成上无多大差别，最大的差别在非烃组成上。而资阳有这样一种现象，某些产能较低气层（如资5、资6井）的干燥系数较高，具有产能气层（资1、资3和资7井）天然气的干燥系数反而偏低，这可能与资阳是一个古油藏，油的裂解气较湿一些有关，而这种更干的气应该是更富含干酪

---

[1] 宋文海等，乐山—龙女寺古隆起大中型气田成藏条件研究（内部报告），1995年6月。

根的裂解气（表14-1）。

（二）非烃组成特征

1. 硫化氢的含量

硫化氢既可是原生的，也可是次生的。四川盆地震旦系气藏的天然气硫化氢含量一般都不高，如资阳、威远天然气硫化氢含量小于1.5%，属于高温裂解气。但两气藏的硫化氢含量有所不同，威远震旦系气藏天然气的硫化氢含量高于资阳，其硫化氢的含量一般在0.95%～1.32%，而资阳的工业气井如资1、资3、资7井震旦系气藏天然气硫化氢含量极低（表14-1）。但不能以硫化氢含量不同就可以说明资阳、威远震旦系气藏的天然气具有不同的来源。

2. 二氧化碳的含量

二氧化碳可以是有机成因的，也可以是无机成因的。如胜利油田的滨南气藏，二氧化碳含量很高，烃类气体的含量极少，为无机成因，它的成藏与基底断裂有关。资阳和威远震旦系气藏的天然气虽有一定量的二氧化碳，但含量都不高（表14-1），不能推断它们是无机成因的。

表14-1 资阳、威远震旦系气藏天然气的组成

地区	井号	层位	井深(m)	CH_4(%)	C_2H_6(%)	H_2S(%)	CO_2(%)	N_2(%)	Ar(%)	He(%)	C_1/C_{1+}
威远	威2	Z_2d^{3-4}	2836.5～3005.0	85.07	0.11	1.31	4.86	8.33	0.053	0.25	99.87
	威27	Z_2d^{3-4}	2851.0～3950.0	87.07	0.09	1.28	5.19	6.02	0.045	0.31	99.90
	威30	Z_2d^{3-4}	2844.5～2950.0	86.57	0.14	0.95	4.40	7.55	0.046	0.34	99.84
	威39	Z_2d^{3-4}	2833.5～2986.0	86.74	0.12	1.22	4.53	7.08	0.071	0.27	99.86
	威100	Z_2d^{1-2}	2959.0～3041.0	86.80	0.13	1.18	5.07	6.47	0.46	0.30	99.85
	威106	Z_2d^{1-2}	2788.5～2875.0	86.54	0.07	0.32	4.82	6.26	0.043	0.32	99.92
资阳	资1	Z_2d^{2-3}	3944.0～4044.0	93.59	0.12	0.75	4.31	1.22	0.002	0.04	99.87
	资2	Z_2d^{2-4}	3684.7～3754.4	88.23	0.17		3.49	4.17	0.041	0.09	99.81
	资3	Z_2d^{2-3}	3819.5～3920.0	92.20	0.35	0.83	5.66	0.97	0.031	0.009	99.62
	资5	Z_2d^{2-3}	3361.4～3690.0	85.57	0.09		0.007	11.88	0.082	0.32	99.89
	资6	Z_2d^3	3911.6～4000.0	82.05	0.03	1.37	6.59	9.67	0.003	0.20	99.96
	资7	Z_2d^{2-3}		94.22	0.26	0.91	3.49	1.10	0.014	0.032	99.72

3. 氮气的含量

氮气有多源性，如有火山来源、大气来源、细菌降解、有机质裂解等。国外对泥岩的最新研究，认为泥岩来源的天然气随成熟度的增加，氮气的含量增加，尤其是过成熟演化阶段，氮气的含量增加特别快，在成熟度为3.2%以后，由于烃类生成少，所产的氮气特别高。

威远震旦系气藏天然气的氮气含量为6.26%～8.33%，而资阳具有工业价值的天然气（资1、资3和资7井）氮气含量较低（0.97%～1.22%），可以证明资1、资3和资7井的天然气主要是油的裂解气，威远的天然气应该是富含干酪根的裂解气。

4. 氦的含量

氦有两种来源：一种是壳源的；另一种是幔源的。主要差别是所含氦的同位素值不同。

通过对下寒武统底部黑色泥岩的分析，威远、资阳泥岩的铀含量为 $26.3\sim51.6\mu g/g$，钍的含量为 $8.37\sim9.83\mu g/g$，而震旦系焦沥青中的铀、钍含量分别为 $0.1\sim2.1\mu g/g$ 和 $0.03\sim0.23\mu g/g$，比烃源岩低 $1\sim2$ 个数量级。因此，研究认为它们主要来自下寒武统泥岩。虽然在资阳缺这一套蓝灰色泥岩，但在个别井中出现了高的氦含量（如资 5 和资 6 井）。具有工业产能的天然气井（资 1、资 3 和资 7 井）氦含量都低，与灯影组中贫焦沥青成正相关，证明了资 1、资 3 和资 7 井的天然气主要为油的裂解气，而资 5 和资 6 井的天然气混入了干酪根裂解气，天然气中氦含量的差别代表了早期聚集的油的裂解气与晚期干酪根裂解气的差异。如果天然气直接由寒武系干酪根裂解生成，它们具有较高的氦含量，而由寒武系烃源岩生成的油运移聚集成为古油藏后，油裂解生成的天然气，因为贫放射性元素铀和钍，氦的含量也会明显较低。

因此，从天然气的组成，特别是非烃的组成上资阳、威远震旦系的天然气主要是来源于下寒武统，而资阳一些工业气井（资 1、资 3、资 7 井）的天然气与威远的天然气乃至资 5、资 6 井的天然气在组成上尤其是氦含量的差异，反映了前者主要是油的裂解气，后者则在不同程度上混入了干酪根裂解气。

二、天然气的碳同位素研究

（一）资阳、威远震旦系天然气的来源

通常情况下，干酪根热裂解可以生成油和气，石油再裂解形成沥青质和天然气，其碳同位素的级次关系为 $\delta^{13}C_1<\delta^{13}C_{油}<\delta^{13}C_{沥}<\delta^{13}C_{干}$，级差一般小于 $2‰\sim3‰$。从表 14-2 可知，资阳工业气井震旦系天然气甲烷同位素一般比威远的天然气轻 $5‰$ 左右，比资阳古圈闭翼部资 6 井的天然气甲烷同位素轻 $1.5‰\sim2.5‰$。研究认为，资阳天然气的甲烷碳同位素轻与贫氦、氦有直接的关系，用分段捕集的原理可以说明这一现象。$^{12}C-^{13}C$ 与 $^{12}C-^{12}C$ 的键能相差很大，在低温时主要是 $^{12}C-^{12}C$ 的断裂，加之长链的烃富 ^{12}C，所以干酪根早期生成的油和油伴生气的碳同位素都是较轻的，早期的油是其成油干酪根中更富 ^{12}C 的部分优先裂解而成，资阳是印支期形成的古构造，已被确认是一个古油藏，油是早期干酪根裂解的产物，油的裂解气更富 ^{12}C。在 R_o 为 2.2% 后，主要是晚期干酪根裂解气的生成时期，随着温度的增加，将促使 $^{12}C-^{13}C$ 键的断裂，随着天然气成熟度的增加，天然气的碳同位素更富 ^{13}C。而威远构造主要形成于喜马拉雅期，它所捕集的干酪根裂解气甲烷的碳同位素更富 ^{13}C。在威远个别井（如威 39 井）的震旦系天然气甲烷、乙烷的碳同位素值发生了倒转，证实有两种气的混合存在。资阳的天然气也有一些是富含氮、氦的（资 5、资 6 井），表明了这些天然气来自泥质烃源岩，即是来自下寒武统筇竹寺组的泥岩。

表 14-2 资阳威远震旦系气藏天然气碳同位素组成

地 区	井 号	层 位	井 深 (m)	$\delta^{13}C_1$ (‰)	$\delta^{13}C_2$ (‰)
威 远	威 2	Z_2d^{3-4}	$2836.5\sim3005.0$	-32.38	-31.34
	威 27	Z_2d^{3-4}	$2851.0\sim3950.0$	-31.96	-31.19
	威 30	Z_2d^{3-4}	$2844.5\sim2950.0$	-32.73	-32.00
	威 39	Z_2d^{3-4}	$2833.5\sim2986.0$	-32.42	-3.98
	威 100	Z_2d^{1-2}	$2959.0\sim3041.0$	-32.38	-31.82
	威 106	Z_2d^{1-2}	$2788.5\sim2875.0$	-32.37	-31.19

续表

地区	井号	层位	井深（m）	$\delta^{13}C_1$ (‰)	$\delta^{13}C_2$ (‰)
资阳	资1	Z_2d^{2-3}	3944.0～4044.0	-37.10	
	资3	Z_2d^{2-3}	3819.5～3920.0	-38.00	
	资6	Z_2d^3	3911.6～4000.0	-35.51	

（二）威远天然气中油裂解气混入量的初步估算

鉴于油的裂解气混入对威远震旦系气藏成藏的充注条件评价是非常重要的，有必要对其混入量进行计算。计算的原则是两种不同来源的天然气的混合是一个物理过程，不发生同位素分馏，因此服从如下的关系式：

$$Ax + B(1-x) = C$$

式中　A——油裂解气的甲烷碳同位素值；
　　　X——油裂解气的体积百分含量；
　　　B——干酪根裂解气的甲烷碳同位素值；
　　　C——混合天然气的甲烷碳同位素值。

如果用这一方程式来计算威远天然气中油裂解气的混入量，在 C 已知的情况下还有两个未知数，因此必须在已知 B 的值时才能计算 x，如何求得 B 值就很关键。目前采用类比资阳气藏 R_o 为2.5%时求 B 值的方法，求得威远天然气的甲烷碳同位素值 B 为-32.38‰，因而计算出威远天然气中的油裂解气占27.8%。应该指出这种估算是十分保守的，威远的天然气至少有近三分之一的量是来自油的裂解气才更为合理一些。

三、储层沥青的研究

对威远、资阳震旦系气藏的有效运聚系统研究，最为关键的技术方法就是通过对储层沥青和烃源岩中生物标志化合物的研究，最终进一步明确地指出油气源区和初步实现油气的运移追踪。

（一）正构烷烃具相似性，均存在 nC_{14}—nC_{20} 范围内的偶碳优势

从烃源岩和储层沥青的正构烷烃分布图（图14-2）对比后发现，烃源岩和储层沥青的正构烷烃分布都颇相似，表现出均存在 nC_{14}—nC_{20} 范围内具有明显的偶碳数优势。这不仅表明了二者同源的特征，而且也表明了生油环境是强还原的，烃源岩中保存有早期成烃的特征。

另外，威117井震旦系储层沥青还表现出明显的生物降解特征，但在 nC_{20}—nC_{24} 范围内的这种偶碳数优势依然存在。可能降解作用发生在加里东期，降解沥青主要分布于威远背斜东南翼。

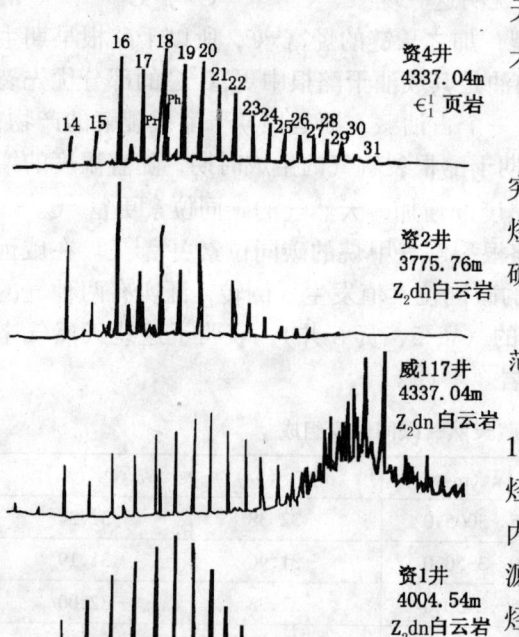

图14-2　烃源岩和储层沥青的正构烷烃分布图

(二) 姥植比较低

资阳地区筇竹寺组页岩的 Pr/Ph 是 0.58，震旦系气层中的 Pr/Ph 从 0.40～0.61；威远震旦系气层的 Pr/Ph 为 0.43，水层的 Pr/Ph 为 0.13～0.78，其对比关系良好。页岩中的 Pr/Ph 低也表明生油环境是强还原的。

(三) 三环萜烷和五环三萜烷具很高的一致性

根据对资阳和威远地区烃源岩和储层沥青中生物标志化合物（三环萜烷和五环三萜烷）的对比分析，从图谱上反映出两者很高的一致性。

也从这个角度上表明了资阳、威远地区震旦系储层沥青来自寒武系烃源岩的特征。为了能够区别沥青是来自哪个地域的寒武系，选择了一些非常规的生物标志化合物（如 10-脱甲基藿烷、甲基藿烷）对资阳、威远的储层沥青来源，进行了进一步的研究，因而达到进一步追踪油气源及运移方向的目的（图 14-3）。

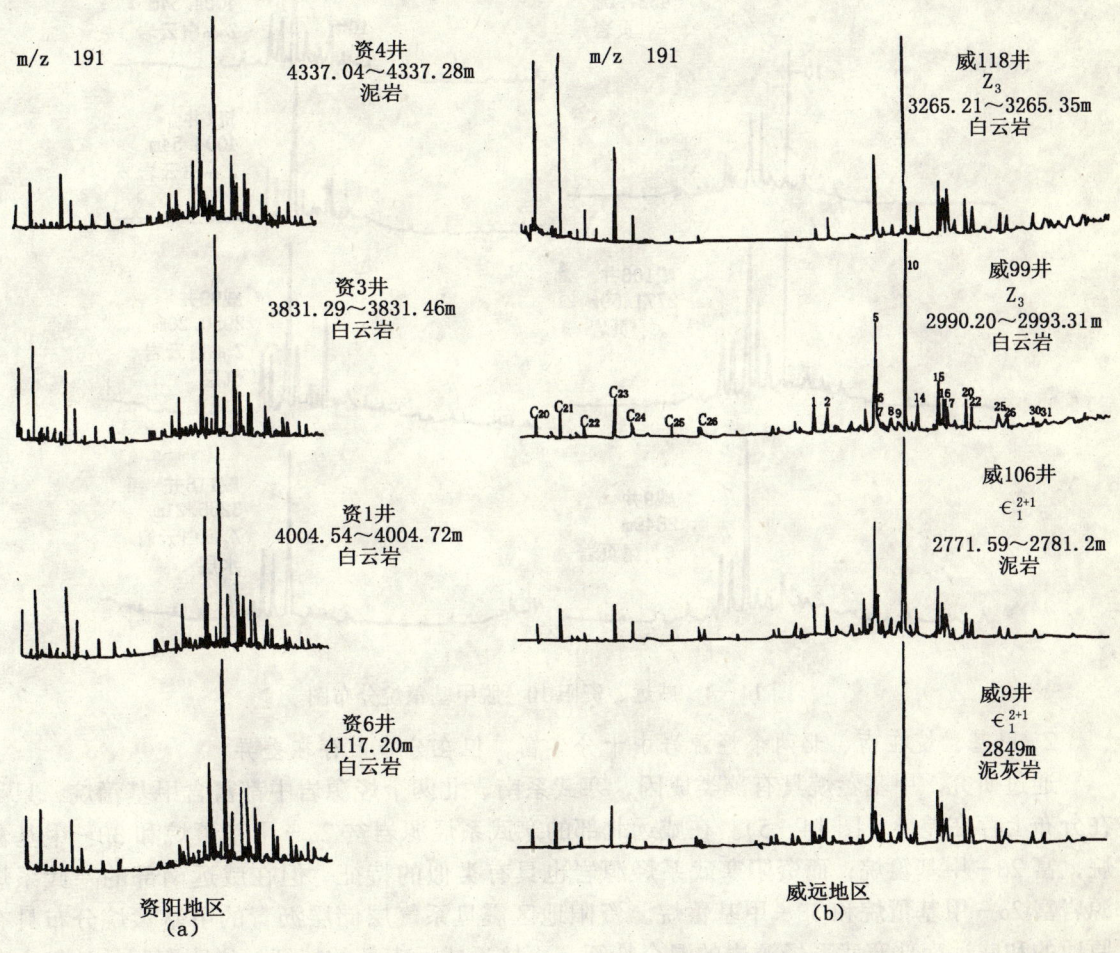

图 14-3 资阳、威远地区储层沥青和烃源岩的三环萜烷和五环三萜烷分布图

1. 10-脱甲基藿烷的分布具有明显差异，反映出两区油气的来源不同

资阳、威远地区寒武系烃源岩和储层沥青中普遍存在 10-脱甲基藿烷，但分布具有明显的差异（图 14-4）。以威 106 井为代表的北部寒武系烃源岩富 10-脱甲基藿烷；以威 9 井为代表的南部寒武系烃源岩贫 10-脱甲基藿烷。威 99 井气层富含 10-脱甲基藿烷，它的

分布表现为威远的油和北部寒武系烃源岩来源的混合特征，更接近北部寒武系烃源岩的特征。也表明了威远震旦系的天然气主要是从资阳方向转移来的。而资阳地区震旦系储层（包括气层和水层）中富含10-脱甲基藿烷。威远地区在气藏形成之前，主要捕集的烃类来自南部的烃源岩；在气藏形成过程中，天然气绝大部分来自北部烃源岩，从而形成了威远地区气层富、水层贫10-脱甲基藿烷的格局。而资阳地区震旦系储层沥青富含10-脱甲基藿烷，表现出南、北两区烃源岩油气的混合特征。根据10-脱甲基藿烷对资阳古油藏中的油进行估算，从威远东南部寒武系烃源岩生油区方向运移来的油占了主要部分，约为4/5；而原地寒武系烃源岩生成的油只占1/5，这说明威远东南部的寒武系主要生油气区对整个加里东古隆起的聚油是十分重要的。但威远震旦系气藏与北部烃源岩的关系十分紧密的。

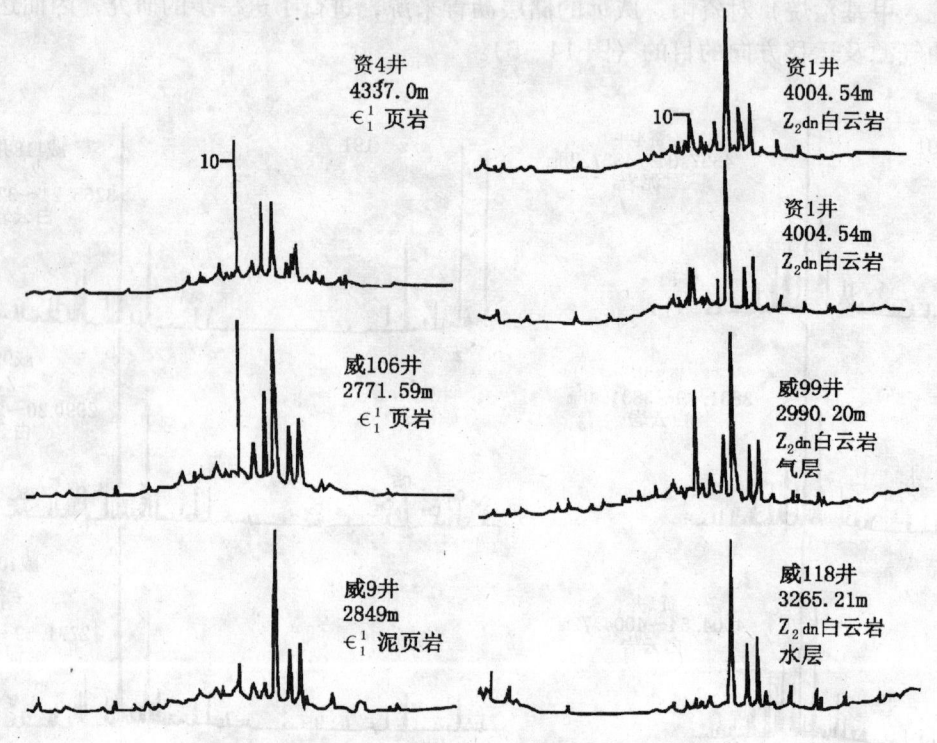

图14-4　威远、资阳10-脱甲基藿烷分布图

2. 甲基藿烷在南、北两个烃源岩中十分丰富，但在分布上存在差异

通过研究，甲基藿烷具有藻类成因，寒武系南、北两个烃源岩中都富含甲基藿烷，只是在分布上存在差异（图14-5）。在威远北部的寒武系烃源岩贫2α-甲基藿烷和3β-甲基藿烷，富2β-甲基藿烷；而资阳寒武系烃源岩也具有类似的特征。但在威远南部的寒武系烃源岩富2α-甲基藿烷和3β-甲基藿烷。资阳地区震旦系气层储层沥青的甲基藿烷分布具有原地的和威远南部寒武系烃源岩的混合特征，更接近威远南部的特征，说明资阳的油气主要是来源于威远东南部的主要生油区，得出了与用10-脱甲基藿烷对比所得一致的结论。

第三节　烃源岩的有机质演化特征

从有机质热演化史看，加里东期—海西期在长达3.65亿年的漫长地质历史时期内，只有古隆起南斜坡区及凹陷区进入有机质成熟阶段，具备大规模供烃能力。而四川盆地震旦系生烃能力较弱，其烃源主要依靠寒武系的大量补给。烃源岩有机质的演化与古隆起的演化是密切相连的，其演化具有三大特征。

一、成烃高峰期参差不齐，供烃时间长

加里东古隆起具有同沉积隆起兼剥蚀隆起的特征，烃源岩有机质的演化表现为一个由古隆起边缘凹陷向古隆起顶部逐渐推进的演化过程。古隆起南部坳陷区（自深1井以南）烃源岩在加里东期进入低成熟期，主要生成液态烃，R_o值小于0.5%，由于加里东运动使盆地抬升，一直到二叠纪末海西期，南部凹陷及斜坡区又进入成油期（R_o值

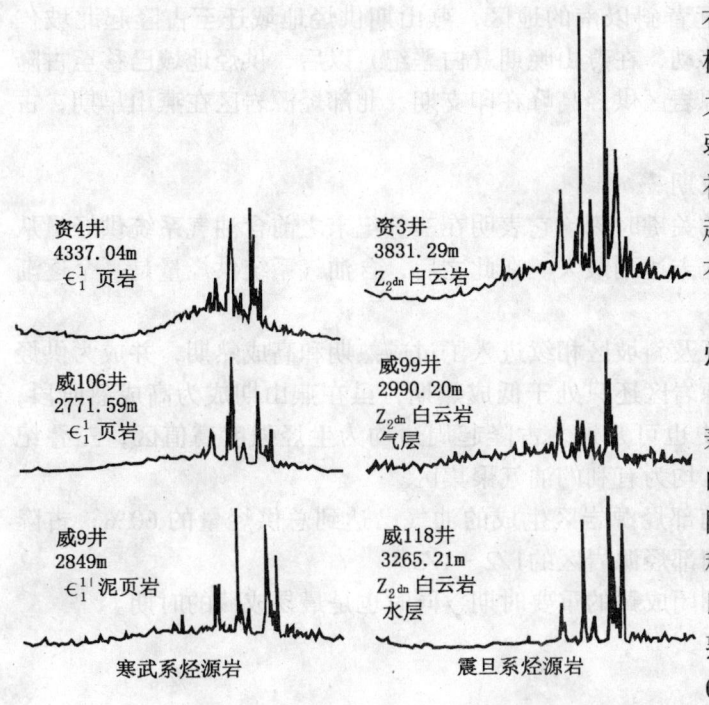

图14-5 威远、资阳甲基藿烷分布图

大于0.65%），并逐渐进入成油高峰期，但古隆起带及其以北的广大地区才进入低成熟期（R_o值小于0.6%）。印支期，烃源岩有机质成熟度极大地提高，南北两侧斜坡区已进入高成熟期，（R_o值为1.0%～2.2%）主要生成轻质油和天然气。南部凹陷区已进入过成熟期，R_o值大于2.2%，主要生成干酪根热裂解气。燕山期，古隆起顶部处于高成熟阶段，R_o值为1.5%～2.2%，大量形成液态烃热裂解气。上斜坡区进入过成熟期，主要生成干酪根热裂解气。南北两侧凹陷区及下斜坡区R_o值普遍大于3.2%，已不具备大规模的生烃能力。喜山期，古隆起带进入过成熟期，R_o值普遍大于2.2%，主要形成干酪根热裂解气。

震旦、寒武系烃源岩大规模生烃始于加里东期，直至喜山运动剧烈抬升之前（早第三纪末），在长达4.16亿年的地质历史时期中，一直保持了较大的供烃速度（每百万年0.036×10^8～$0.077\times10^8 m^3/km^2$）（图14-6）。

因此，不同构造时期形成的构造将会捕获不同成烃演化阶段形成的油气，南坳陷区烃源岩在海西期进入成油高峰期，古隆起顶部及北部区则在燕山期进入成油高峰期。

二、供烃地域具迁移性

由于古隆起主要烃源岩成烃高峰期在时空上的差异性，因而形成的供烃地域具有迁移性特征。加

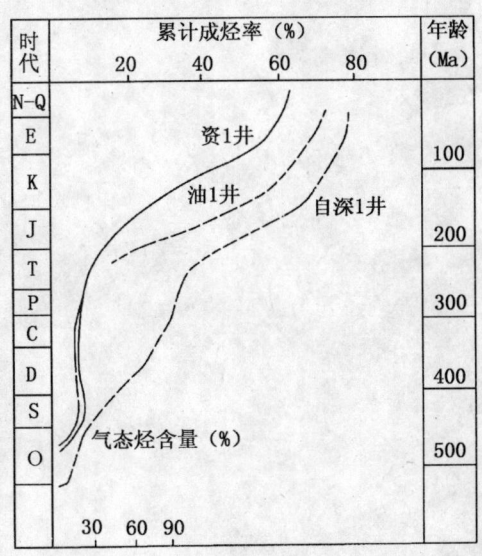

图14-6 资1井、自深1井、油1井寒武系成烃曲线对比图

里东—印支期供烃地域主要位于威远背斜以南的地区，燕山期供烃地域迁至古隆起北坡仁寿、简阳一带，并逐渐向古隆起带移动，在燕山晚期（白垩纪）以后，供烃地域已移至古隆起轴部。因此，总体上看，南部烃源岩区供烃高峰在印支期，北部烃源岩区在燕山早期，古隆起轴部供烃高峰持续时间较长。

三、三叠纪末是大规模油气生成期

三叠纪末是古隆起含油气系统的关键时刻，它表明在三叠纪末之前含油气系统供烃量从无到有逐渐增加的过程，并在三叠纪末达到最大。在此之后，含油气系统供烃量是一个逐渐减少的过程，其理由是：

（1）印支期，古隆起南部凹陷区及斜坡区相续进入了过成熟期和高成熟期，并成为供烃的主要地域，而古隆起带及北部烃源岩区还只处于低成熟期，虽在燕山期成为高成熟阶段，但生烃能力远不如印支期。从生烃史也可知道，古隆起周边均为生烃强度高值区，三叠纪末，古隆起核部中段及其南北斜坡区均为有利的油气聚集区。

（2）燕山期前，从供烃量看，南部烃源岩区生成的油气已达到总供烃量的60%；古隆起北坡及古隆起带的供烃强度只有南部烃源岩区的1/2～1/3。

因此，三叠纪末是含油气系统圈闭成藏的重要时期，同时也是最易成藏的时期。

第十五章 加里东古隆起古岩溶型储层特征

在过去的十几年里,国外一些著名的地质学家如 Bathurst(1971 和 1975)、Longman(1980)、Esteban 和 Klappa(1983)、James 和 Choquette(1984)等对古岩溶作用的研究较为重视,但随着高分辨率地震剖面和解释处理技术的蓬勃发展,直到近些年来才认识到岩溶不整合的区域分布和形态在岩溶研究中的重要性。由于世界上有 50% 以上的油气多聚集分布于碳酸盐岩层中,因而碳酸盐岩中与古岩溶有关的油、气储层,是近十多年来石油地质学家十分关注的问题。目前,国内外发现了许多与古岩溶有关的大油气田,如美国西得克萨斯二叠纪 San Anches 组中 Yates 油田;墨西哥白垩纪 Golden Lane 大油田;我国鄂尔多斯下奥陶统马家沟组上部的气田和塔北奥陶系气田。

那么,什么是古岩溶?[1] 古岩溶的定义可以这样解释:一般来说,第三纪以前各地质历史时期发育的岩溶作用。它包括风化壳岩溶和埋藏岩溶。

在四川盆地地质历史发展时期,震旦纪末的桐湾运动、寒武纪末的兴凯运动使古老的地层隆起抬升,遭受风化剥蚀,形成了震旦系顶、寒武系顶的古风化壳,促使良好的溶蚀孔洞缝发育,也形成了典型的古岩溶型储层。因此,在储层研究中加强古岩溶研究,对于重新认识储层有着十分重要的作用。

第一节 古岩溶作用特征

由于可溶性碳酸盐岩的岩溶作用,则可以形成独特的地表和地下岩溶地貌。古风化壳岩溶与埋藏岩溶在发育部位、充填方式与程度、微量元素、氧碳同位素以及矿物晶形等方面有着许多不同的标志特征,因而对两类岩溶标志特征的正确区分与认识,是进一步深化研究古岩溶的基础。

一、古风化壳岩溶和埋藏岩溶的标志特征

(一)古风化壳岩溶的标志特征

四川盆地在震旦纪末受桐湾运动及寒武纪末受兴凯运动的影响发生隆起抬升,在震旦系灯影组顶部及寒武系洗象池群顶部遭受风化剥蚀和溶蚀作用(岩溶作用),形成古风化壳岩溶。

1. 地层特点

地层遭受大套剥蚀。桐湾运动造成震旦系灯影组不同程度的缺失,并与上覆下寒武统呈区域假整合接触,在假整合面上有风化残积层存在。兴凯运动不仅造成盆地西部寒武系不同程度缺失,而且在盆地中部形成上寒武统与下奥陶统之间的间断接触。古地形总的趋势为西北隆、中部高、东南洼。

2. 发育部位特点

在距离侵蚀面一定深度内发育(一般小于80m),富含 CO_2 的地表水和地下水的溶蚀作

---

[1] 张锦泉等,四川资阳地区震旦系古岩溶作用及分布规律(内部报告),1997。

用强烈，形成复杂多样的地表古岩溶地貌以及大量地下溶蚀和洞穴系统。

3. 充填程度特点

在不同规模大小的溶缝、溶孔、溶洞及洞穴见有各种类型的岩溶岩充填，包括溶积砾岩、溶积角砾岩、溶积砂岩及溶积泥岩等，溶积物主要来自围岩，也有部分陆源碎屑和上覆层沉积物沿溶缝、溶洞和洞穴贯入或经地下暗河搬运沉积形成。

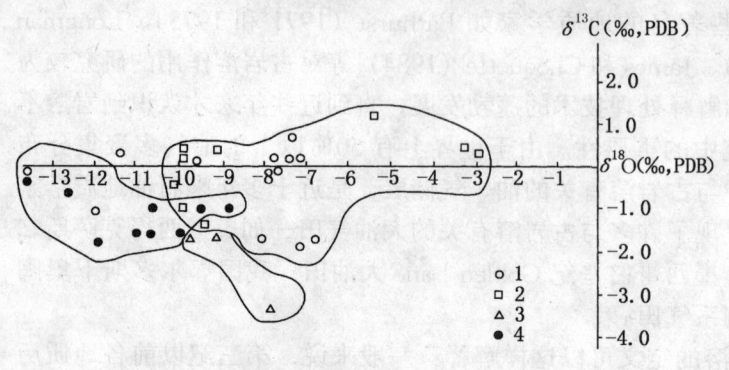

图 15-1 灯影组溶洞中充填白云石 $\delta^{13}C$ 与 $\delta^{18}O$ 关系图
淡水白云石：1—花边状白云石；2—粉晶、细晶白云石；
埋藏热水成因白云石：3—扁平状异形白云石；
4—乳白色粗晶异形白云石

4. 微量元素及氧碳同位素特点

溶缝、溶洞及洞穴中充填矿物，以低 Fe、低 Mn、低 Na、$\delta^{13}C$ 在零值附近、$\delta^{18}O$ 偏负的淡水白云石为主（图 15-1、图 15-2）。

5. 井漏、放空特点

据 1981 年统计，在威远气田震旦系气藏中，见钻井放空的有 14 口井，共计 20 井次。有 21 口井井漏，威 90 井漏失钻井液 105.07m³；资阳地区震旦系气藏，资 1 井漏失钻井液达 451.5m³。

（二）埋藏岩溶的主要标志特征

埋藏岩溶主要是指有机质成熟期酸性地层水在运移、排放过程中对碳酸盐岩的溶解作用。震旦系和寒武系被埋深达 3000～4000m 以下，富含 CO_2 的地下热水及其它酸性水、热液等流体的流动，从而发生溶蚀作用。

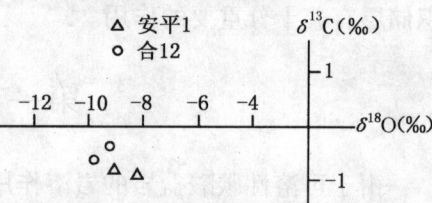

图 15-2 洗象池群溶洞中充填
白云石 $\delta^{13}C$ 与 $\delta^{13}O$ 关系图
△扁平状异形白云石；○花边状白云石

1. 溶蚀、改造特点

除了产生新的溶洞外，主要沿着裂缝、晶间、粒内、溶洞进行溶解，也可溶蚀风化期孔洞缝中的各种胶结物。

2. 充填程度特点

溶洞中充填物除了风化期充填的葡萄花边和粉、细晶白云石外，主要为扁平状和乳白色粗晶白云石、石英及沥青等。充填序列有 3 种：（1）葡萄花边→粉、细晶白云石→扁平状白云石→乳白色粗晶白云石；（2）粉、细晶白云石→乳白色粗晶白云石；（3）乳白色粗晶白云石。最后均可被无色、乳白色石英、黄铁矿、沥青等不同程度充填。

3. 包裹体温度、氧碳同位素特点

液体包裹体均一温度平均为 130℃ 左右，有机包裹体均一温度平均为 120℃ 左右，气液包裹体均一温度平均为 150～210℃，白云石均为异形白云石，$\delta^{13}C$ 为 0.495‰～-3.258‰ (PDB)，$\delta^{18}O$ 为 -7.777‰～-15.08‰ (PDB)。

4. 矿物晶形特点

石英、黄铁矿标型特征为复合聚形晶，石英为两个菱面体与六方柱聚形，黄铁矿为立方体与八面体聚形。

二、两种不同的古岩溶地貌模式

岩溶地貌是指由溶蚀作用所造成的各种地形景观。岩溶地貌特征受地形、构造、岩性、气候及地表水和地下水运动等综合地质因素的控制。古岩溶地貌的恢复主要依据古构造、古地质图与沉积补偿厚度分析,同时结合有关的高分辨率地震资料。

根据对构造隆起上古风化壳岩溶地形高低变化分析,划分出岩溶高地、岩溶斜坡、岩溶盆地以及它们中的残丘、溶丘、洼地等正、负相间地形的次级地貌单元。

(一) 震旦系灯影组顶部溶丘—洼地发育的古岩溶地貌模式

溶丘—洼地发育的古岩溶地貌模式的建立 (图 15-3),主要是综合考虑了古构造演化格局、古地质图、灯四残厚沉积补偿厚度分析、高分辨地震资料、有利的储层发育区以及影响古岩溶发育的主要控制因素。该模式具有以下特点。

(1) 古岩溶地貌以西部高、南北部低、中部向东倾斜的大斜坡为特点。总的古地形趋势是西北隆、中部高、东南洼,这为岩溶地貌的发育奠定了基础。通过综合分析,把四川盆地震旦系顶部古岩溶地貌划分为成都—简阳岩溶高地、威远—万县岩溶斜坡、剑阁—南江岩溶盆地及宜宾岩溶盆地等古岩溶地貌单元。西部出露了震旦系和下寒武统,中部出露中上寒武统,东南部出露奥陶、志留系。

(2) 古地貌从高到低形成水文区域分带,即岩溶高地划为补给区,岩溶斜坡划为地下水迳流区,岩溶盆地划为排泄—汇集区。在补给区,岩溶水以垂向运动为主,形成溶缝、直立溶洞;在地下水迳流区,岩溶水除以垂向渗入外,以水平运动为主,岩溶发育呈层状分布,由于地下水循环交替活跃,则地下岩溶持续发育;在排泄—汇集区,岩溶水呈泉群汇流。

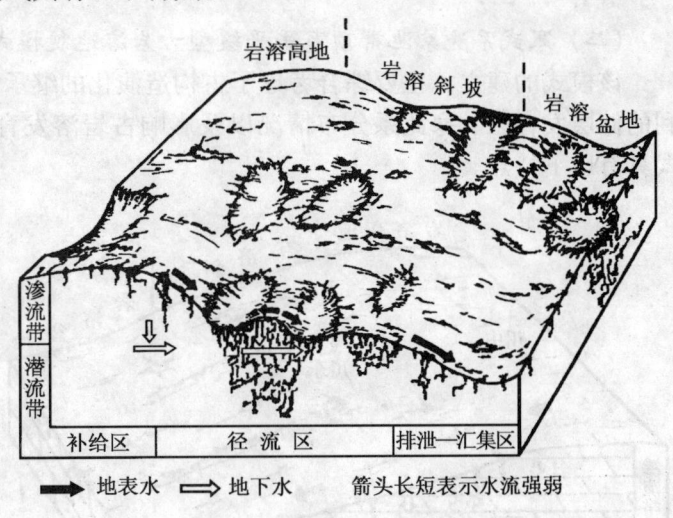

图 15-3 灯影组顶部溶丘—洼地发育的古岩溶地貌模式图

(3) 在纵向上古岩溶具有明显的岩溶分带。一个理想的岩溶体系里,地下水自上而下可分为渗流带和潜流带。而岩溶高地只有渗流带 (如汉王场地区),岩溶斜坡有渗流带和潜流带。古隆起岩溶斜坡带均存在二个较完整的岩溶旋回 (如资阳地区)。

(4) 古隆起岩溶斜坡带以溶丘—洼地发育为特点。资阳、威远地区就位于威远—万县岩溶斜坡上威远—资中溶丘—洼地次级古岩溶地貌内,总体表现为西高东低、向北东倾斜的古岩溶地貌特征。属于溶丘—洼地次级古岩溶地貌的还有高石梯—龙女寺、涪陵—石柱、万县—巫溪。

(5) 通过对岩溶高地 (安平 1 井)、岩溶斜坡 (资 2、资 3、资 4、资 7 井) 和岩溶盆地 (窝深 1 井) 岩心取心段的古岩溶研究,认为岩溶斜坡的溶丘—洼地次级古岩溶地貌是古岩溶最为发育的地貌单元。在这种地貌单元内,溶蚀孔洞层十分发育,是优质储层发育地区 (表 15-1)。

— 173 —

表15-1 不同岩溶地貌中溶洞层和溶穴层统计表

特征	岩溶地貌	岩溶高地	岩溶斜坡				岩溶盆地
			溶丘高地	溶丘斜坡		洼地	
井号		安平1	资2	资3	资7	资4	窝深1
取心长 (m)		29.5	112.49	22.17	8.88	85.34	
溶洞层	累厚 (m)	1	9.63	6.62	2.28	15.03	不发育
溶穴层	累厚 (m)	2.5	5.8	1.4	2.8	13.11	
溶洞层+洞穴层厚度占岩心长度百分数(%)		11.52	13.72	36.17	57.2	33.02	

（二）寒武系洗象池群顶夷平平缓型古岩溶地貌模式

该模式的建立，主要综合考虑了古构造演化的继承性、古地质图、兴凯运动的影响、有利的储层发育区、寒武系分布情况以及影响古岩溶发育的主要控制因素（图15-4）。该模式具有以下特点。

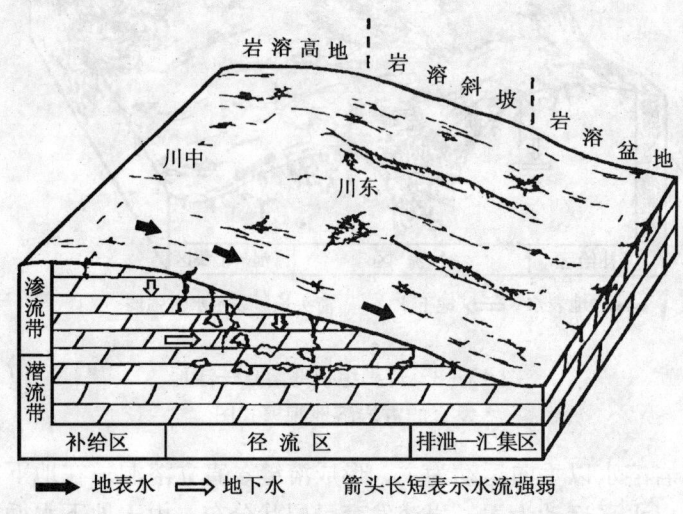

图15-4 寒武系洗象池群顶夷平平缓型古岩溶地貌模式图

(1) 古岩溶地貌是寒武系顶被剥蚀夷平平缓型岩溶地貌，且以岩溶高地与岩溶斜坡的地形高差小为特点。寒武系顶古岩溶地貌划分为：绵阳—资阳岩溶高地、达县—泸州岩溶斜坡和万县—重庆岩溶盆地。

(2) 寒武系顶古地形特征表现为继承性，即西北高、中部斜坡、东南洼的格局。兴凯运动使龙门山地区隆起，龙门山中南段及川西边部寒武系全部遭受剥蚀，龙门山北段—川西—荣径一带仅残留下寒武统，该带以东则寒武系渐趋齐全增厚，并被奥陶、志留系覆盖，埋深增大。上寒武统与下奥陶统之间为间断接触。

(3) 古地貌从高到低形成水文区域分带，即岩溶高地划为补给区，岩溶斜坡划为地下水径流区，岩溶盆地划为排泄—汇集区。在补给区，岩溶水以垂向运动为主，形成溶缝、直立溶洞；在地下水径流区，岩溶水除垂向渗入外，以水平运动为主，岩溶发育呈层状分布，由于地下水循环交替活跃，则地下岩溶持续发育。

(4) 在纵向上古岩溶也具有一定的岩溶分带。只因为寒武系打井少，取心资料少等原因，所以目前仅见一个完整的岩溶旋回。渗流带与潜流带发育深度不如震旦系灯影组。

三、古岩溶发育的有利部位

通过分析研究风化壳界面以下几十米内储层的分布特点，发现储层并非呈均一状态分布，纵向上存在相对致密段和古岩溶发育段交替出现，这反映出岩溶具有分带性特点。

依据地下水流动状态和地下岩溶特征，由风化壳界面向下可划分出地表岩溶带、渗流岩溶带和潜流岩溶带。对资1、资2、资3、资4、资5、资6井及女深5井和安平1井等单井的岩溶储层纵向发育段的分析与研究，岩溶剖面表现出以下几个特征。

（一）渗流带和潜流带洞穴的形态和产状不同

地下岩溶形态有溶缝、溶孔、溶洞及洞穴，从上往下由溶缝—溶孔—溶洞组合为主变为溶洞—溶孔组合为主。渗流带溶洞形态呈水滴状、裂隙状。潜流带溶洞形态呈扁圆状、椭圆状，溶缝主要发育于渗流带，并与溶洞层相间出现。由于潜流带的地下水来自渗流带，溶缝为主要通道。随着潜水面升降变化，造成渗流带与潜流带中发育的具不同产状和形态的溶洞层交替出现，形成复合型溶洞。

（二）震旦系灯影组古岩溶存在两个岩溶旋回、寒武系洗象池群存在一个岩溶旋回

1. 震旦系灯影组岩溶旋回的特征

风化侵蚀期地壳仍持续抬升，导致潜水面下降，使岩溶剖面中渗流带与潜流带交替出现，形成岩溶旋回。震旦系灯影组古岩溶可划分出两个岩溶旋回，标志着桐湾期古隆起至少经历了两次比较明显的抬升。通过建立纵向古岩溶发育模式，第Ⅰ岩溶旋回渗流带残留厚度小于16m，潜流带厚度17~30m；第Ⅱ岩溶旋回渗流带厚度36~56m，潜流带厚度31~67m。岩溶旋回潜流带与渗流带交替部位，溶洞层较发育。

2. 岩溶深度与灯影组残厚呈相反的关系

通过对灯影组残厚与古岩溶深度之间的关系研究，发现两者存在负相关关系[$Y = -0.1872X + 81.1549$，X表示灯三+灯四残厚（m）、Y表示第二主岩溶带距震旦系顶深度（m）]。从震旦系灯影组岩性与岩溶作用的相互关系看，灯四段岩性主要以泥粉晶白云岩夹硅质薄层和泥岩为主，不利于岩溶作用的进行，古岩溶不发育。而灯三段和灯二段上部岩性以藻粒屑白云岩、核形石白云岩、藻粘结岩和粉细晶白云岩为主，有利于岩溶作用的进行，故古岩溶发育。残厚越大，古岩溶深度越小，古岩溶越差。相反，残厚越小，古岩溶深度越大，古岩溶越发育。同时，也表明灯影组最大主岩溶带深度不超过81m，这个深度代表了桐湾期风化古岩溶强烈作用的最大深度，大于这个深度，虽然也能形成孔洞层，但单层厚度小，间隔距离大，分散性强。

3. 寒武系洗象池群存在一个完整的岩溶旋回

根据对岩心的分析研究，寒武系洗象池群存在一个完整的岩溶旋回，渗流带残留厚度为12~16m，潜流带厚20~30m。溶蚀空隙以溶缝、溶洞组合为主，洞穴少。溶洞扁圆形、椭圆形，孤立溶洞多。

第二节 储集空间类型与储集类型

四川盆地加里东古隆起震旦、寒武系有效储层均为碳酸盐岩储层，储集空间主要是表生期古岩溶作用和成岩后生作用及后期构造形变形成的次生孔洞缝，总体属低孔低渗、非均质性强的储层。储集类型以裂缝—孔洞型或裂缝—孔隙型为主。从孔洞缝发育程度及有效储层厚度看，以灯影组储层最好，寒武系洗象池群储层较差。

一、储集空间类型

震旦、寒武系碳酸盐岩储层的空隙，具有多期次和多类型的特点。通过研究和分析，并

按空隙的成因与形态，将空隙分为孔、洞、缝3类17亚类（表15-2）[①]。

空隙是孔、洞、缝的总称，孔和洞以2mm作为分界线、直径小于2mm者为孔，大于2mm者为洞；缝则以长、宽比≥10为标准。

（一）孔隙类型

按其成因分为原生孔和次生孔。原生孔进一步分为粒间孔和藻腔孔，形成于沉积阶段，被充填和胶结；同样，鸟眼孔被亮晶白云石充填，均变为无效孔隙，因而失去评价意义。

表15-2　四川盆地震旦、寒武系碳酸盐岩储集空间形态及成因分类表

储集空间类型		形成阶段	成因及特征
孔隙（<2mm）	粒间孔	沉积期	颗粒支撑作用粒屑间的孔隙，有的被亮晶胶结物充填
	窗格孔		藻类物质腐烂或沉积物干裂收缩等作用形成孔
	晶间孔	成岩阶段	由于结晶作用形成、分布于白云石晶体间
	（粒）砾间孔或（粒）砾间溶孔	风化期	岩溶作用形成溶积角砾岩中砾间孔或溶蚀作用形成砾间溶孔
	溶缝中溶孔		溶蚀扩大缝中充填物粒状白云石再次遭到溶蚀而成
	碳沥青收缩孔		碳质沥青缩聚形成微孔隙
	盐溶孔	风化期	在含泥质白云岩膏盐中遭到溶蚀而成
	晶间或晶内溶孔		充填孔隙的白云石晶体间隙或晶体内被溶成孔
	腔内溶孔		藻丛腔内的胶结物粒状白云石被溶成孔
溶洞（<2mm）	葡萄花边洞	准同生期、风化期	沉积物暴露或受构造运动影响岩层抬升，受淡水溶蚀作用，洞壁被淡水白云石充填
	古风化洞	风化期	风化期受淡水溶蚀作用，洞壁被葡萄花边和/或粉晶、细晶淡水白云石充填、洞密集、成层性较好
	深岩溶洞	埋藏期	深埋藏期溶蚀作用形成，洞分布不规则，洞壁为异形白云石充填
缝	风化缝	风化期	物理风化作用形成位于风化壳剖面上部，被淡水白云石充填
	构造缝	风化期、埋藏期	构造应力作用形成，被石英、异形白云石、黄铁矿、沥青、重晶石等矿物充填
	溶蚀缝	风化期、埋藏期	沿裂缝被溶蚀扩大而形成，为淡水白云石、异形白云石、黄铁矿等矿物充填
	成岩缝	成岩期	由于干缩作用形成
	压溶缝（缝合线）	成岩后生期	压溶作用形成，呈锯状

次生孔为重要的储集空间，主要类型有粒（砾）间溶孔、粒（砾）内溶孔、晶内溶孔、晶间溶孔、腔内溶孔、溶缝中溶孔、碳沥青收缩孔、盐溶孔等八种。

（二）洞穴类型

洞穴主要由风化期和埋藏期溶蚀形成，大部分顺层或沿裂缝、溶缝、岩溶角砾岩角砾间分布，其形态可有扁圆形、椭圆形、条带状、水滴形、裂隙形、峡谷形及不规则的层楼状等。按成因分为三类，即葡萄花边洞、古风化洞和深岩溶洞（包括缝溶扩洞和孔溶扩洞）。

[①] 徐世琦等，四川盆地资阳地区震旦系裂缝分布规律研究及储集体描述（内部报告），1996。

（三）裂缝类型

按裂缝成因可分成构造裂缝和非构造裂缝。构造裂缝进一步可分为构造张性缝、构造剪切缝（早、晚期和层间剪切缝）、构造溶蚀缝。而非构造裂缝主要由成岩、溶蚀、压裂和压溶作用形成。

二、储集类型

关于储层的储集类型划分，采用 E.M. 斯麦霍夫的分类原则为标准。因为这种单一及复合的命名法可以准确反映空间储渗作用的主次与组合的关系。单一名称表示该种空隙既是渗滤通道，又是储集空间，如孔隙型及裂缝型。在复合名称中，破折号前的空隙为主要的渗滤通道，在后的为主要的储集空间，如裂缝—孔隙型。若有两种储集空间，前者为次，后者为主，如裂缝—孔洞型。因此，通过对岩心统计与描述、扫描电镜、图像分析和测井解释，依据上述原则，储集类型可划分为六种：裂缝—孔洞型、裂缝—孔隙型、裂缝—洞孔型、孔洞型、孔隙型和洞孔型（表15-3）。

表15-3 四川盆地震旦、寒武系储层储集类型划分表

储集类型	渗滤通道	储渗空间	储渗模型	评价
裂缝—孔洞型	张开缝及喉道	洞穴为主，孔隙次之，裂缝再次	双渗三孔型	最好
裂缝—孔隙型	张开缝及喉道	孔隙为主，裂缝次之	双渗双孔型	较好
裂缝—洞孔型	张开缝及喉道	孔隙为主，洞穴次之，裂缝再次	双渗三孔型	较好
孔洞型	喉道	洞穴为主，孔隙次之	单渗双孔型	较差
孔隙型	喉道	孔隙	单渗单孔型	差
洞孔型	喉道	孔隙为主，洞隙次之	单渗双孔型	差

第三节 储层有效空间结构特征

一、孔隙结构

震旦系、寒武系有效孔隙主要是溶孔，即盐溶孔、粒间溶孔、晶间溶孔、粒内溶孔，次为晶间孔。一般是在原有孔隙基础上经溶蚀扩大而成，具有大小不均、孔壁不规则、缺乏海底环境胶结物等特点，表现在孔隙结构较差，最多的是Ⅲ级孔隙结构的储集岩（孔隙度为 5%~2%，渗透率为小于 $8.52\times10^{-3}\mu m^2$）。

储集能力差，表现在孔隙度较低。据资阳地区震旦系1167个孔隙度岩块统计，小于2%的样品数为890个，占76.26%，大于5%的样品数为16个，占1.37%；而威远气田据6178个孔隙度岩块统计，小于2%的样品数为4187个，占67.78%，大于5%的样品数为176个，占2.84%。

渗滤能力较差，表现在喉道宽度很窄，渗透率很低，喉道以小喉道型为主。但威远地区平均的中值喉道宽度 R_{50} 要比资阳地区平均的中值喉道宽度 R_{50} 更大些。孔隙度与渗透率以及孔隙度和渗透率与其它参数间的相关性均不好，其相关系数小于0.5。

二、洞穴结构

（一）洞穴的三种成因类型

1. 葡萄花边洞

形成于准同生期或风化期，洞穴中常见淡水白云石晶体充填，主要发育于灯二段。

2. 古风化洞

形成于风化期，充填少，保存好，呈层性，洞径大，常发育于灯三段。它是重要的洞穴之一。

3. 深岩溶洞

形成于埋藏期或风化期，可见缝溶扩洞和孔溶扩洞及砾间、砾内溶洞。洞分布不规则，洞壁中充填细晶粒状白云石、石英和异形白云石。

（二）洞穴的特点是以小洞为主

根据空洞的直径大小，将空洞分为大、中、小三种：大于10mm者为大洞，5～10mm者为中洞，2～5mm者为小洞。

资阳地区7口井取心累计长433.91m，共有溶洞10864个，其中小洞占68.3%，中洞占15.8%，大洞占15.90%，洞穴面洞率最大为43.34%，一般为1.65%～4.39%。

对威远气田震旦系11口井取心1881.26m的统计，溶洞2387个，小洞占75.82%，中洞占23.75%，大洞占0.96%。孔洞发育稀疏，孔洞层薄。最厚为1.88m，一般为0.1～0.5m，主要呈透镜状分布。

从两区洞穴统计规律看，主要是以小洞为主，但资阳地区震旦系溶洞比威远地区及其它地区发育，集中分布在灯三—灯二A段上部，孔洞层单层厚度较大，最大为5.64m，一般为0.153～3m，孔洞层呈层状或透镜体状。

（三）以洞—缝型结构储渗条件最好

若大洞之间靠裂缝相连通，构成洞—缝型结构，储渗条件最好；若中、小洞之间多为喉道连通，构成洞—喉型结构，储渗条件次之；若分散小洞靠晶间微隙连通，构成洞—隙型结构，储渗条件最差。

总之，灯影组溶洞形成时期主要是侵蚀风化期。第一世代充填为花边状白云石和它形粒状白云石。这类溶洞的数量多，是灯影组白云岩储层的主要储集空间。深埋藏期形成的溶洞数量少，第一世代充填物是洁亮异形白云石，对灯影组储层的贡献不大。溶洞形成之后多次充填，形成了三种充填模式：（1）花边状白云石→它形粒状白云石→洁亮异形白云石→乳白色粗晶白云石→石英→沥青；（2）它形粒状白云石→洁亮异形白云石→乳白色粗晶白云石→石英→沥青；（3）洁亮异形白云石→乳白色粗晶白云石→石英→沥青。

三、裂缝结构

从储层裂缝的有效性看，构造缝优于非构造缝，当然，还受裂缝宽度、长度、充填度等影响。

根据岩心观察，裂缝具有多期多次充填的特点，最多的可见四期充填。

第一期为纤状—粒状白云石充填，粒状者见有原生和次生包裹体及沥青质，均一温度为115～164℃；第二期为沥青充填；第三期为粗大粒状白云石充填，均一温度为207～214℃，有原生和次生包裹体；第四期为石英充填，均一温度为184℃。

灯影组的裂缝形成时期共有五期（表15-4），主要是喜山期，其次是燕山期，即晚期裂缝，它们的充填程度较低，数量多，规模大，组系多，组成裂缝系统，是灯影组储层中有效裂缝的主体。而早期形成的裂缝充填程度高，数量少，对灯影组储层的储渗性贡献有限。

第四节 储层具有低孔低渗、非均质性强的特征

四川盆地震旦、寒武系为碳酸盐岩储层，但储层岩性十分致密，其孔隙度、渗透率很低，非均质性很强。如表15-5所示，据9383块样品统计，平均孔隙度为2.04%，渗透率大于$10^{-6}\mu m^2$者仅占33.91%，有孔薄片率为9.38%。相比而言，震旦系灯影组孔渗条件好于寒武系洗象池群，灯影组储层平均孔隙度为2.17%，孔隙度≥3%者占24.62%；寒武系储层平均孔隙度为1.06%，孔隙度≥3%者占3.17%。

同时，通过对重点地区如威远、资阳、安平店及老龙坝震旦系代表井基质孔隙度和全直径孔隙度岩样的统计（表15-6），安平店地区基质孔隙度最低，平均孔隙度为1.08%（8块岩样），最高者是威远地区，平均孔隙度为1.85%（6178块岩样），而资阳地区平均孔隙度则为1.7%，这反映出岩溶高地储层较差，岩溶斜坡地区（威远、资阳）储层较好。同时，全直径孔隙度统计数据表明，资阳地区平均孔隙度为5.76%，最好；威远次之，安平店最低。这说明资阳地区次生溶孔溶洞比威远、安平店及老龙坝地区更为发育。

表15-4 资阳地区震旦系裂缝期次及充填物特征表

裂缝期次及名称	包裹体均一温度 (℃)	氧碳同位素 (‰，PDB) $\delta^{18}O$	氧碳同位素 (‰，PDB) $\delta^{13}C$	微量元素 (%WT) Fe^{2+}	微量元素 (%WT) Mn^{2+}	微量元素 (%WT) Sr^{2+}	微量元素 (%WT) Ba^{2+}	充填埋深 (m)
Ⅰ.桐湾期破裂缝	/	-8.88	-7.52	/	/	/	/	地表或很浅
Ⅱ.加里东期构造缝	9.23	$\frac{-10.33\sim-10.52}{-10.23\,(2)}$	$\frac{+0.28\sim-10.03}{-4.88\,(2)}$	/	/	/	/	2400
Ⅲ.印支期构造缝	$\frac{104\sim120}{110.9\,(8)}$	$\frac{-10.88\sim-11.24}{-10.24\,(5)}$	$\frac{-1.84\sim-4.55}{-3.07\,(5)}$	0.0115	0.0321	0.0	0.323	3000
Ⅳ.燕山期构造缝	$\frac{121.1\sim155.2}{138.5\,(13)}$	$\frac{-11.82\sim-13.00}{-12.38\,(8)}$	$\frac{-0.15\sim-5.41}{-2.19\,(8)}$	0.0246	0.010	0.014	0.316	4000
Ⅴ.喜山期构造缝	$\frac{160.9\sim180.8}{170.5\,(5)}$	-13.50	-1.14	0.1357	0.0457	0.0	0.3427	>5000

注：表中$\frac{最小值\sim最大值}{平均样（样品数）}$。

表15-5 震旦、寒武系主要储层物性参数对比简表

主要特征 层位	镜下观察 薄片数	镜下观察 有孔片数	镜下观察 百分比(%)	孔隙度 样品数	孔隙度 平均(%)	渗透率 样品数	渗透率 >9.87×$10^{-6}\mu m^2$样品数	渗透率 百分比(%)	Ⅰ级储层 总心长(m)	Ⅰ级储层 层数	Ⅰ级储层 累厚(m)	Ⅰ级储层 百分比(%)	放空井、工业气井 总井数	放空井 井数	放空井 百分比(%)	工业气井 井数	工业气井 百分比(%)
灯影组	2168	250	11.5	8342	2.17	433	230	53.4	1286	465	169.45	13.2	107	25	23.4	68	63.5
洗象池群	1763	145	8.2	1071	1.06	888	218	24.6	340.5	26	14.23	4.2	128	7	5.5	3	2.3

表 15-6　震旦系灯影组孔隙度对比表

地　区（井号）		威　远	资　阳	安平 1 井	老龙 1 井
基质孔隙度	样品数（个）	6178	1803	8	324
	平均孔隙度（%）	1.85	1.70	1.08	1.83
	Φ>3%的样品百分率（%）	15.2	9.42	0	
全直径孔隙度	样品数（个）	137	90	15	
	平均孔隙度（%）	3.92	5.76	3.15	

碳酸盐岩储层的储层物性和储层分布的纵横向变化大，孔洞层在纵向上分布呈多层状、透镜状，表现出强烈的非均质性。由于岩溶发育程度及溶洞的具体位置不同，局部造成横向上溶洞层不连续，横向变化大。这种特点也反映在地震层速度反演剖面上，表现为不连续、不规则的团块状、似层状及条带状的低速异常。另外孔、洞、缝组合形式、储层段集中层位及矿物充填作用等也造成储层非均质性强。如资阳地区，风化期的充填作用大于埋藏期充填作用，充填程度百分率分别为 49.4% 和 36.78%。而埋藏溶蚀作用也可使局部地区孔隙度增大或降低，从而造成纵横向上充填程度变化大（表 15-7）。当然，裂缝系统发育主要受局部构造所控制，亦可以产生储层的非均质性。

表 15-7　充填前与充填后的溶洞率变化表

井号	井深（m）	溶洞率（%）充填前	溶洞率（%）充填后
资 1	3998～4014	$\dfrac{1.3～15.2}{5.5}$	$\dfrac{0.48～10}{2.9}$
	4034～4056	$\dfrac{3.34～23.7}{12.04}$	$\dfrac{0～8.3}{3.17}$
资 2	3700～3722	$\dfrac{0.3～11.3}{4.42}$	$\dfrac{0.03～5.9}{1.78}$
	3733～3747	$\dfrac{0.9～12.8}{6.34}$	$\dfrac{0.10～6.5}{2.42}$
资 3	3834～3845	$\dfrac{1.2～27.7}{6.8}$	$\dfrac{0.98～22.4}{4.8}$
	3854～3864	$\dfrac{1.02～42.5}{12.7}$	$\dfrac{0.13～23.6}{6.4}$

第五节　影响储层发育的四大主要地质因素

一、沉积相的控制因素

晚震旦、中—晚寒武世以浅水碳酸盐沉积环境为主，在相对凸起的高地形上常形成生物屑滩、藻屑滩及粒屑滩、潮上及潮间坪等沉积亚相，这些亚相常为向上变浅的序列，有利于白云岩化及原生、次生孔隙的形成。

灯影组储层为巨厚的藻白云石类，纵向上主要分布在灯三段及灯二段上部，横向上也相对稳定，溶蚀孔洞缝主要发育在潮坪亚相的藻粘结白云岩、浅滩亚相的藻粒屑白云岩和古岩溶作用形成的岩溶角砾白云岩中。

从加里东古隆起震旦系藻粘结白云岩类和藻粒屑白云岩类的发育程度看，藻粘结白云岩类在灯二晚期，藻类活动十分显著，因而藻粘结白云岩类十分发育，除凹陷区带的老龙坝、窝深1井等地区藻粘结白云岩相对较厚外，如老龙坝的藻粘结白云岩类厚约115.5m，其它地区的藻粘结白云岩类厚度相差不大。但进入灯三早期以后，唯有资阳地区藻类活动仍然十分繁盛，因而藻粘结岩类的分布仍有相当的面积。厚度为9.14~20.60m。相反，其它地区此时的藻类活动已经极大的减弱了，除威远和老龙坝有薄层的藻粘结白云岩类分布外，如威远厚度为3m，老龙坝厚度为8m，其它地区如自贡、安平店的藻粘结白云岩的分布几乎绝灭了。对于藻粒屑岩类而言，从灯二晚期至灯三期，仅资阳地区藻粒屑白云岩类较为发育，厚为4.4~20.88m，优于威远、自贡、老龙坝、安平店。

中上寒武统储层主要位于上扬子碳酸盐台地内，与向上变浅潮坪亚相、浅滩亚相的结晶白云岩、粒屑白云岩有关。

二、古岩溶作用的控制因素

震旦纪末的桐湾运动、寒武纪末的兴凯运动使四川盆地加里东古隆起震旦系、寒武系隆起抬升、遭受风化剥蚀，形成了震旦系顶、寒武系顶的古风化壳。

震旦系古岩溶地貌以西部高、南北部低、中部向东倾斜的大斜坡为特点；而寒武系古岩溶地貌是寒武系顶被剥蚀夷平平缓型岩溶地貌，且以岩溶高地与岩溶斜坡的地形高差小为特点。

岩溶高地潜水面高，渗流带厚，地下水矿化度低，溶蚀性强，但溶蚀空隙分散，主要形成局部性孔洞层和分散性的溶洞。

岩溶斜坡区岩溶带厚度较大，渗、潜流带以及深部岩溶带均较发育，地下水矿化度较低，相对集中且流速较快。溶孔层和洞穴系统均较发育，特别在潜流活动带可形成大型洞穴系统十分发育的主岩溶带。

沟谷地区岩溶带厚度较小，地下水流速剧减且矿化度较高。岩溶洼地是水流不畅的汇水区，潜水面靠近地表有时还会出露成为岩溶湖。

寒武系洗象池群受到了二次古岩溶作用，它经历了从志留纪至二叠纪阳新期沉积前，约一亿六千万年，可形成跨纪、跨构造运动的巨型侵蚀面。目前寒武系尚无钻井揭露，古岩溶特征不清楚，虽然古侵蚀面已被剥蚀夷平，并对一次岩溶作用形成的溶蚀带进行剥蚀，但由于地壳不断的抬升，地下水面相对下降，风化剥蚀淋滤作用时间长，这也有利于二次古岩溶发育。从南津关组（磨深1井、女基井及合12井）的岩溶特征看，磨深1井、女基井在分别距侵蚀面54.5m、39m的层段孔洞层发育，女基井经测试获得天然气$3.09 \times 10^4 m^3/d$、水$1.95 m^3/d$，可见二次岩溶作用仍有较重要的意义。

三、构造作用的控制因素

震旦、寒武系沉积后，经历了多期构造运动，对储渗空间的形成、发育和改造以及烃类的重新分配与聚集有明显的控制作用。桐湾和加里东期及海西早期构造运动，控制着古隆起与风化剥蚀面的形成，这些构造运动形成的风化裂缝和构造裂缝成为地下水的渗滤通道，有利于古岩溶的发育。印支、燕山期构造运动影响古隆起轴线偏移及古背斜圈闭形成，有利张性和张扭性裂缝发育，同时也引起烃类的重新分配和聚集。喜山期四川运动产生的巨大应力场和地层形变中，产生序次不同的裂缝系统，其中张扭性、张性裂缝数量多，分布广，充填物少，对储层内孔、洞、缝的沟通起到重要作用，对改善储渗性能有决定性的意义。

四、充填作用的控制因素

溶蚀作用与充填作用是一对矛盾的统一体,一边在溶蚀,一边可能在充填。而储集空间形成后被地层水和油气充填,则形成油气藏。储集空间中充填的准同生期及风化期沉淀的淡水白云石、方解石,埋藏期形成的异形白云石、石英和沥青,对储集空间破坏较大。如在资阳地区,大洞充填程度低、小洞充填程度高,同时,研究认为在古隆起轴部和古圈闭地区充填程度低,有效空间保存好。而沥青的充填程度相反,在古隆起轴部及古圈闭地区含沥青层厚度系数大,对洞穴及储层的伤害较大。

第六节 地震预测的方法探索

在对储层分布预测的研究方面,地质的方法是把有利相带的分布研究、有利岩溶发育区的分布以及有利孔洞发育区的研究相结合,进行定性的区域性预测。近年来,由于数字技术的广泛应用使地震信息的准确性得到极大提高。用地震方法预测油气储层的技术水平极大提高。储层横向预测中经常使用的几种主要技术,如层位标定技术、高分辨技术、三维地震资料解释、烃类检测技术、模型正演技术以及人机联作解释技术等,在不同地区的油气田都得到了较好地应用,获得了良好的效果。针对加里东古隆起震旦—寒武系地质时代较早,局部地区的震旦系顶部还有一套复杂的硅磷层(如资阳地区),这给地震预测储层带来了较大的难度,因此,在地震预测的方法上仅做一些试验探索。

一、地震速度反演的基础

(一)选择地震速度反演技术是经过大量实践检验的结果

在资阳地区未钻探之前,加里东古隆起震旦系顶一般只表现为一个强相位,但从资阳地区发现震旦系气藏之后,由于特殊岩性"硅磷层"的出现而表现为双强相位。对于这种双强相位,通过多种地震特殊处理试验,如模式识别、频谱分析、神经网络、G—Log 等技术方法,均没有能够有效地解决和区分开"双强相位"问题。但发现利用地震速度反演技术,并结合地质规律,能够有效地解决这个难题,从而可以达到对储层的横向预测取得较好效果。

其主要特点为:(1)震旦系基岩是致密高速的白云岩,沉积环境相对稳定,构成了反演剖面上速度大于 6500m/s 的高速背景;(2)震旦系顶附近高速背景中的低速异常被视为孔洞或裂缝发育带。灯影组速度反演剖面上展现的速度结构以及低速异常体的分布与古岩溶溶蚀带分布基本相符,可以把低速异常体看成是岩溶缝洞发育程度的综合反映,因而从它的分布间接可以指出岩溶缝洞系统的展布。总之,速度反演剖面上,若速度低的层段,岩心有效储层厚度系数较大;速度高的层段,有效储层厚度系数相对较低。所以,地震速度反演技术的解释与处理结果可信度较高,储层预测是可行的。

(二)地震老资料重新处理的措施

1. 提高讯噪比的处理步骤

精细的炮道切除→初至波折射静校正→速度分析→剩余静校正→叠后去噪。

2. 保持振幅的处理步骤

叠前 A 选件动平衡→两步法统计子波反褶积→保持振幅 CDP 叠加→差分法波动方程偏移。

3. 提高分辨率的处理步骤

谱模拟反褶积→蓝色滤波→零相位转换。

通过上述的处理措施，对于信噪比和分辨率大为提高，因而也就获得了储层研究用的高质量地震剖面。

（三）层速度的标定特征

1. 震旦系灯影组的层速度标定特征

下寒武统筇竹寺组黑色页岩层速度为 5200m/s；灯影组藻白云岩夹泥质白云岩速度在 6500m/s 以上（次强相位）；寒武系底"硅磷层"层速度平均为 5800m/s（强相位）（图 15-5、表 15-8）[1]；寒武系粉砂岩夹页岩层速度为 5000m/s；Ⅰ级低速异常体层速度小于 6300m/s；Ⅱ级低速异常体层速度为 6300~6500m/s。

表 15-8 硅磷层及其上、下地层速度 (m/s)

地层 \ 井号	资6井		资3井		资1井	
寒武系底部	4545	Δv 1000~1587	4347	Δv 1337~1260	4545	Δv 1627~970
硅磷层（厚度，m/速度）	24/5555		47.5/5882		44.5/76172	
灯三段	7124		7142		7142	

2. 寒武系洗象池组的层速度标定特征

寒武系试验的重点目标区块放在加里东古风化壳东段的磨溪—龙女寺地区。从古风壳的轴部向外地层分别为寒武系洗象池群白云岩、下奥陶统白云岩及砂页岩、中奥陶统灰岩及志留系泥页岩，风化壳上覆地层为二叠系阳新统的大套石灰岩所覆盖。

洗象池群白云岩层速度为 6500~7000m/s；阳新统灰岩层速度为 5100~5800m/s；南津关组白云岩层速度为 6000~6500m/s。

二、地震速度反演的原理（图 15-6）

地震速度反演是把一个反射系数剖面转换成波阻抗剖面，假若认为其密度是不变的，则可以获得一个速度剖面。

设给定一个 N 层地质模型，其各层的厚度、速度、密度参数分别为 $d(i)$、$v(i)$、$\rho(i)$、$i=1,2\cdots\cdots,N$，波在各层中的垂直旅行双程时间为 $t(i)=2d(i)/v(i)$，则第 i 层顶部的反射时间为：

$$r(i) = \sum_{j=1}^{i-1} t(j) \tag{15-1}$$

由该模型建立的地震记录可表示为：

$$S(i) = \sum_{j=1}^{N} r(j)w(i-\tau j+1)$$
$$i = 1,2,\cdots,NSAMP \tag{15-2}$$

式中　S——地震信号；
　　　i——记录样点序号；
　　　NSAMP——样点数；
　　　w——地震子波；
　　　r——地震反射系数。

---

[1] 史习杰等，四川盆地资阳地区震旦系气藏成藏条件研究和气藏描述（内部报告），1996。

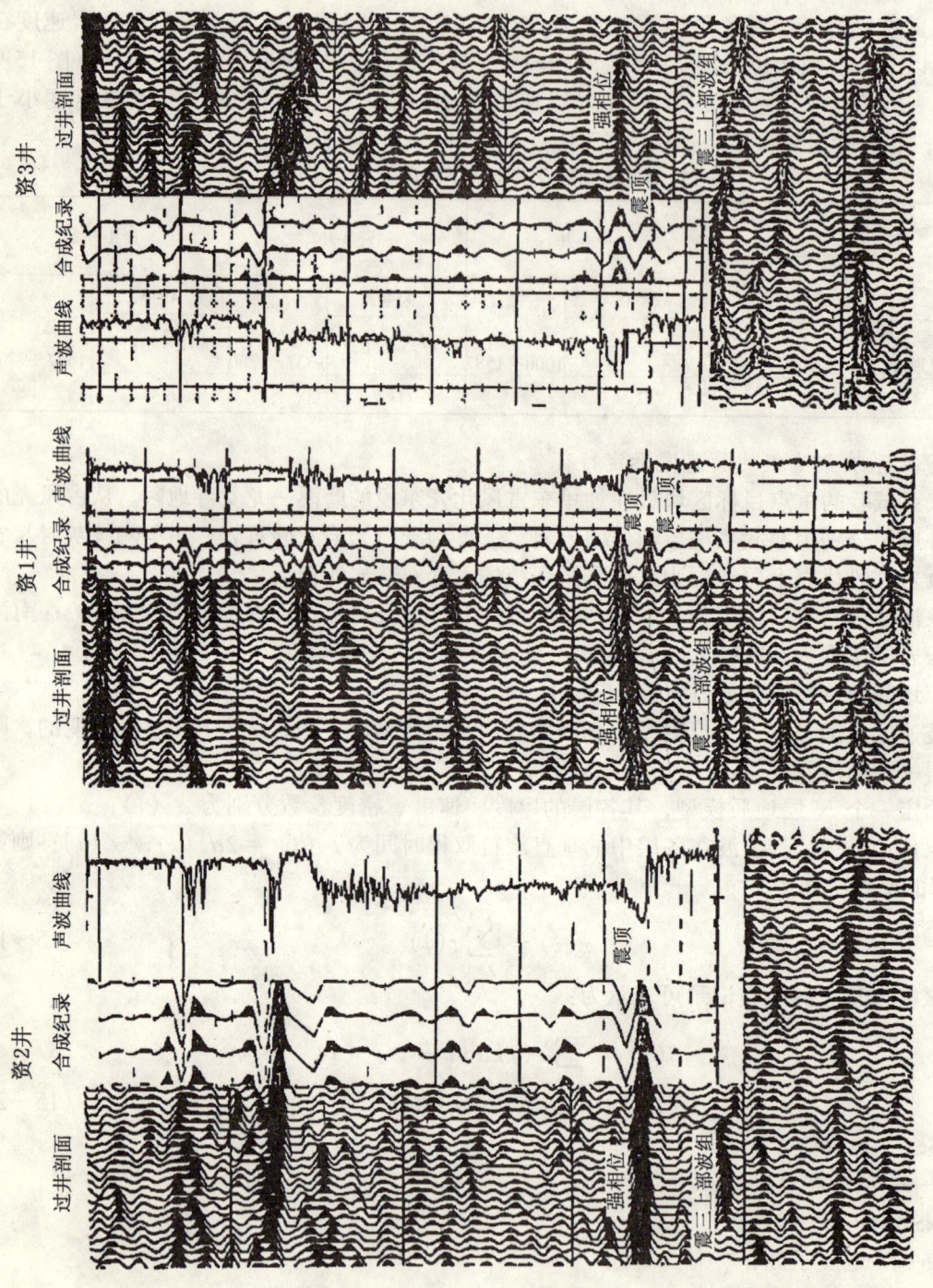

图 15-5 资 2 井、资 1 井、资 3 井过井剖面对比图

(15—2) 式以距阵形式可表示为：

$$S = WR \tag{15—3}$$

其中 $S = (s(1), s(2), \cdots, s(\text{NSAMP}))^T$；
$R = (r(1), r(2), \cdots, r(N))^T$；
W 为 (NSAMP×N) 阶子波矩阵。

设 N 层地质模型的各层波阻抗初值为 $I_0(i)$，其对数表示为：

$$L(i) = \log[I_0(i)] = \log\left[I_0(0)\prod_{j=1}^{i}\frac{1+r(j)}{1-r(j)}\right] \tag{15—4}$$

(15—4) 式作级数展开，略去高次项有：

$$L(i) = L(0) + \sum_{j=1}^{i}2r(j) \quad i = 1,2,\cdots,N \tag{15—5}$$

上式表明第 i 层地层的波阻抗对数近似等于上覆界面反射系数代数和两倍，因此有：

$$r(i) = 1/2[(L(i) - L(i-1)] \quad i = 1,2,\cdots,N \tag{15—6}$$

地层反射系数与其对数波阻抗的关系用矩阵表示为：

$$R = DL \tag{15—7}$$

其中 $R = [r(1), r(2), \cdots, r(N)]^T$
$L = [L(0), L(1), \cdots, (N)]^T$
D 为 N 行，$N+1$ 列系数矩阵。

(15—7) 式代入 (15—3) 式得到：

$$S = WDL \tag{15—8}$$

设实际地震记录为 T，$T = [t(1), t(2), \cdots, t(\text{NSAMP})]^T$，模型道 S 与实际记录道 T 之差为 $E = T - S$，则误差能量为：

$$J = E^T E = (T - WDL)^T(T - WDL) \tag{15—9}$$

目标函数 J 使待求的波阻抗与地震观测记录形式直接关系，当 J 达到最小，就求出一个最佳地质模型，模型的参数就是反演结果。

三、地震速度反演预测储层分布的解释与处理结果

（一）震旦系

1. 资阳地区

资阳地区处理了 41 条 921.72km 长的 Seislog 剖面，剖面上所展现的震旦系速度结构特征与储层的纵横分布特点基本一致。从表 15-9 中可看出，速度为 6400m/s 左右时，有效储层厚度系数为 0.63～0.86；当速度降至 6100m/s 时，有效储层厚度系数接近 0.9。将速度低于 6500m/s 的层段归为低速异常体，即为有效储层；高于 6500m/s 的层段则为以致密层为主的层段。由于震旦系灯影组储层主要分布于震旦系顶部 200m 以内，故以 60ms 开时窗系统统计 Seislog 剖面上异常体。

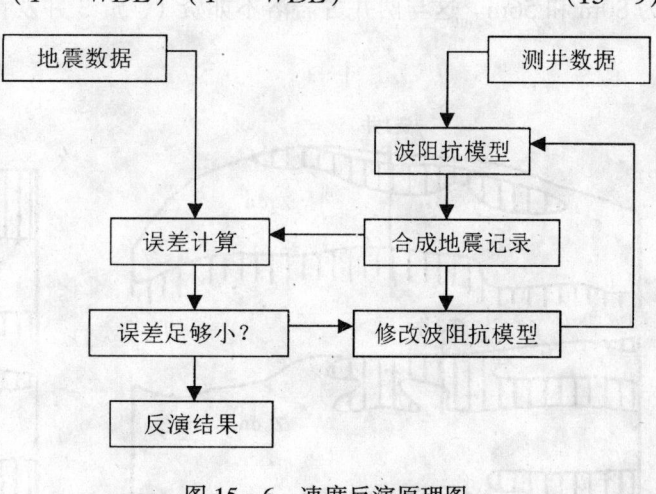

图 15-6　速度反演原理图

表 15—9　资 5、资 6 井旁震旦系速度结构与岩心储层对比表

井 号	Seislog 剖面分层			岩心储层情况			
	厚度 (m)	速度 (m/s)	井　段 (m)	Ⅰ级 (m)	Ⅱ级 (m)	Ⅲ级 (m)	合　计
资 5	5.5	6600	3364～3369.5		0.16	1.42	1.58/0.29
	20	6900	3369.5～3389.5	0.46	2.88	4.91	8.25/0.41
	2.7	6600	3389.5～3392.2			0.21	0.21/0.08
	5.3	6400	3392.2～3397.5		0.72	3.36	4.08/0.77
	17.5	6100	3397.5～3415	0.64	8.64	6.46	15.74/0.90
资 6	8.6	6900	3667～3675.6			1.65	1.65/0.19
	15.2	7300	3675.6～3690.8	0.14	2.08	4.92	7.14/0.47
	11.5	6900	3690.8～3702.3		1.07	4.89	5.96/0.52
	6.6	6600	3702.3～3708.9		0.37	1.58	1.95/0.30
	6.9	6400	3708.9～3715.8		0.42	3.93	4.35/0.63
	28.3	6200	3715.8～3744.1	1.07	0.68	12.88	14.83/0.53
	5.4	6400	3744.1～3749.5			4.55	4.55/0.86

注：表内分子为厚度 (m)，分母为厚度系数。

1) 单井 Seislog 剖面的处理与解释结果　从资阳古圈闭气藏已钻的资 1、资 3 井 Seislog 剖面的解释与处理结果看，由于资 1、资 3 井位于资阳地区岩溶—洼地地貌单元的溶丘斜坡带上，其岩心和测井显示缝洞十分发育，速度反演剖面上灯影组顶部 200m 内低速异常体 ($v<6500$m/s) 累厚分别为 85m 和 101m。这与资 1、资 3 井古岩溶最为发育是分不开的 (图 15-7)。而资 6、资 7 井位于溶丘高地附近，灯影组顶部 200m 内低速异常体累厚分别为 80m 和 56m。这与两井古岩溶不如资 1、资 3 井发育有关 (图 15-8)。

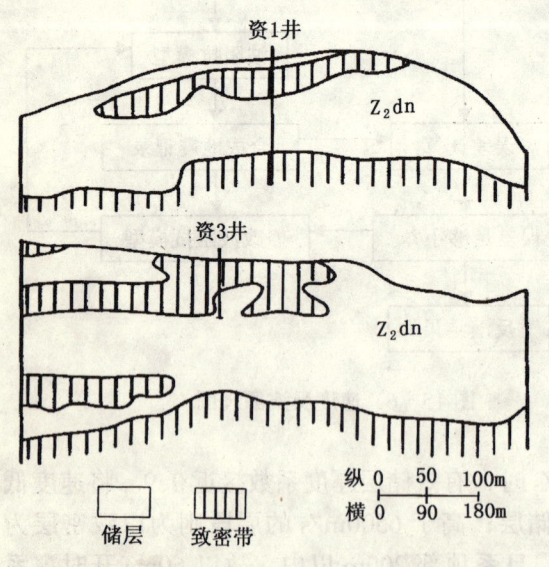

图 15-7　资 1、资 3 井 Seis—log 解释成果图

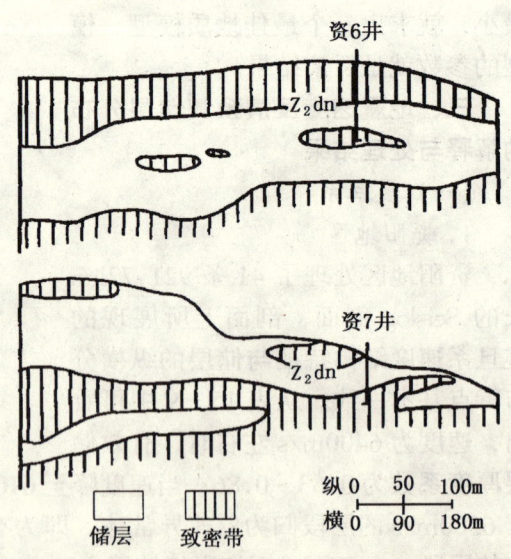

图 15-8　资 6、资 7 井 Seis—log 解释成果图

2) 资阳区块 Seislog 剖面的解释与处理结果 由于震旦系储层主要分布于震旦系顶部 200m 以内，故以 60ms 开时窗系统统计 Seislog 剖面上异常体，编制成低速异常体预测图（图 15-9）。资阳地区震旦系储层异常体的分布呈不规则形态，由内向外速度值变高，储层变差。资1、资3、资5 井位于异常体最有利区内，Ⅰ级低速异常体厚大于 40m，Ⅱ级低速异常体厚大于 100m；资2、资4、资6、资7 井位于较有利区，Ⅰ级低速异常体厚 20~40m，Ⅱ级低速异常体厚 80~100m。

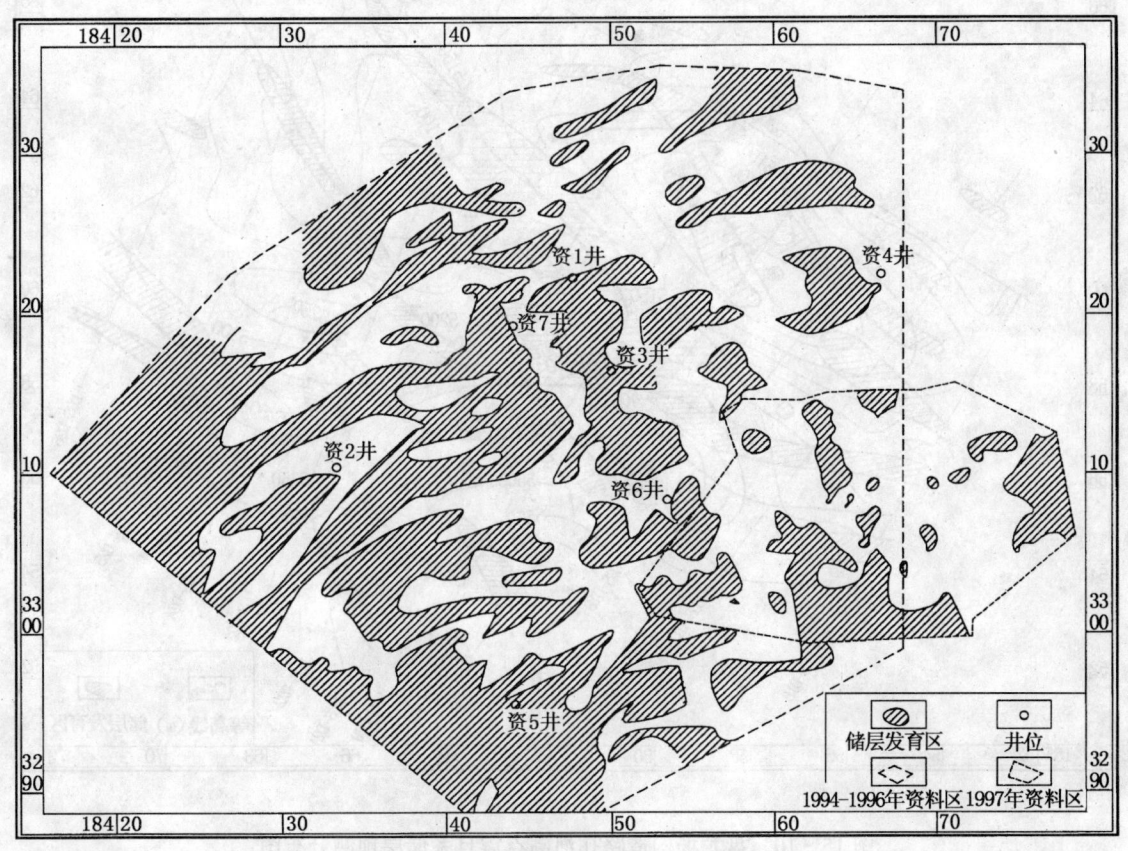

图 15-9 资阳地区震旦系储层预测分布图

2. 盘龙场地区

盘龙场构造路孔河高点位于荣昌县以北路孔河附近，为川中—川南过渡带上的潜伏构造，震旦系顶海拔约 -5100m，比威远气田震旦系顶低 2800m，比资阳地区资1井震旦系顶低 1100m，区内尚未钻探。由区域地质分析，地层可能被剥蚀至灯三段或残留较薄的灯四段。在进行地震解释时，考虑到路孔河地区区域构造位置偏低，震旦系埋藏深等不利因素，将震旦系顶以下 30ms（100m 以内）的低速异常体（$v<6500$m/s）解释为储层发育段（图 15-10）。从图中可以看出，盘龙场构造路孔河高点震旦系储层的发育和展布特点与资阳地区有相似之处，储层主要呈似层状朝北东向稳定展布，局部地区储层呈连遍发育，缝洞层多分布在构造高点和扭曲部位或断层附近。

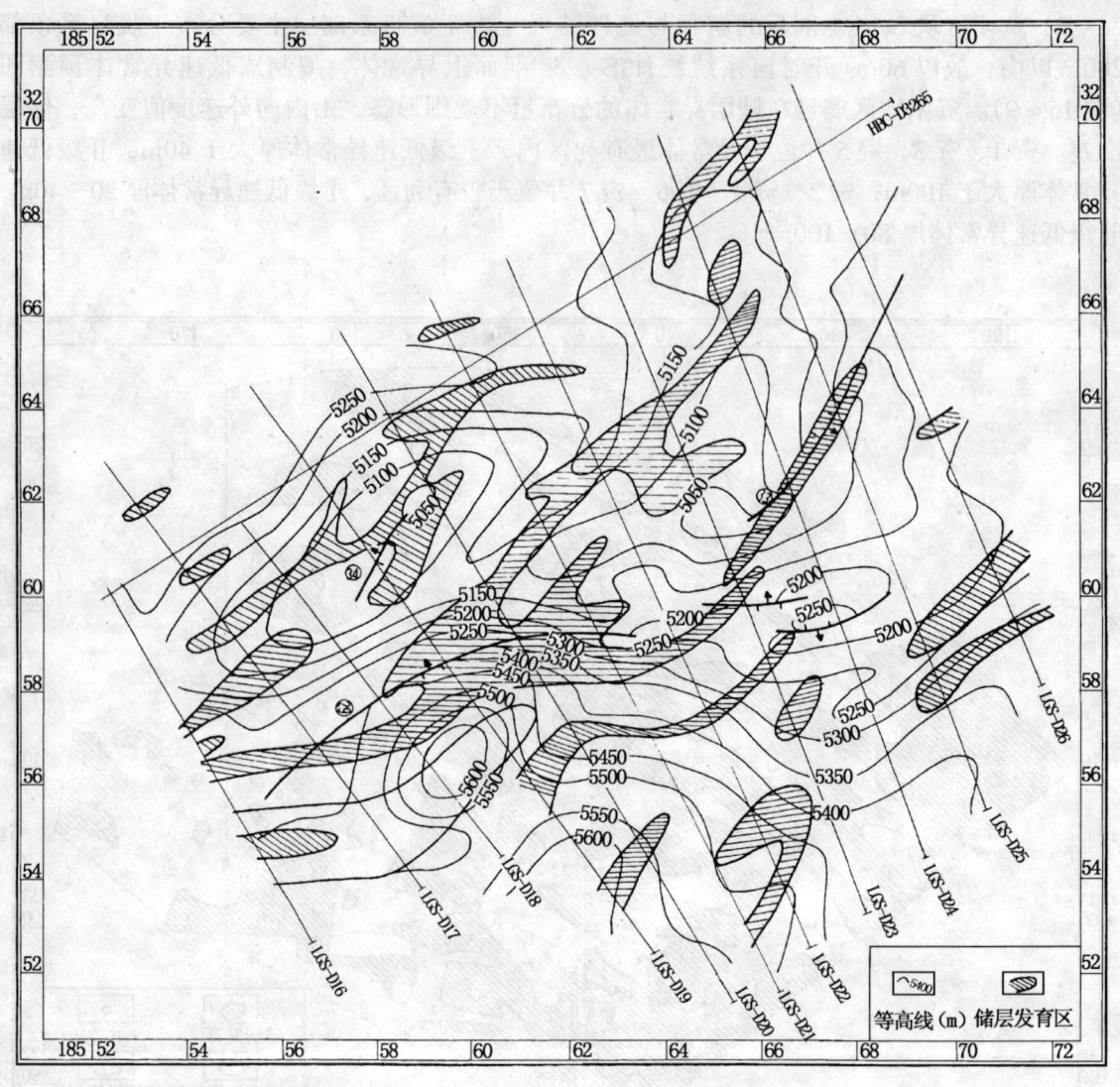

图 15-10　盘龙场构造灯影组高点震旦系储层预测分布图

3. 高石梯地区

磨溪—高石梯潜伏构造带是古隆起带上大型构造带，由遂宁古背斜继承演变形成，具有长期处于古隆起轴部、古今构造叠合性、稳定性好等特征，其含气前景被广泛看好。由于高石梯构造至今没有打井，所以研究中采用 Grisys 处理系统 4.1 版本中的 Wimped 软件包，在高石梯构造上进行了 5 条测线的速度反演解释与处理。考虑到相邻的安平店地区安平 1 井存在 90 余米厚的灯四段，又处于岩溶高地，古岩溶作用不如资阳地区强烈，因而溶蚀深度不及资阳地区，因此，解释与处理中将震旦系顶面 40ms（约 120m）以内具有一定规模的低速异常体（$v<6450$m/s）解释为储层发育带（图 15-11）。从图中可见，由于古、今构造叠合性好，继承关系不错，所以古岩溶发育良好，储层分布也同资阳地区一样呈层状稳定分布，尽管只解释和处理了部分测线，但储层发育带部分占所处理测线长度的 40%，这也反映了该构造震旦系灯影组储层发育是良好的。

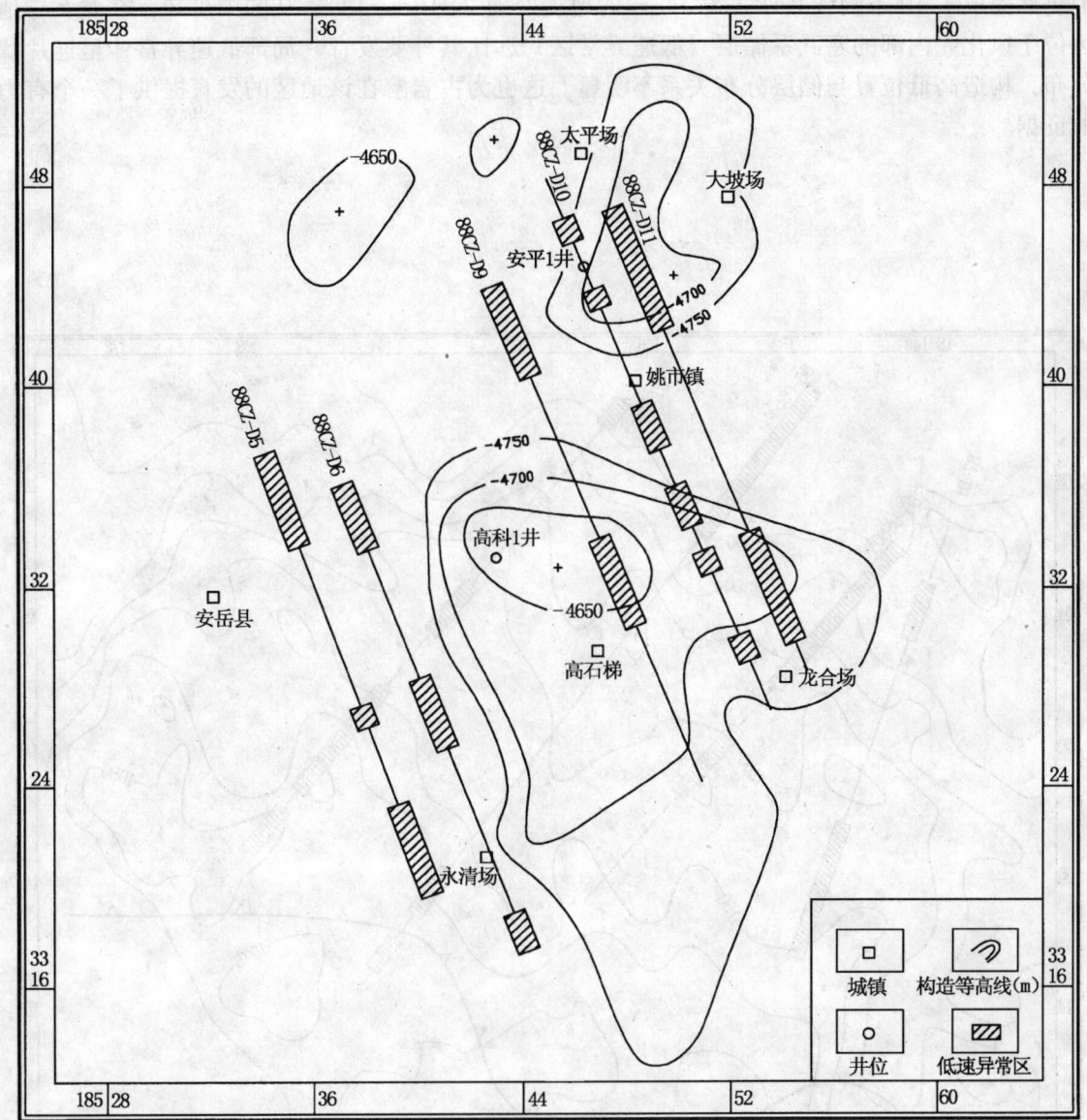

图 15-11 高石梯地区震旦系储层预测分布图

(二) 寒武系

1. 磨溪地区

磨溪地区位于风化壳之内，解释和处理了4条测线。位于磨溪构造位置北端，紧邻安平1井，处理长度累计为52km。从对4条测线的解释和处理结果看，低速异常体较为发育，占实际处理测线长度的47%，这说明该构造寒武系洗象池群古岩溶发育较为良好，因而储层有可能较发育（图15-12）。

2. 龙女寺地区

龙女寺构造位于古隆起东端的寒武系风化壳内，寒武系洗象池群是一套致密高速的白云岩，由于龙女寺地区寒武系至今没有钻探井，这对地震剖面的处理与解释带来较大的困难，但仍然完成了 10 条测线共计 215.74km 的地震处理（图 15-13）。从图中可知，在龙女寺地区位于风化壳内部的寒武系储层（低速异常区）远比其外要发育，局部低速异常体呈连片状分布，构造高低位置与储层分布关系不明显。这也为古岩溶在该地区的发育提供了一个有力的证据。

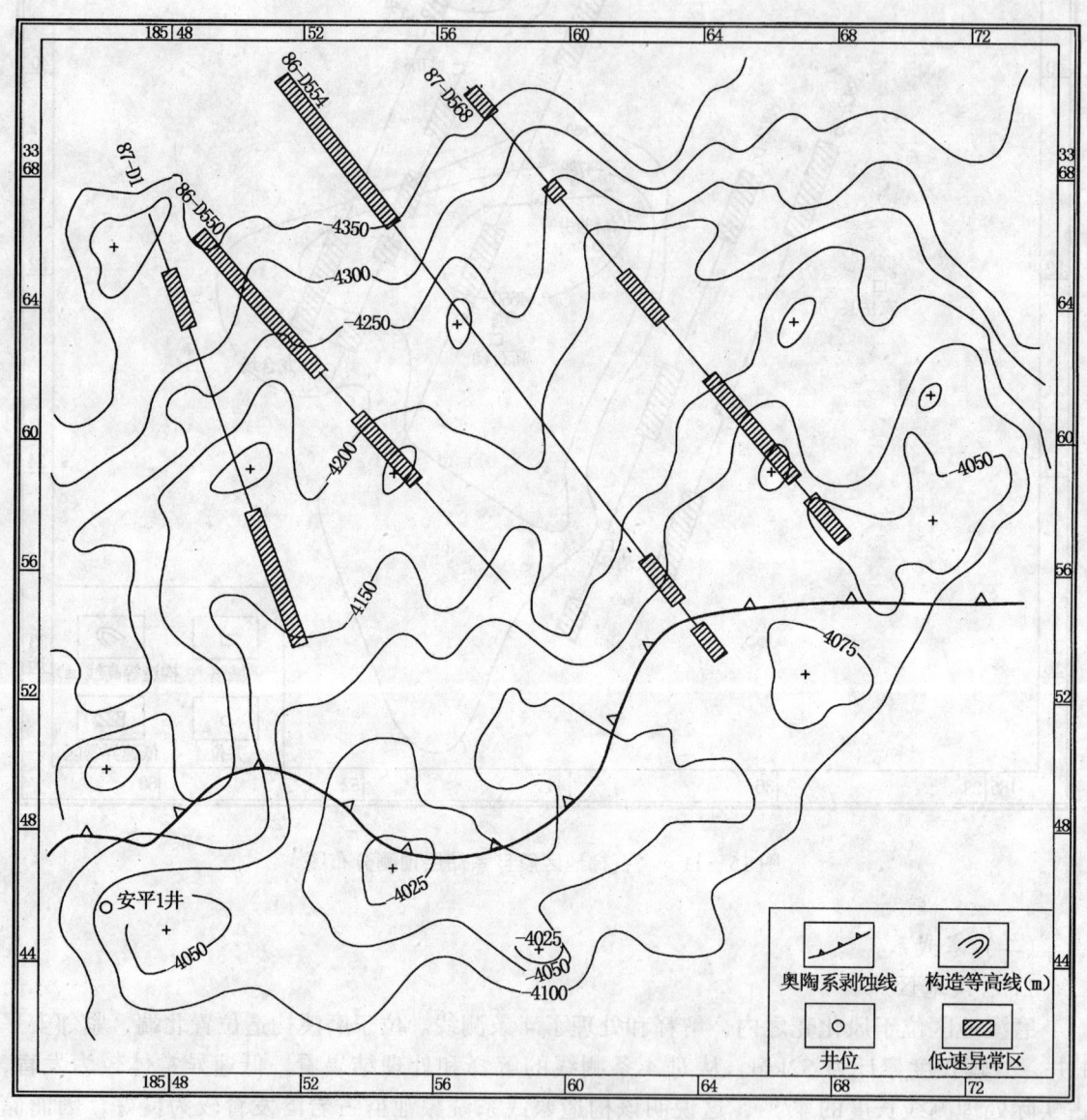

图 15-12　磨溪地区北端洗象池群储层分布预测图

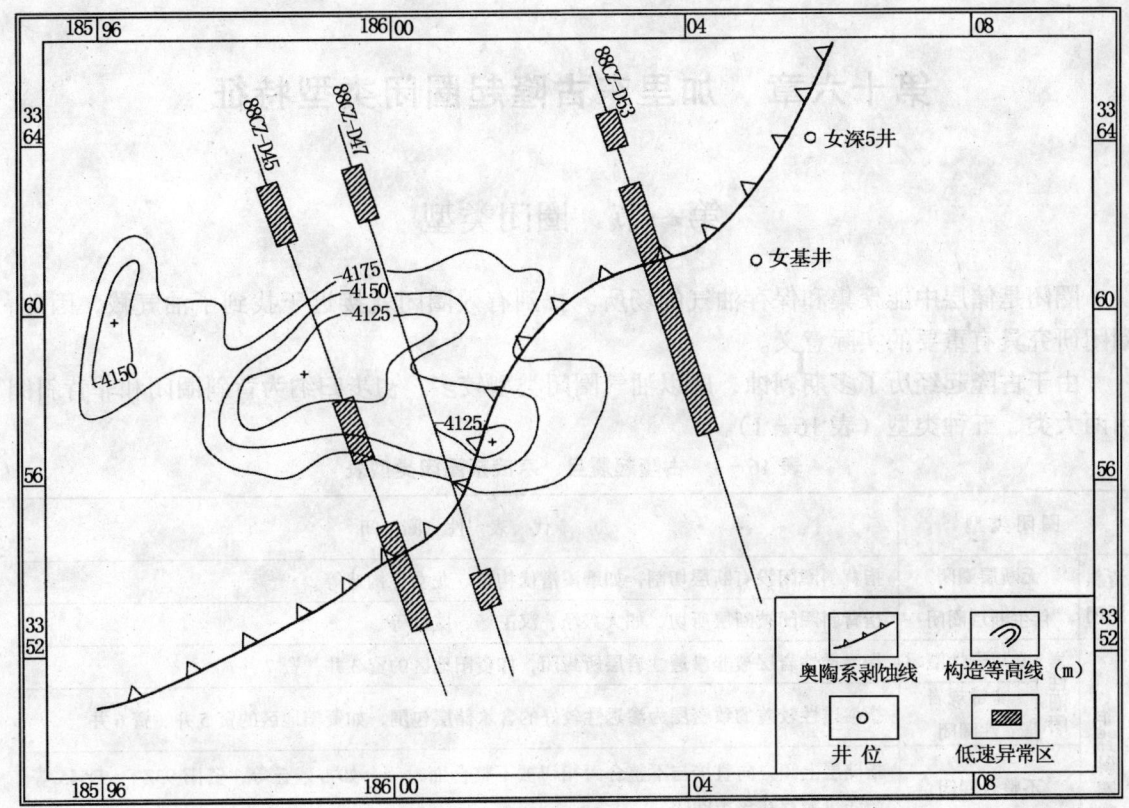

图 15-13 龙女寺地区寒武系风化壳储层分布预测图

第十六章 加里东古隆起圈闭类型特征

第一节 圈闭类型

圈闭是储层中能聚集和保存油气的场所。找到有效圈闭就接近于找到了油气藏，因此，圈闭研究具有重要的实际意义。

由于古隆起经历了多期剥蚀，所以油气圈闭类型较多。初步归纳为背斜圈闭和非背斜圈闭两大类、五种类型（表16-1）。

表 16-1 古隆起震旦、寒武系圈闭类型表

圈闭类型			代 表 性 圈 闭
背斜圈闭	无断层圈闭		指背斜圈闭没有断层切割，如磨溪潜伏构造、龙女寺构造等
	伴生断层圈闭		指背斜圈闭被断层所切，如大兴场、汉王场、威远等
非背斜圈闭	岩性圈闭	常规岩性圈闭	指渗透性岩层被非渗透性岩层所封闭，如资阳地区的资3井、资7井
		非常规岩性圈闭	指渗透性较差的致密层为渗透性较好的含水储层包围，如资阳地区的资5井、资6井
	不整合圈闭		指储层上倾方向直接与不整合面相切被不整合面封闭，如古残丘等，资阳93ZY-D545等测线可能存在该类圈闭
	复合圈闭		指储层上倾方向由两种以上因素共同封闭而成，如构造-岩性复合，资1井

一、背斜构造圈闭

背斜构造圈闭是古隆起区的主要圈闭类型。在古隆起带已发现大的构造带有三个，即威远构造带、高石梯—安平店—磨溪潜伏构造带及盘龙场潜伏构造带。在震旦系顶界27个圈闭（区块、构造带）中，有26个背斜构造圈闭，占96%。而背斜圈闭以有无断层切割又可分为无断层和有断层两种类型。

二、非背斜构造圈闭

由于勘探程度太低，对该类圈闭发现还不多，目前仅在资阳地区勘探打井多些，所以通过对资阳地区寒武系古风化壳的研究，非背斜构造圈闭可进一步分为三种类型：岩性圈闭、不整合圈闭及复合圈闭。

第二节 圈闭评价条件分析

一、威远构造

（一）构造特征

威远构造位于自贡以西，地表已出露中、下三叠统，北东方向延伸，并向北呈弧状凸出，两翼不对称，北翼倾角1°~3°，南翼9°~12°。北翼发育二条NNE向的西倾逆断层，长约30km，南翼有三条NE、NNW向的南、北西倾断层，长约10km。以地表侏罗系底面构

造图计算，长轴92km，短轴30.8km，闭合度1080m，闭合面积1750km²。地腹构造形态与地表基本吻合，但自上而下构造轴线向北偏移，同时闭合面积和闭合度也略有减小，构造高点西移。震旦系顶界构造长轴53.5km，短轴26.31km，在轴部发育数个NEE和NW向小逆断层（小于10km），垂直断距数十米，构造高点较地面向西偏移约10km，闭合度895m，闭合面积850km²。

（二）圈闭评价条件

1. 圈闭条件

（1）圈闭可靠性：可靠。

（2）圈闭规模：圈闭规模条件好。

（3）构造复合条件：无。

2. 储集条件

震旦系：裂缝—孔洞性储层，Ⅰ级有利储集区。

寒武系：Ⅱ+Ⅲ级储集区。

3. 配套史条件

（1）古构造：长期位于古构造的高部位。

（2）形成时期：第三纪中期与老龙坝构造合为一体，第四纪形成独立构造。

（三）评价

威远背斜形成时期较晚，但长期位于古构造的高部位，圈闭面积大，隆起幅度高，加之良好的储集条件使其成为四川盆地最大的震旦系气田，评为Ⅰ级圈闭。

二、资阳地区

（一）构造特征

资阳地区位于威远背斜北翼向北西倾斜的单斜上，发育以北东向为主的鼻状褶曲。东部比西部褶皱强，东部鼻状褶曲密集，西部是宽缓简单的单斜。震旦系顶断层规模小但条数多。

该区印支期属于古隆起轴部，曾有过古构造圈闭。晚三叠世前震旦系顶闭合面积241km²，闭合度80m。燕山早期不存在大的圈闭。随着威远背斜崛起，古圈闭消失于威远背斜的北斜坡带上。

（二）圈闭评价条件

1. 圈闭条件

（1）圈闭可靠性：可靠。

（2）圈闭规模：斜坡带上发育鼻状褶曲，为岩性圈闭区块。

2. 储集条件

古风化壳岩溶孔洞十分发育，岩性岩相有利于储层发育，有效储层厚度大，Ⅰ级有利储集区。

3. 配套史条件

1）古构造　二叠纪前资阳地区位于加里东期乐山—龙女寺古隆起轴部南侧的陡缓转折带，印支期存在古圈闭，燕山期已没有大的圈闭存在，现今为威远背斜北翼斜坡。

2）形成时期　古圈闭存在于印支期，随着威远构造的隆起，成为威远背斜的北斜坡并褶皱形成鼻状褶曲。

（三）评价

资阳地区印支期存在古圈闭，有利于油气的早期聚集。后期改造为单斜，没有大型圈闭的存在，形成高高低低较为分散的多个小气藏，是受岩溶、正向褶曲及断裂控制的岩性圈闭气藏。评为Ⅱ级圈闭。

三、因素分析

对威远构造圈闭和资阳古背斜圈闭评价条件的分析，认为圈闭的捕集能力和封存能力是圈闭评价的重要因素。

（一）圈闭的捕集能力

圈闭的捕集能力大小主要与下列因素有关：（1）圈闭规模。圈闭越大，控制油气范围越宽，捕集油气能力越大。（2）圈闭的构造形变程度。形变程度越强，圈闭的闭合面积大、闭合度高、裂缝发育，从而扩大了聚集油气的有效空间，增强圈闭捕集能力。相反，对形变程度弱的构造，一般为低平、小型构造，断层及裂缝不发育，因而捕集能力较低。（3）圈闭所处构造部位。由于油气总是从高势区向低势区，从构造低部位向高部位运移。因此，处于构造高部位的圈闭比处于低部位的圈闭有较高的捕集能力。此外，圈闭捕集能力还与圈闭与供烃中心的远近有关。由于油气运移的距离通常小于100km，对非均质性的低渗低孔的碳酸盐岩而言，油气运移距离更短，因此，即使圈闭具有较大规模，但离烃源中心远，其对油气捕集能力也会降低。

（二）圈闭的封存能力

圈闭封存能力大小主要与下列因素有关：（1）圈闭形变程度与盖层的连续性。当盖层连续性好，形变程度越强，圈闭封存能力越高，形变程度越弱，封存能力越小；当盖层连续性差，则无论形变程度强弱，圈闭的封存能力均较低。（2）构造运动。由于圈闭的封存性是圈闭聚集油气之后能否保存油气的重要因素，因此，构造运动的频度和烈度对圈闭封存性有重要影响，构造运动次数越少，强度越小，圈闭的封存性越高，相反，构造运动越频繁、越强，对圈闭封闭性有极大的破坏性。同时，构造运动还可改变构造格局，导致油气重新调整和再次运移，也可能使圈闭封存能力降低。

目前对圈闭评价侧重于构造圈闭条件分析及评价，而对非背斜圈闭评价仅限于描述性阶段。所以，对构造圈闭的评价重点是对圈闭的有效性给出七条划分标准：闭合面积、闭合度、形变程度、裂缝发育程度、圈闭构造部位、圈闭与烃源中心距离及盖层连续性（表16-2）。

表16-2　古隆起震旦系构造圈闭综合评价参数表

闭合面积 （km²）	闭合度 （m）	形变程度	裂缝发育 程度	圈闭构造 部位	圈闭与烃源 中心距离	盖层 连续性	综合 评价
>25	>80	较强	发育	古隆起轴部	<50km	好	Ⅰ级
25~15	80~60	较弱	中等	上斜坡带	50~100km	较好	Ⅱ级
<15	<60	弱	不发育	下斜坡及坳陷区	>100km	差	Ⅲ级

第三节 圈闭评价

按最大共圈线为圈闭基本单元，对震旦系、寒武系进行圈闭评价。

震旦系共有 27 个圈闭（区块、构造带），其中岩性圈闭区块 1 个，背斜构造圈闭 26 个，计构造 15 个，高点 7 个，高显示 4 个。评价结果 Ⅰ 级圈闭 3 个，Ⅱ 级圈闭 6 个，Ⅲ 级圈闭 7 个，Ⅳ 级圈闭 11 个。

寒武系共有 55 个圈闭，其中背斜构造圈闭 13 个，上倾地层尖灭圈闭 4 个，构造—岩性复合圈闭 38 个（其中古残丘显示 14 个）。评价结果 Ⅰ 级圈闭 2 个，Ⅱ 级圈闭 5 个，Ⅲ 级圈闭 19 个，Ⅳ 级圈闭 29 个。

磨溪—龙女寺构造间二叠系底界有圈闭 78 个。作图范围除东南角外，全部都在志留系缺失区内，所以有 76 个圈闭均属构造—岩性复合圈闭。

同时对闭合度≥40m 的震旦系顶构造圈闭进行排队评价（表 16-3）。从表 16-3 中可见，古隆起东段分布 15 个（编号 1~15），以低平小型褶皱为特征，累计闭合面积 988.85km^2。古隆起西段 9 个（编号 16~24），以断褶为特征，累计闭合面积 212.59km^2。所以，古隆起构造圈闭中具较大规模者为数极少。

第四节 主要圈闭评价

一、高石梯—安平店—磨溪—龙女寺构造

（一）构造特征

高石梯—安平店—磨溪潜伏构造带是在磨溪（遂宁）古圈闭的基础上继承演化而来，由高石梯、安平店、磨溪三个潜伏构造组成的一个大型构造带，震旦系顶界表现为北东向和南北向构造的复合，西陡东缓，圈闭面积 1400km^2，闭合度 300m。寒武系顶界安平店和磨溪仍然组成一个完整的圈闭，圈闭面积 211km^2，闭合度 120m。这个圈闭的北半部分为寒武系古风化壳，风化壳面积 122km^2。属于构造—岩性复合圈闭。

1. 高石梯潜伏构造

震旦系顶闭合面积 251km^2，闭合度 200m，高点海拔 -4500m，主高点为长善桥，位于两轴线交汇处。

2. 安平店潜伏构造

它位于高石梯潜伏构造之北，震旦系顶闭合面积 100.25km^2，闭合度 90m，海拔 -4660m。

3. 磨溪潜伏构造

震旦系顶闭合面积 91.5km^2，闭合度 45m，高点海拔 -4730m。寒武系顶为构造—岩性复合圈闭。

4. 龙女寺构造

地面为北东东走向的平缓宽大背斜，深层则由分散的或部分共同圈闭的潜伏高点组成，深浅层符合性差。震旦系顶界陆家坝潜伏高点闭合度 20m，闭合面积 13.7km^2；万善场潜伏高点闭合面积 13.5km^2，闭合度 70m。

表 16-3　古隆起震旦系顶构造圈闭参数表（闭合度≥40m）

圈闭名称	高石梯潜伏构造	安平店一磨溪区带	中和北潜伏高点	路孔河潜伏构造	三驱镇潜伏构造	包北Ⅲ潜伏高	包北Ⅴ潜伏高	金顺场潜伏构造	古楼场潜伏构造	渭沱潜伏高	潼南潜伏构造	仁和寨构造
闭合面积(km²)	251	472	12.8	49.9	102	0.8	2.3	53	29.5	8.1	22.5	24
闭合度(m)	200	400	65	130	160	40	40	90	70	40	50	110
圈闭评价	Ⅰ	Ⅰ	Ⅲ	Ⅱ	Ⅱ	Ⅲ	Ⅲ	Ⅱ	Ⅱ	Ⅲ	Ⅱ	Ⅱ
编号	1	2	3	4	5	6	7	8	9	10	11	12

圈闭名称	万善场潜伏高	大河坝潜伏构造	凤凰场潜伏高点	沙坪铁厂构造	周公山构造	毡帽山潜伏高	汪山潜伏高	周东潜伏断高	沙东潜伏断高	毡东潜伏断高	汉王场构造	大兴场构造
闭合面积(km²)	13.5	14	7.1	21.53	13.13	3.25	6.5	15.5	12.88	4.5	41.0	94.3
闭合度(m)	70	65	40	1110	470	130	50	770	1080	350	300	700
圈闭评价	Ⅲ	Ⅲ	Ⅲ	Ⅱ	Ⅲ	Ⅲ	Ⅲ	Ⅲ	Ⅲ	Ⅲ	Ⅱ	Ⅱ
编号	13	14	15	16	17	18	19	20	21	22	23	24

（二）圈闭评价条件

1. 圈闭条件

(1) 圈闭可靠性：可靠。

(2) 圈闭规模：高石梯—安平店—磨溪潜伏构造带圈闭规模条件好。龙女寺构造深层为部分共同圈闭的小潜伏高点，圈闭规模条件差。

(3) 构造复合条件：安平店—磨溪潜伏构造带震旦系顶界圈闭为古今构造复合，寒武系顶界为构造—岩性复合圈闭。龙女寺构造寒武系顶界为构造—岩性复合圈闭。

2. 储集条件

与威北—资阳地区比较，该区储层条件稍差，古风化壳岩溶发育较差，但其它岩溶仍然发育，属于Ⅱ+Ⅲ级储集区，高石梯潜伏构造为Ⅱ级储集区。

磨溪构造北部及龙女寺构造西端寒武系碳酸盐岩风化壳发育振幅异常区。

3. 配套史条件

(1) 高石梯—磨溪潜伏构造带为二叠纪前已形成的磨溪（遂宁）古圈闭的最终演化结果，一直位于古隆起轴部。龙女寺构造一直位于古隆起的轴部。

(2) 形成时期：高石梯—磨溪潜伏构造带形成于二叠纪前，龙女寺构造形成于喜山早期。

(3) 评价：震旦系顶界高石梯—磨溪潜伏构造带是古今构造复合，规模大，为Ⅰ级圈闭。龙女寺构造虽然位于古构造轴部，但规模小，陆家坝潜伏高点为Ⅳ级圈闭，万善场潜伏高点为Ⅲ级圈闭。寒武系顶界高石梯潜伏构造为Ⅲ级圈闭，龙女寺潜伏构造陆家坝潜伏高点为Ⅱ级圈闭。

二、大兴场—汉王场构造

（一）构造特征

1. 大兴场潜伏构造

地面是北东走向的狭长熊坡背斜，地腹为南北向和北东向构造的复合，南北向是主体。地震勘探未作震旦系构造图，但剖面上反映二叠系下伏有隆起存在。二叠系底界构造的闭合度为710m，闭合面积150km^2，可见震旦系构造规模也较大。根据大深1井二叠系底界海拔-4842m和大兴场构造寒武系残厚不足200m的地质推断，推算大深1井井下震旦系顶的海拔约为-5000m，圈闭面积约104km^2，幅度约198m。

2. 汉王场潜伏构造

地面是熊坡背斜西南端向南倾伏的鼻突，地腹深层为单独的潜伏构造。自香五段至震旦系顶，构造轴线略呈向西突的弧形，表现了北北东向和南北向两组构造的复合。构造东翼伴生延伸18~26km的汉王场断层，落差300~620m。该断层上、下盘下古生界厚度相差悬殊，受汉王场断层的控制。震旦系顶界构造有两个高点，高点海拔-4430m，闭合度370m，闭合面积61.5km^2。

（二）圈闭评价条件

1. 圈闭条件

(1) 圈闭可靠性：可靠圈闭。

(2) 圈闭规模：大兴场潜伏构造、汉王场潜伏构造圈闭规模条件好；周公山构造圈闭规模条件较好。

(3) 构造复合条件：多构造组系复合。

2．储集条件

(1) 震旦系：灯影组为潮坪相，岩溶较发育，为Ⅱ+Ⅲ级储层区。

(2) 寒武系：缺失洗象池组。

3．配套史条件

(1) 古构造：二叠纪前震旦系构造位于乐山—龙女寺加里东古隆起轴部，晚三叠世前—侏罗纪前位于古隆起近轴部的高部位，现今位于老龙坝—威远—龙女寺隆起带的北翼。

(2) 形成时期：喜山早期。

4．评价

大兴场—汉王场构造在地史发展过程中长期位于古构造轴部或高部位，但接近加里东古隆起核部震旦系侵蚀窗（周公1井寒武系残厚15.5m），生油条件不好。断裂发育，断层规模大，有的断层与地面断层相通。断裂虽有改善储层的有利作用，破碎带相通也有破坏保存条件的不利作用。汪山、毡帽山等构造为Ⅲ级圈闭。

由西向东向盆地内部靠近，构造条件相对变好，特别是大兴场潜伏构造圈闭规模大，构造完整，南北向和北东向两组构造线复合，裂缝发育，生油条件和保存条件也有改善。大兴场潜伏构造、汉王场潜伏构造为Ⅱ级圈闭。

三、盘龙场潜伏构造带

（一）构造特征

盘龙场潜伏构造带是个大型的复式隆起，分布有20多个次级隆起，震旦系顶闭合面积约640km^2，闭合度约330m，主高点海拔-4940m。主体构造有二个，一是三驱镇潜伏构造，震旦系顶闭合度160m，闭合面积102km^2，高点海拔-4990m。另一个是路孔河潜伏构造，震旦系顶闭合度130m，闭合面积49.9km^2，高点海拔-5020m。

盘龙场潜伏构造位置有两点值得关注：(1) 多构造组系的复合，位于高石梯、安平店南北向构造带的南延伸线上。(2) 位于华蓥山断裂带向西南撒开的近旁。

（二）圈闭条件

1．圈闭条件

(1) 圈闭可靠性：盘龙场潜伏构造带东端由于缺少地震测线控制，倾伏情况尚不十分清楚。从区域构造关系及相邻螺观山构造87-D567测线和西山构造82-D292测线分析，盘龙场潜伏构造带可以形成完整的圈闭，属较可靠圈闭。主体构造路孔河潜伏构造和三驱镇潜伏构造属可靠圈闭。

(2) 圈闭规模：圈闭规模条件好。

(3) 构造复合条件：多构造组系复合。

2．储集条件

(1) 震旦系：以潟湖、潮坪相为主，风化、埋藏及沉积期岩溶较发育，为Ⅱ级有利储集区。

(2) 寒武系：洗象池群粒屑滩发育，沉积、埋藏期岩溶孔洞发育，沥青弱充填，为Ⅱ+Ⅲ级较有利储集区。

3．配套史条件

(1) 古构造：长期位于古隆起南翼斜坡较低部位。

(2) 形成时期：喜山早期。

（三）评价

盘龙场潜伏构造带虽然古构造部位不十分理想，但圈闭规模大，储集条件较好，特别是多构造组系的复合又紧靠华蓥山断裂带，受力较强，有利于储集条件的改善。

盘龙场潜伏构造带为Ⅱ级圈闭；路孔河潜伏构造、三驱镇潜伏构造为Ⅰ级圈闭。

第十七章　加里东古隆起天然气的运移聚集特征

在寒武—震旦系含油气系统中，不整合圈闭形成于烃源岩供气期之前，在加里东期开始聚集液态烃。印支期形成的资阳古背斜圈闭群，具有最大限度捕获生烃高峰期生成油气的有利条件。燕山期形成的岩性圈闭由印支期背斜圈闭转换而成。喜山期形成的背斜圈闭形成于烃源岩供气结束之后，聚集成藏的天然气主要有三个来源：一种为圈闭形成过程中由于抬升降压产生的水溶脱附气；第二种为烃源岩沿裂缝断层等通道排放的干酪根晚期热裂解气；第三种为古背斜气藏部分外泄的天然气。

第一节　早期油气的运移聚集特征

是指古隆起含油气系统从开始生效至关键时刻这一时期的油气运移聚集，时间上大体在志留纪至三叠纪。这一时期油气运移聚集具有以下特征。

一、古隆起顶部最有利于油气运移聚集

在对震旦系灯影组沥青含量的分析中，坳陷区沥青含量低，古隆起顶部相对较高，这一方面反映了油气运移方向，另一方面说明了古隆起顶部是油气运移聚集的有利场所（表17-1）。

表17-1　古隆起灯影组沥青含量对比表

古隆起部位	井号	样品数（个）	平均含量（%）	含沥青样品		$m \geqslant 10\%$		$5\% < m \leqslant 10\%$	
				样品数（个）	样品百分率（%）	样品数（个）	样品百分率（%）	样品数（个）	样品百分率（%）
顶部	资2井	298	5.29	197	66.11	53	17.79	60	20.13
	安平1井	480	4.56	257	53.54	88	18.33	81	16.88
斜坡带	威117井	357	0.93	141	39.50	2	0.56	9	2.52
	自深1井	2941	1.13	114	39.18	8	2.75	15	5.15
坳陷带	窝深1井	437	0.41	204	46.68	1	0.28	2	0.46

m：表示沥青含量。

二、具有差异运移聚集特征

由于乐山—龙女寺古隆起为向东倾伏的巨型鼻状隆起，隆起带东、西段震旦系顶海拔高程以及灯影组储层在平面分布、圈闭所处构造部位、与烃源中心距离、圈闭大小等因素的差异，早期油气聚集具有差异性。这种差异性实质上是古圈闭有效性（捕集油气能力和封存能力）、油气源相对贫富差异的综合表现。

从灯影组沥青含量分析中可以看出，在早期油气运移聚集的过程中，位于印支期资阳古背斜的资2井沥青含量比位于遂宁古背斜的安平1井稍高，在印支期上述两个古背斜均位于古隆起轴部，而遂宁古背斜的震旦系顶闭合面积远远大于资阳古背斜，但从沥青含量高低推测早期油气运移聚集过程中遂宁古背斜运移聚集程度低于资阳古背斜。造成这种现象的主要原因是由

于资阳古背斜构造部位比遂宁古背斜稍高、资阳地区储集条件较好且油气源较丰富等。

油气聚集的差异性还表现在同一地区不同圈闭类型的运移聚集程度上。从资阳地区所钻各井灯影组沥青含量统计，若以沥青含量大于5%的井段作为富沥青段，分布在印支期资阳古背斜内的资1、资2、资3井灯影组富沥青段厚度百分率分别为33%、49%、74%，而分布在古背斜外的资4、资5、资6井分别为8%、10%、9%。沥青含量的这种差异性反映了处于同一构造上的不同部位的运移聚集差异性。

第二节 早期油气的成藏特征

一、早期成藏

早期成藏是对应于古隆起$\in_1q—Z_2dn$含油气系统早期油气运移聚集的过程。在时间上应包括含油气系统开始生效时至关键时刻这一时期，即志留纪—三叠纪，并主要发生在三叠纪。早期成藏过程中最显著的特征是，在含油气系统内的油气以液态烃为主，油气生成量呈递增的过程，因而成藏过程中烃源较丰富（表17-2）。

表17-2 早期油气的成藏特征表

区域条件	盆地现今格局	川西坳陷，川东南抬升隆起
	古隆起	加里东古隆起轴线位于乐山—资阳—磨溪—龙女寺，东西段震旦系顶高差1300m左右，两翼不对称，西北翼陡，东南翼缓。印支、燕山期轴线进一步南移
	含油气系统封闭性	川西灯影组剥蚀窗导致油气散失，二叠纪后导致油气外泄，三叠纪封闭性主体良好
烃源条件	R_o(%)	1~3.0
	有效性	系统内烃源岩普遍进入成油高峰期，油气大量生成，烃源有效性高
	生烃强度	$(10~47)×10^8m^3/km^2$
	油气源	主要为有机质干酪根热演化生成的油气
圈闭	类型	古背斜、孔洞型岩性圈闭，地层圈闭
	成因	沉积—构造作用
	主要圈闭	资阳古构造圈闭、遂宁古背斜圈闭
油气藏	类型	背斜及非背斜
	油气聚集强度	较高
	成藏控制因素	圈闭规模及圈闭的封存条件

二、早期的成藏类型

（一）早期成藏类型划分

该类型圈闭具有较高捕集早期油气能力，易于成藏。古油气藏形成以后，在后期演化中，一方面逐渐转变为气藏，一方面保存条件变差，古气藏中天然气部分外泄，导致气藏萎缩，形成分散的小型气藏。主要以资阳气藏为典型代表（表17-3）。

（二）资阳气藏的特征

1. 一般特征

（1）资阳气藏分布与现今构造关系不大。从完钻的7口井看，仅资1、资3、资7井为小产量气井，且资1、资7井为气水同产，其余各井为水井和干井，从震旦系顶海拔看，资1、资3、资7井震旦系顶海拔居中，产气或气水同产；资5井海拔最高，产小气；资4井海拔最低,产水。

(2) 产气井均位于印支期古背斜圈闭内。印支期资阳古背斜发展到最大,闭合面积 $211km^2$,闭合度65m。资1、资3、资7气井均位于古背斜圈闭内,以外产水、微气或产水。

表17-3 古隆起含油气系统早期成藏类型特征表

成藏类型		典型圈闭	圈闭条件					天然气特征	成藏主要控制因素
			形成时期	规模	所处构造部位	捕集能力	封存能力		
高捕集	低阻抗	资阳古背斜	印支期	中型	成藏期在古隆起轴部,现今为斜坡	较强	较差	古油藏裂解气	古油气藏规模;圈闭封存条件
	高阻抗	遂宁古背斜	海西—印支期	大型	古隆起轴部	强	较好	以古油藏裂解气为主	古油气藏规模;圈闭继承性
低捕集		资阳地区非背斜	桐湾期	小而分散	成藏期为古隆起轴部,现今为斜坡带	较弱	较差	古油藏裂解气,但保存甚少	圈闭的封存性

(3)气藏表现为多系统、分散性特征。资阳气藏气水界面高低不一,海拔高差达354.96m,且各井气水界面海拔呈台阶式分布。气藏具有复杂的气水系统。资1、资3、资7井折算压力分别为41.33MPa、39.44MPa、39.88MPa,井间距最近为资1、资7井,约4km,最远为资3、资7井,约6.5km,这反映了气藏是多个压力系统。

(4)气藏中天然气来源于早期古油藏裂解气。

2. 成藏机理及控制因素

1)成藏机理 资阳气藏的成藏机理实质上是对天然气的封存问题。对其封存机理,目前主要有三种看法:(1)"悬挂式"岩性气藏,即岩性差异是封存天然气的主要因素。(2)沥青"冻结"成藏说,即是由于大量沥青沉淀,使致密岩性因沥青充填更加致密,将古气藏"冻结"在沥青封堵层内,并保留至今。(3)水动力自封说,即由于水力坡度远远小于地层坡度,阻滞了天然气再次运移,从而形成一个自动封闭系统,使古气藏得以保存。

2)资阳气藏的形成过程(图17-1)

(1)桐湾期,资阳地区处于古岩溶溶丘—洼地,古岩溶作用十分强烈,可形成许多呈叠状的孔洞型岩性圈闭和小型残丘,但规模小,分散性强。

(2)加里东期,资阳地区位于由西向东倾伏的巨型鼻状轴部。

(3)印支期,该区形成了古背斜群和各种非背斜圈闭,以古背斜圈闭为大。此时正处于成油高峰期,而资阳位于古隆起轴部,又有较多古背斜圈闭,具备成藏条件。

(4)燕山期,古背斜开始萎缩,古油气藏演变为古气藏,且古气藏天然气开始外泄,并向古隆起轴部更高部位运移。

(5)喜山期,威远成为叠复隆起带最高构造部位,资阳成为斜坡带,同时资阳古背斜圈闭消亡,成为岩性—水动力封存的残余型岩性气藏。由于产生新的断裂和裂缝网络,气藏天然气进一步部分外泄。

3)控制因素 资阳气藏的形成主要取决于两方面因素:

(1)古油气藏形成后的封存条件,气藏的保存是相对的,气藏形成后,圈闭条件变差,构造部位相对变低,新的断裂或裂缝导致天然气外泄,加之燕山—喜山期气源不足,圈闭外泄天然

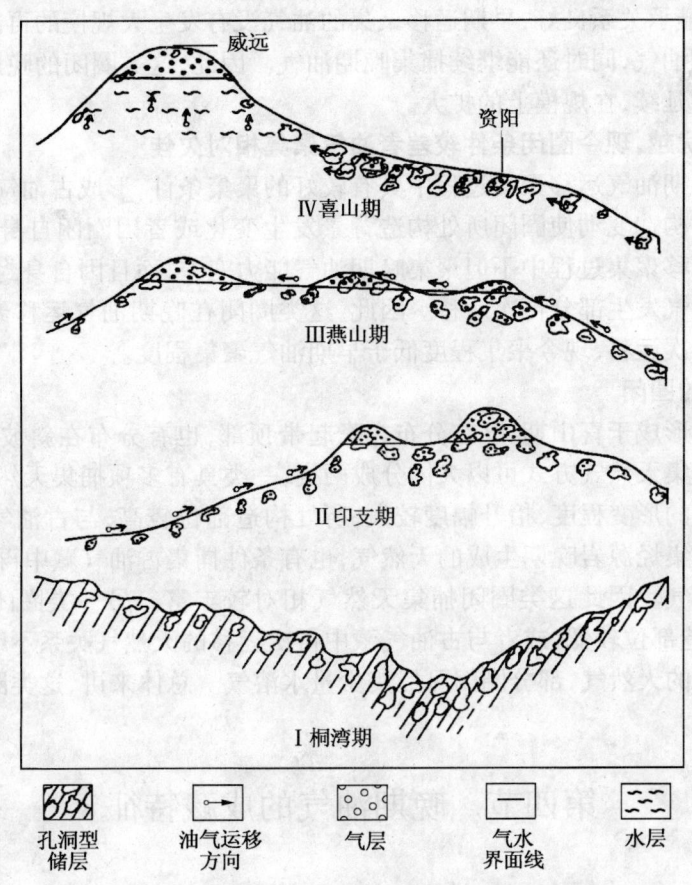

图 17-1 古隆起含油气系统早期高捕集低阻抗与晚期高捕集
高阻抗类型成藏示意图

气后得不到足够的补给,形成聚散不平衡。

(2)古油气藏的规模大小,它决定了气藏中残余天然气的数量。资阳古油气藏群以古背斜油气藏规模最大,在封存条件相同下,古油气藏的规模越大,天然气残余量越多。

第三节 晚期油气的运移聚集特征

晚期运移聚集是指古隆起含油气系统关键时刻之后的运移聚集过程。喜山期是古隆起含油气系统圈闭主要形成期,同时,老龙坝—威远—磨溪—龙女寺隆起带形成。由于构造变动,引起早期运移聚集的油气再次运移。因此,晚期天然气运移聚集既是早期油气运移聚集的延续,但又赋予新的内容。

古隆起顶部同样是天然气运移聚集的有利场所。由于古隆起含油气系统在关键时刻之后,烃源岩生成的天然气是逐渐减少的过程,但同时因构造变动可在部分地区形成水溶脱附气,使早期运移聚集的油气发生再次运移。因此,晚期天然气运移聚集的差异性更明显。

一、古、今圈闭条件变动性小者有利于油气运移聚集

所谓圈闭条件,不但指圈闭的规模大小,同时也包含圈闭所处的构造部位。这类圈闭由于

具有相对稳定性、继承关系良好,早期运移聚集的油气没有发生大规模的再次运移。圈闭内除较好地保存了早期油气,同时还能继续捕集晚期油气。因此,这类圈闭的晚期聚集实际上是早期聚集在时间上的延续,在规模上的扩大。

二、古圈闭较优越,现今圈闭条件较差者油气聚集相对欠佳

这类圈闭在早期油气运移聚集过程中具有较好的聚集条件,形成古油气藏,但古油气藏在后期演化过程中因构造变动使圈闭所处构造背景发生变化或者因圈闭自身条件变差,从而使圈闭在晚期油气运移聚集过程中不但聚集晚期油气能力变差,而且因自身封存条件的改变,使早期运移聚集的油气发生部分再次运移。因此,这类圈闭在晚期油气运移聚集过程中主要是油气再次调整和再次运移,现今聚集程度低于早期油气聚集程度。

三、晚期形成的圈闭

这类圈闭主要形成于喜山期,既有分布在隆起带顶部,也有分布在斜坡带,圈闭规模大小悬殊。按照圈闭捕集天然气方式可以大体分成两类,一类具有多项捕集天然气能力的圈闭,这类圈闭要求有较强的形变程度,抬升幅度较大,所处构造部位较高,与古油气藏具有较密切的关系。圈闭既能捕集烃源岩晚期生成的天然气,也有条件捕集古油气藏中再次运移的天然气,同时还有部分水溶气。因此这类圈闭捕集天然气相对较丰富。另一类圈闭属于圈闭规模较小,或圈闭所处构造部位较低,或者与古油气藏中再次运移的天然气关系不明显。圈闭仅能捕集烃源岩晚期生成的天然气,部分圈闭可捕集少量水溶气。总体来讲,这类圈闭聚集天然气不如前者那样丰富。

第四节 晚期油气的成藏特征

一、晚期成藏

晚期成藏是发生在古隆起$\mathcal{E}_1q$—Z_2dn含油气系统保存期内的一次成藏过程,在时间上对应于侏罗纪至现今,并主要发生在喜山期。晚期成藏过程中最明显的特征是,由于构造变动,导致天然气再次运移,以及水溶吸附烃的部分脱出,使晚期成藏过程中烃源多样化;同时也由于圈闭条件的多样性,使成藏过程更加复杂(表17-4)。

表17-4 晚期油气的成藏特征表

区域条件	盆地现今格局	盆地定型,周边被大型褶皱断裂带围限,盆地内相对平缓
	古隆起	构造轮廓是北高东南低,轴向呈北东东的巨型隆起,轴线位于老龙坝、资中、安岳一线
	含油气系统封闭性	西段边缘出露地层老,导致地表水渗入,地层压力泄释,可使部分天然气散失,东段封闭性较好
烃源条件	$R_o(\%)$	>3.0
	有效性	系统内烃源岩普遍进入过成熟期,烃源岩生烃潜力较低,有效性低
	油气源	气源多样化,主要有古油气藏热裂解天然气、有机质热裂解天然气及水溶气
圈闭	类型	构造圈闭、缝洞型岩性圈闭、构造—岩性复合圈闭及地层圈闭
	成因	基底及古隆起控制;龙门山推覆构造作用;多组系微弱构造复合作用
	主要圈闭	资阳地区多类型圈闭,威远、磨溪—高石梯、盘龙场、汉王场等构造圈闭
油气藏	类型	多样化
	油气聚集强度	差异性大
	成藏控制因素	圈闭规模;圈闭构造部位;圈闭与古油气藏关系;保存条件

二、晚期的成藏类型

(一)晚期成藏类型划分

这种类型圈闭主要特征是,具有较强的形变程度,喜山期抬升幅度大,圈闭所处构造部位高,具较强的捕集天然气能力,气源主要为烃源岩干酪根晚期生成的天然气、古油气藏中油型裂解气及水溶气,同时圈闭封存性高。这类圈闭主要有威远构造、磨溪—高石梯潜伏构造带等(表17-5)。

表17-5 古隆起含油气系统晚期成藏类型特征表

成藏类型	典型圈闭	圈闭条件						天然气特征	成藏主要控制因素
		规模	所处构造部位	喜山期抬升幅度	与古油气藏关系	捕集能力	封存能力		
高捕集	威远构造、磨溪—高石梯潜伏构造带	大型	古隆起顶部	较大	密切	强	强	干酪根热裂解气、古油藏裂解气及水溶气	圈闭规模大;构造部位高;与古油气藏关系密切;封存条件好
	大兴场、汉王场构造	大中型	古隆起斜坡及盆地边缘	较大	密切	较强	较强		圈闭规模大;封存条件好
低捕集	盘龙场潜伏构造带	中小型	古隆起斜坡与顶部	较小	不明显	较弱	较强	以干酪根热裂解气为主,部分水溶气	圈闭规模好;构造部位好;封存条件好

(二)威远气藏的特征

1. 一般特征

1)具有统一的裂缝—孔洞系统 由于威远构造形变较大,裂缝十分发育,且具多组系、网络性特征,因而气藏具有统一的裂缝—孔洞系统。同时气藏具有统一的原始地层压力(29.532MPa)和统一的原始气水界面(海拔-2434m),气水分异良好。

2)天然气具有多源混合特征 根据研究,气藏的气源主要来自三个方面:一是来自干酪根的裂解气;二是来自资阳古气藏外泄的天然气;三是来自水溶烃脱气形成的水溶气。

2. 气藏形成过程及机理(图17-1)

1)加里东期—印支期 由于该时期威远地区仅为一向东南倾伏的小型古鼻状构造,位于古隆起斜坡。因此,尽管古隆起南部烃源区生烃时间早,离主要烃源较近,但因未形成圈闭捕集油气的能力,基本不具备成藏条件。

2)燕山期 威远古鼻状构造经过长期演变,在该期形成古背斜圈闭,同时由于古隆起轴线迁移至资阳南、威远北,威远古背斜震旦系顶海拔高程大体和资阳地区相当,海拔为-5000m左右,致使捕集油气能力也相应提高。这一时期,古隆起含油气系统烃源岩在南坳陷区进入过成熟期,古隆起顶部及北部烃源区进入成油高峰晚期,尚具一定生烃能力。因此威远古背斜主要捕集来自古隆起顶部及北部烃源岩区的干酪根热解气。资阳、钟祥场及铁佛古背斜油气藏在这一时期因古背斜的萎缩变小,古油气藏在演变为古气藏的同时,一部分天然气发生再次运移。但资阳地区非背斜古油气藏因构造部位变化较小,天然气再次运移的数量较小。由于燕山期资阳、威远地区震旦系顶海拔高程大致相当,因此,威远古背斜捕集来自资阳地区古背斜气藏中再次运移的天然气的能力较弱,这部分天然气可能向古隆起更高构造部位运移。

3)喜山期 由于老龙坝—威远—磨溪—龙女寺隆起带的形成,成为隆起部位最高、闭合幅度最大的大型穹窿状背斜,资阳地区古背斜消亡,并成为威远背斜西北缓翼的大单斜构造。这一时期,威远背斜除继续捕集烃源岩干酪根热解天然气外,资阳地区的古背斜及非背斜气藏中天然气发生再次运移,这部分天然气可运移至威远背斜;同时,喜山期威远背斜隆升幅度较大,地层水中的脱附气(水溶气)也成为威远背斜圈闭重要的天然气来源。

由此可见,威远气藏在燕山期即开始成藏,燕山期主要捕集来自古隆起顶部及北部烃源岩区干酪根热解气;喜山期除捕集烃源岩干酪根热解气外,还捕集再次运移的油型裂解气和水溶气。

3. 成藏控制因素

通过对气藏形成机理与形成过程分析,认为气藏成藏有如下控制因素。

1)要有较强的构造形变 构造形变程度强,一方面形成较大的圈闭,控制并捕集天然气的范围广;另一方面可以形成较发育的裂缝,形成良好的裂缝—孔洞系统,提高了储集能力和圈闭捕集能力。由于古隆起晚期成藏来自干酪根生成的天然气不足,要形成气藏,就必须要求圈闭有较强的捕集能力,因而圈闭形变程度越强,越利于聚集天然气成藏。

2)与古气藏邻近,并且能捕集到古气藏中再次运移的天然气 威远气藏紧邻资阳气藏,在喜山期因构造变动引起天然气以较大的规模作再次运移,而威远构造又位于资阳气藏的上倾方向,再次运移的天然气成为威远气藏重要的气源之一。

3)要有大幅度抬升 喜山运动普遍使地层抬升,但不同地带又互有差异,威远构造抬升幅度在4700m左右。强烈的抬升使原在深埋环境中溶于地层水的天然气释放出来,形成水溶气。

第五节 资阳、威远气藏油气有效运移聚集模式

根据$\in_1 q$—$Z_2 dn$含油气系统的生烃史、构造演化史并结合资阳、威远圈闭类型与成因,建立两区油气运移聚集模式,主要经历了下述四个阶段(图17-2)。

一、加里东期

此时古隆起南部坳陷区(自深1井以南)烃源岩开始大量生成液态烃,并逐渐在威远等震旦系顶部小规模充注液态烃,但油受到生物降解。

二、印支期

此时资阳古背斜圈闭形成,古隆起带变得狭长而平缓,古隆起轴部及南北两侧斜坡区开始大量生成液态烃和气态烃。液态烃主要聚集在低部位(如资6井、资5井)的缝洞系统中。这说明液态烃的聚集范围超出了古背斜圈闭,有沿古隆起轴部平坦地带大面积聚集的趋势。

三、燕山期

此时资阳古背斜规模缩小,古隆起带仍保存了狭长平坦的面貌。古背斜油藏受到热蚀变,液态烃进入热裂解阶段,形成气藏。热蚀变的结果产生了两种沥青——沥青质和焦沥青,在古背斜圈闭翼部形成了沥青封堵带。

四、喜山期

此时是四川盆地构造变形最剧烈的时期,地壳急剧抬升和强烈的挤压作用,形成了威远背斜圈闭等众多的背斜圈闭。资阳古背斜圈闭消失,翼部沥青封堵带出现了新的断裂或裂缝网络,资阳震旦系气藏不同程度地外泄散失。由于威远背斜圈闭不同程度地聚集了水溶脱附气、

古气藏外泄气和烃源岩晚期热裂解气,从而形成了现今的威远震旦系气藏。

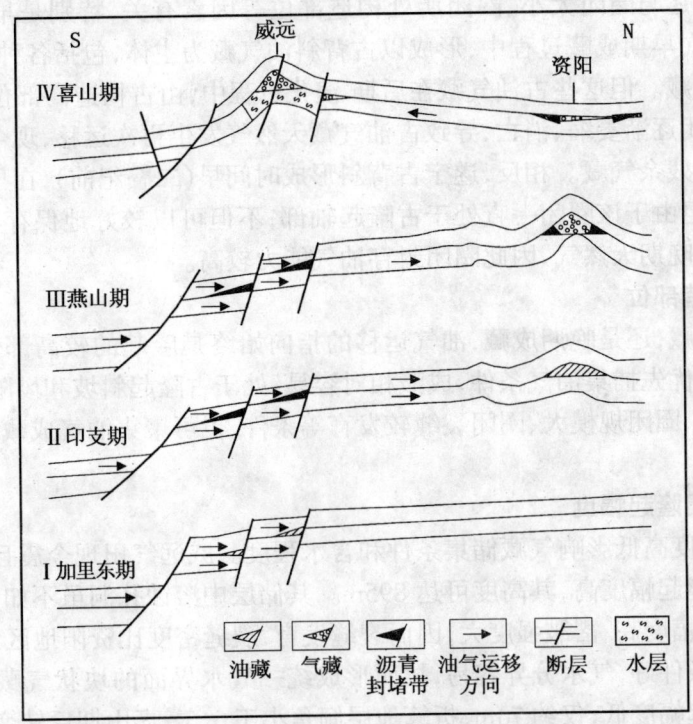

图17-2 资阳、威远气藏油气有效运移聚集模式图

第六节 古隆起天然气成藏的控制因素分析

通过对加里东古隆起早、晚期成藏类型、特征及主要受控因素的分析,总结出天然气成藏需要具备"三高一强一联系"的控制因素。"三高"是指圈闭的高封存能力、较高的构造部位、较高的圈闭隆起幅度;"一强"是指圈闭要有较强的构造形变程度;"一联系"是指现今圈闭与早期形成的古油气藏具有密切联系。

一、圈闭的高封存能力

圈闭的高封存能力主要包括圈闭盖层的连续性、圈闭离加里东期灯影组、下寒武统剥蚀窗较远等。

从四川盆地目前钻遇震旦系灯影组的井所产流体情况看,位于盆地边缘的宁2井、宫深1井、窝深1井、老龙1井、周公1井、曾1井、会1井均以产水为特征;盆地内威远,女基井、资1、资3、资7井产气;安平1井为干井。由此可见,由于盆地边缘出露地层老、断裂较发育,易导致地表水渗入。尽管这些构造圈闭具有较高构造部位和较大圈闭规模,但保存条件差,不易形成气藏。

加里东期灯影组及下寒武统剥蚀窗使古隆起含油气系统有一定程度的开放,是油气散失和外泄的通道。因此,靠近剥蚀窗的构造圈闭的保存条件在一定程度上受到损害,这种损害不同于前述因出露地层老、断层发育使保存条件变差。具体地讲,处于剥蚀窗内或邻近剥蚀窗的圈闭的地层水化学特征可能和威远、资阳地区相当或相近,属还原型,但因含油气系统的开放,使保存性能降低。也就是说,这类圈闭,如果单从水化学特征分析,不能完全反映圈闭的保存条件。属于这类圈闭的有周公山、汉王场、大兴场、毡帽山、沙坪铁厂等构造。

圈闭的封存性还与圈闭大小、圈闭所处构造部位等因素有关,特别是早期成藏的古油气藏。如资阳地区,在早期成藏过程中,形成以古背斜油气藏为主体,包括各种高高低低、大大小小分散的非背斜气藏。但这些古油气藏在后期演化过程中,由古构造高部位渐转为古隆起斜坡,同时古背斜圈闭逐渐萎缩、消亡,导致古油气藏天然气发生再次运移,现今气藏为受印支期古背斜控制的小型残余气藏。相反,遂宁古背斜形成时间早(二叠纪前),在早期成藏过程中也可聚集油气成藏,但由于该圈闭一直处于古隆起轴部,不但可以较好地保存早期聚集的油气,而且还可继续捕集晚期天然气,因此圈闭封存油气能力较高。

二、较高的构造部位

不论是早期成藏,还是晚期成藏,油气运移的指向始终是隆起的较高部位。因此,位于古隆起顶部的圈闭具优先捕集油气条件,成藏相对容易;处于古隆起斜坡和坳陷区的圈闭如果具有较好的封盖条件、圈闭规模大、圈闭裂缝较发育等条件,也可聚集油气成藏,但和古隆起顶部相比,相对欠佳。

三、较高的圈闭隆起幅度

圈闭隆起的幅度高低影响气藏储集条件和含水程度。威远气田现今震旦系顶部构造不仅圈闭面积大,而且隆起幅度高,其高度可达 895m。其储层中溶蚀孔洞虽不如资阳地区发育,约小 15 倍,但因隆起幅度高、褶皱强度大,因而裂缝发育,裂缝密度比资阳地区约大 10 倍。因其隆起幅度高,储渗条件好,气水分异容易,故而形成统一气水界面的块状气藏。资阳地区古圈闭虽面积大,但隆起幅度低,仅约 70m,折算地层倾角小于 $0.5°$,喜山期后转变为威远背斜西北坡上的单斜,地层倾角约 $2.6°$。如此低的古、今构造隆起幅度,很难在储层中形成良好的渗滤空间和气水分异,故资阳地区含气性远差于威远气田。两相对比,不难看出构造圈闭大小及隆起幅度高低对寻找震旦系大气田的重要性。

四、较强的构造形变

较强的构造形变程度,一方面可以形成较大的圈闭,另一方面可以形成较发育的裂缝。

圈闭规模越大,控制并能聚集油气的范围越宽。特别是晚期成藏过程中,由于烃源岩有机质演化程度较高,生烃能力有限,尽管在局部地带可捕集再次运移的天然气及水溶气,但总体来讲,晚期成藏过程中差异聚集更明显,这就要求有较大圈闭及较发育的裂缝,提高圈闭捕集油气能力,以弥补气源相对欠丰富之不足。

五、现今圈闭与古油气藏要有较密切的联系

古隆起含油气系统晚期成藏是在早期成藏基础上进行的,二者既有区别,又相互关联。晚期形成的圈闭如果单纯捕集烃源岩干酪根热裂解天然气,显然存在气源相对不足的不利因素。要使圈闭具较好含气前景,除了能捕集烃源岩干酪根裂解气外,还须有条件捕集来自早期成藏中保存的再次运移的天然气。这里有两种情况,一种是因古油气藏萎缩引起天然气再次运移,现今圈闭处于古油气藏上倾方向,如威远构造、汉王场构造等,圈闭有条件捕集来自古油气藏中再次运移的天然气;另一种是古油气藏与现今圈闭处于同一地理位置、同一构造部位,如磨溪—高石梯潜伏构造带,遂宁古背斜油气藏和现今构造圈闭重叠,古油气藏中天然气再次运移距离小,仅在局部裂缝发育带做小规模调整,古、今构造的连贯性保障了古、今气藏的一脉相承,因此含气条件较好。

参 考 文 献

马瑞士,朱文武,郭令智.1996.新疆地区盆地—山脉构造形成机理.海相油气地质,(3):5~10

马杏坦.1982.论伸展构造.地球科学——武汉地质学院学报,(3):15~21

文应初等.1988.四川地区早三叠世飞仙关期碳酸盐岩台地增生与有利储集相带展布.天然气工业,(2)

文应初等著.1995.碳酸盐岩古风化壳储层.成都:成都电子科技大学出版社

王一刚等.1996.川东石炭系碳酸盐岩储层孔隙演化中的古岩溶和埋藏溶解作用.天然气工业,6

王碧泉,陈祖荫.1989.模式识别理论、方法和应用.北京:地震出版社

王冠贵.1988.声波测井理论基础及应用.北京:石油工业出版社

王允诚,董继芬,1985.川东石炭系储层孔隙结构的区域变化规律.成都地质学院学报,(3):1~5

王培荣.1993.生物标志化合物质量色谱图集.北京:石油工业出版社

邓宏文.1995.美国层序地层研究中的新学派——高分辨层序地层学.石油与天然气地质,(6)

边肇祺等.1988.模式识别.北京:清华大学出版社

宋鸿林.1985.平衡剖面及其地质意义.地质科技情报,(1):18~28

冯增昭等.1997.从岩相古地理论中国南方二叠系油气前景.石油学报,18(1)

冯增昭等.1991.中下扬子地区二叠纪岩相古地理.北京:地质出版社

包茨,杨先杰,潘祖福,刘志鉴,1990.川东高陡构造型气田勘探的突破.天然气工业,(2):1~6

李书舜,刘大成.1988.四川地区晚二叠世沉积环境与生物礁.沉积学报,(9)

李庆忠.1994.走向精确勘探的道路.北京:石油工业出版社

李介谷等.1986.计算机模式识别技术.上海:上海交通大学出版社

李正文.1993.高分辨地震勘探.成都:成都科技大学出版社

李松寿.1992.碳酸盐岩储集层的地震识别.石油地震地质,4(4)

张继庆等.1990.四川盆地及邻区晚二叠世生物礁.成都:四川科学技术出版社

张继铭等.1984.四川盆地碳酸盐岩油气田.天然气勘探与开发,(4)

张文佑编.1986.中国及邻区海陆大地构造.北京:科学出版社

张锦泉等.1990.古岩溶与油气储层.成都:成都科技大学出版社

何天华.1980.四川盆地断裂、构造特征及发展对油气的控制.见:第二届全国构造地质学术会议论文选集.北京:科学出版社

何宝侃等.1980.地球物理反问题中的最优化方法.北京:地质出版社

何明喜等著,1995.东秦岭(河南部分)新生代拉伸造山作用与盆岭伸展构造.西安:西北大学出版社

杜远生等.1997.秦岭造山带晚加里东—早海西期的盆地格局与构造演化.地球科学——中国地质大学学报,22(4):p401~405

陈中强.1995.二叠纪末期的全球淹没事件.岩相古地理,15(3)

陈宗清.1982.川东石炭系气藏形成条件.石油学报,(1):23~27

沈清,汤森.1991.模式识别导论.北京:国防科技大学出版社

吴奇之,王同和等著.1997.中国油气盆地构造演化与油气聚集.北京:石油工业出版社

杨先杰,潘祖福.1984.川东陡构造石炭系勘探的前景.天然气工业,(1):1~7

罗志立.1981.中国西南地区晚古生代以来地裂运动时石油等矿产形成的影响.四川地质学报,

罗志立主编.1994.龙门山造山带的崛起和四川盆地的形成与演化.成都:成都科技大学出版社
涂涛等.1998.川东石炭系测井地质.天然气工业,18(2)
曹华龄编译.1993.二叠含油气盆地.北京:石油工业出版社,65~70
曹志浩等.1979.矩阵计算和方程求根.北京:高等教育出版社
强子同等.1990.四川及邻区晚二叠世沉积作用及沉积盆地的发展.沉积学报,(1)
朱志澄,宋鸿林主编.1990.构造地质学.武汉:中国地质大学出版社
强子同,文应初,雷卞军等.1992.四川鄂西上二叠统生物礁白云石化的地球化学特征.地球化学,(2):158~165
强子同,郭一华等.1985.四川上二叠统老龙洞生物礁及成岩作用.石油与天然气地质,6(1):82~90
雷卞军,强子同,陈季高.1991.川东上二叠统生物礁成岩作用与孔隙演化.石油与天然气地质,12(4):364~375
加纪新译.1997.张性环境中与断层相关的褶皱的几何形态及成因.国外油气勘探,9(1):25~42
雷卞军,强子同,文应初.1994.川东及邻区上二叠统生物礁的白云岩化.地质论评,40(6):534~543
刘宝珺,李文汉主编.1994.层序地层学研究与应用.成都:四川科学技术出版社
刘树根,王允诚,张高信,蒲家奇,1994.川东大池干井构造带上石炭统构造储层研究.中国海上油气,(1):37~44
刘树根,王允诚,张高信,蒲家奇.1993.川东大池干井高陡构造的形成机制及其对石炭系储层的影响.成都理工学院学报,(3):102~111
刘和甫,梁慧社,蔡立国,沈飞,1994.川西龙门山冲断系构造样式与前陆盆地演化.地质学报,(2):101~117
刘方槐等.1991.油气田水文地质学原理.北京:石油工业出版社
钱国飞,卢华夏.1990.断层相关褶皱探讨.地学进展,(1):72~75
夏文杰,杜森官等.1994.中国南方震旦纪岩相古地理与成矿作用.北京:地质出版社
池秋鄂.1996.层序地层学成就与面临的挑战.世界石油工业,3(4)
徐怀大.1997.陆相层序地层学研究中的某些问题.石油与天然气地质,(6)
金福锦.1993.层序地层模式浅析.石油物探,(12)
胡光灿,谢姚祥主编.1997.中国四川东部高陡构造石炭系气田.北京:石油工业出版社
郭正吾等.1996.四川盆地形成与演化.北京:地质出版社
郝蜀民,司建平等.1996.鄂尔多斯盆地北部下奥陶统上马家沟组地震相研究.天然气工业,(1)
路中侃,魏小薇,罗洪模.1996.川东地区高陡构造带天然气富集规律研究.天然气工业,16
路中侃等,1993.川东石炭系的勘探新领域.天然气工业,13:7~11
薛良清.1995.层序地层学研究现状、方法与前景.石油勘探开发,22(5)
魏魁生,谈德辉.1988.自然伽马测井相研究.测井技术,(5)
魏魁生,徐怀大等.1997.四川盆地层序地层学研究.石油与天然气地质,(6)
长春地质学院,成都地质学院,武汉地质学院合编.1980.高等学院试用教材.地震勘探原理和方法.北京:地质出版社

雍世和等.1982.测井资料综合解释与数据处理.北京:石油工业出版社
雍世和等.1996.测井数据处理与综合解释.东营:石油大学出版社
戴金星等.1990.中国天然气地质学.北京:石油工业出版社
郝石生等.1995.天然气藏的形成和保存.北京:石油工业出版社
JL 威尔逊著,冯增昭等译.1981.地质历史中的碳酸盐岩.北京:地质出版社
Surdam RC 等著,朱扬明译.1992.有机—无机相互作用和砂岩成岩作用.见:梅博文等译.储层地球化学.西安:西北大学出版社,1~29
LESLIE B. MAGOON 主编,杨瑞召等译.1992.含油气系统——研究现状和方法,北京:地质出版社
KE 彼得斯,JM 莫尔多万著,姜乃煌等译.1995.生物标志化合物指南.北京:石油工业出版社
Ahr W M. 1973. The Carbonate Ramp: An Alternative To The Shelf Model. Trans. Gulf Coast Ass. Geol. Soc. 23, P221~225
Budd D A. 1997. Cenozoic Dolomites Of Carbonate Island: Their Attributes And Origin, Earth-Science Reviews, 42, 1~47
Charles Kerans and Scott W. Tinker. 1997. Sequence Stratigraphy and Characterization of Carbonate Reservoirs, Texas: SEPM
Dunham R J. 1997. Stratigraphic Reefs Versus Ecologic Reefs. Am. Ass. Petrol. Geologists Bull. 54, 1931~1932
Franseen E K. 1993. Sequence Stratigraphy Of Miocene Carbonate Complexes, Lasnegras Area, Southeastern Spain: Implications For Quantification Of Changes In Relative Sea Level In Loucks; American Association Of Petroleum Geologists, (57)
Gregg J M And D F Sibley. 1984. Epigenetic Dolomitation And The Origin Of Xenotopic Dolomite Texture, Jour. Sedi. Petrology, Vol. 54, No. 3, 908~931
Read J F. 1982. Carbonate Platforms Of Passive (Extensional) Continental Margins: Types, Characteristics And Evolution. Tectonophys, 81, 195~212
Read J F. 1985. Carbonate Platform Facies Models. Bull. Am. Ass. Petrol. Geol. 66, 860~878
Jovita B Dominic, David a. Mc Connell. 1994. Journal of structural Geology. Vol. 16, No. 6, 769~779
Longman M M. 1981. A Process Approcach To Recognising Facies Of Reef Complexes. In: European Fossil Reef Models (Ed. By D. F. Toomey) Spec. Publ. Soc. Eoon. Paleont. Miner. 30, 9~40
Liu Huaibo And G K Rigby. 1992. Diagenesis Of The Upper Permian Jian Tianba Reef, Western Hubei, China; Journal Of Sedimentary Petrology. Vol. 62, No. 3, 367~381
L E Watite 1993. Upper Pennsylvanian Seismic Sequences And Facies Of Estern And Southern Horseshoe Atoll Midland Basin, West Texas: American Association Of Retrdeum Geologists, (57)
Miall A D. 1990. Principle Of Sedimentary Basin Analysis. Second Edition Springer-Verlag
Mazzullo S J And Harris P M. 1992. Mesogenetic Dissolution: Its Role In Porosity Development In Carbonate Reservoirs, A A P G, Vol. 76, No. 5
M Scott wilkerson, Donald A. Medwedeff, stephen arshak. 1991. Geomertical modeling of foult-related folods: a pseudo-three-dimensional approach, Journal of structural Geology Vol. 13, No. 7,

801~812

P R Vail. 1988. An Overview Of The Fund Amentias Of Sequence Stratigraphy And Key Definitions SEPM, (42)

P R Vail. 1997. Seismic Stratigraphy And Global Changes Of Sea Level; American Association Of Petroleum Geology, (26)

P R Vail. 1991. The Stratigraphy Signatures Of Tectonics, Ecstasy and Sedimentology-An Overview

P R Vail, Mitchell R M Jr, Todd R G Etal. 1997. Seismic Stratigraphy And Global Changes Of Sea Level AAPG Memoir, (26): 49~212

P A Devijver and J Kittler. 1982. Pattern Recongnition: AStatistical Approach, Prentice Hall

R O Duda and P E Hart. 1973. Pattern Classification and SceneAnalysis, New York, John Wiley & Sons

Sary J F 1992. Sedimentary and Sequence Stratigray of Reefs and Carbonate Platforms. AAPG, (34): 71

Tucker M E, Wright V P. 1990. Carbonate Sedimentology, Blacwell Scientific publications, Oxford, London, 28~69

Tucker F Hentz. 1994. Sequence Stratigrophy Of The Upper Pennsylvanian Cleveland Formation: A Mayor Tight-Gas Sandstone, Western Anadarko Basin, Texas Panhandle. A A P G, Bulletin, 78(4): 569~595

Land Lynton S and Guoqiu Gao. 1991. Diagenetic History of the Arubckele Group, Slick Hills, Southwestern Oklahoma: A Petrographic and Geocheical Summary, and Comparison With the Ellenburger Group, Texas, Oklahoma Geolgical Survey Special Publication, . 103~110

T C K Liang. 1991 Fault-related folding: Tulcumba Ridge, western New England Australia Journal of Earth sciences, (38): 349~355

Seifert W K et al. 1979. Application of biological markers chemisty to petoroleum ecplouation. ioth world petroleum Congress

Ziegler P A. 1989 Evolution of the Arctic-North Atlantic and the western Tethys, AAPG Memoir 43, 100~198

图版说明及图版

图版 I

1. 礁骨架岩；铁山5井684、724。
2. 礁角砾岩，粒间孔被亮晶方解石胶结；铁山5井351、392。
3. 纹层泥晶云岩，垂直溶孔发育；华蓥市涧水沟礁顶。
4. 中—薄层状含燧石条带的生屑泥晶灰岩；华蓥市涧水沟礁长兴组下部。
5. 薄层状硅质灰岩中的丘状层理（中）和洼状层理（右）；石柱冷水溪吴家坪组上部。
6. 南江桥亭大隆组泥质泥晶灰岩中的纹层。
7. 腹足微晶云岩，腹足壳溶解后被白色粒状晶方解石充填；天东53井，礁顶，单偏光。
8. 微晶云岩，可见藻丝状体痕迹，溶解孔中充填细粒状方解石晶体；天东53井礁顶，单偏光。

图版 II

1. 含骨针、放射虫、细小生屑及陆源粉砂的泥质泥晶灰岩；七里21井长兴组3247.0m，单偏光。
2. 含骨针、钙球、放射虫及细小生屑的硅质微晶灰岩；邓1井长兴组3825.0m，单偏光。
3. 含骨针、钙球及细小生屑和泥纹的硅质泥晶灰岩；罐5井长兴组3698.85m，正交偏光。
4. 川东上二叠统碳酸盐岩标准微相 1——泥质灰泥岩微相；石柱冷水溪吴家坪组（P_2^1），单偏光。
5. 川东上二叠统碳酸盐岩标准微相 2——骨针、钙球、生屑灰泥岩微相；石柱冷水溪吴家坪组（P_2^1），单偏光。
6. 川东上二叠统碳酸盐岩标准微相 2——骨针、钙球、生屑粒泥岩微相；石柱冷水溪吴家坪组（P_2^1），单偏光。
7. 川东上二叠统碳酸盐岩标准微相 3——鏇球粒、生屑泥粒岩微相；石柱冷水溪长兴组（P_2^2），单偏光。
8. 川东上二叠统碳酸盐岩标准微相 4——生屑泥粒岩微相；石柱冷水溪吴家坪组（P_2^1），单偏光。

图版 III

1. 川东上二叠统碳酸盐岩标准微相 5——棘屑颗粒岩微相；石柱冷水溪吴家坪组（P_2^1），单偏光。
2. 川东上二叠统碳酸盐岩标准微相 6——生屑砂屑泥粒岩微相；石柱冷水溪长兴组（P_2^2），单偏光。
3. 川东上二叠统碳酸盐岩标准微相 6——生屑砂屑泥粒岩微相；石柱冷水溪长兴组（P_2^2），单偏光。
4. 川东上二叠统碳酸盐岩标准微相 6——生屑砂屑泥粒岩微相；石柱冷水溪吴家坪组（P_2^1），单偏光。
5. 川东上二叠统碳酸盐岩标准微相 7——含生屑粉砂质泥岩微相；石柱冷水溪长兴组（P_2^2），单偏光。
6. 云化硅质岩；石柱冷水溪吴家坪组（P_2^1），正交偏光。
7. 生屑泥粒岩、颗粒岩（生屑灰岩），填隙物被选择性溶解后充填亮晶方解石；石柱冷水溪长兴组(P_2^2),单偏光。

8. 不等粒晶白云岩,有多量棘屑幻影,结构特征显示原岩为棘屑泥粒灰岩;天东53井-56,单偏光。

图版Ⅳ

1. 生屑(棘屑、腕足壳、藻屑)泥粒灰岩中的白云岩化,泥晶白云石最先以拟组构方式交代灰泥,较晚形成的细晶白云石沿缝合线分布,白云石还切割了现充填着方解石的早期裂隙(A);天东53井,4355m,单偏光。

2. 细晶白云岩,白云石晶形较好,原生结构基本消失,晶间孔和溶孔比较发育;天东53井,4357m,单偏光。

3. 生屑灰岩溶孔中胶结序列:(1)放射轴状胶结物(A);(2)环边白云石胶结物(B)在交代前者底质上生长,其外缘晶形好、明亮;(3)块状方解石胶结物(C),环边状白云石胶结物和块状方解石之间有沥青浸入;另有一期晚期裂隙已被方解石充填(D);天东53井,4349m,单偏光。

4. 粉一细晶白云岩晚期溶孔中环边白云石胶结物(A)和白色亮晶白云石胶结物(B),最后由块状方解石(染成红色)充填,图片右边有晶间孔;板东53井,4355m,单偏光。

5. 灰岩中梨形藻铸模溶孔中鞍状白云石胶结物,其晚期遭受溶蚀后被沥青充填,沥青充填在鞍状白云石解理缝中和晚期溶孔中(A);老龙洞5,黄色铸体薄片,单偏光。

6. 微一粉晶白云岩,溶孔中有环边白云石胶结物和晚期块状方解石胶结物,天东10井,448,单偏光。

7. 图版Ⅵ-6同视域阴极发光照片,粉晶白云石和环边白云石同为橙红色,环边白云石胶结物外缘有桔红色发光边,晚期方解石胶结物不发暗红色光;天东10井,448。

8. 图版Ⅵ-6中部视域稍放大荧光照片,粉晶白云石中有颗粒幻影处发强绿黄色荧光,其它处发光不均匀,环边白云石胶结物发黄绿色光,有的地方见环带状结构,晚期方解石胶结物不发荧光;天东10井,448,蓝光激发。

图版Ⅴ

1. 照片左侧是造礁生物纤维海绵和早期纤状方解石被微晶白云石拟组构交代,右侧是孔隙发育的细晶白云石,含较多沥青;天东5井,709,单偏光。

2. 图版Ⅴ-1同视域阴极发光照片,被微晶白云石交代的海绵骨骼发亮橙黄色光,被微晶白云石交代的原灰泥充填的沟道发暗橙红色光,图片左上侧为一原生孔隙,纤状胶结物被微晶白云石交代后发暗橙红色光,其边缘有亮橙黄色边(A),孔隙中心的晶粒白云石与图片右侧细晶白云石均发桔红色光。

3. 不等粒细晶夹微晶白云岩,可见颗粒之幻影,细晶白云石以晶面镶嵌接触为主,孔隙不发育;天东10井,450,单偏光。

4. 图版Ⅴ-3同视域荧光照片,整个颗粒或颗粒边缘的以拟组构方式交代的泥—微晶白云石发强黄色荧光;天东10井,450,蓝光激发。

5. 晶粒白云岩溶孔中的自生伊利石;铁山14井,3192.15m,正交偏光。

6. 礁骨架岩的裂缝中充填的陆源粉砂及泥质;铁山14井,3194.38m,正交偏光。

7. 多孔细晶白云岩部分孔隙中充填的连晶方解石;黄龙1井,40,铸体薄片,正交偏光。

8. 多孔细晶白云岩溶孔中充填的亮晶方解石,具应力双晶纹;黄龙1井,156,铸体薄片,正交偏光。

图版Ⅵ

1. 细晶白云岩溶孔中的自生石英；七里 8 井，47，单偏光。
2. 细晶白云岩溶孔中的自生萤石及萤石溶解形成的港湾状弧形边的溶孔；天东 2 井，45，铸体薄片，单偏光。
3. 细晶白云岩中的两期溶解孔缝，前期的充填沥青，后期的切割前期裂缝，内无充填物；温泉 3 井，39，铸体薄片，单偏光。
4. 中晶白云岩中的两类溶孔，晶间溶孔细小且大多被沥青充填，晶粒溶孔内无沥青充填；温泉 3 井，28，铸体薄片，单偏光。
5. 细晶白云岩中的两类溶孔，右边为细小晶间溶孔，且被沥青充填，左边晶间溶孔粗大，内无沥青充填；黄龙 1 井，41，铸体薄片，单偏光。
6. 细晶白云岩，晶间溶孔及晶粒溶孔发育，残余生屑多为棘屑、腕足屑（染为淡粉红色）；板东 4 井，41，黄色铸体薄片，单偏光。
7. 云质生屑泥粒灰岩溶孔边缘的白云石环边胶结物晶粒被溶蚀后充填的沥青及粒状晶方解石，沥青有弧形边缘，白云石晶粒间有少量细小空孔；板东 4 井，12，黄色铸体薄片，单偏光。
8. 云质生屑灰岩中被块状晶方解石充填的溶孔，沥青在孔缘白云石胶结物环边和块状晶方解石胶结物间形成薄环带；板东 4 井，4，单偏光。

图版Ⅶ

1. 白云岩，晚期溶孔中有沥青；川中广 3 井，3367m，C，X50，单偏光。
2. 铸体片岩溶残余颗粒白云岩，晚期白云石溶蚀及孔壁冲填的沥青；卧 116 井，C，144－7，X100，单偏光。
3. 晶粒白云岩，晚期溶孔内充填沥青；川东云和 1 井，4765.86m，C，X80。
4. 铸体片岩溶残余颗粒白云岩，晚期白云石溶蚀及孔壁冲填的沥青；卧 116 井，C，144－7，X100，单偏光。
5. 泥粉晶白云岩缝合线中充填的沥青及泥质；张 3 井，C，X33。
6. 角砾藻砂屑白云岩，不规则溶孔充填沥青；卧 44 井，268，C，X25。
7. 砂屑白云岩溶孔壁充填沥青；广参 2 井，4936.5m，C，X80。
8. 藻白云岩孔隙充填沥青；池 11 井，3132m，C，X25。

图版Ⅷ

1. 86—D412 测线的 DCI 剖面。
2. 南门场 86—D404 测线的 DCI 剖面。

图版 I

图版 Ⅱ

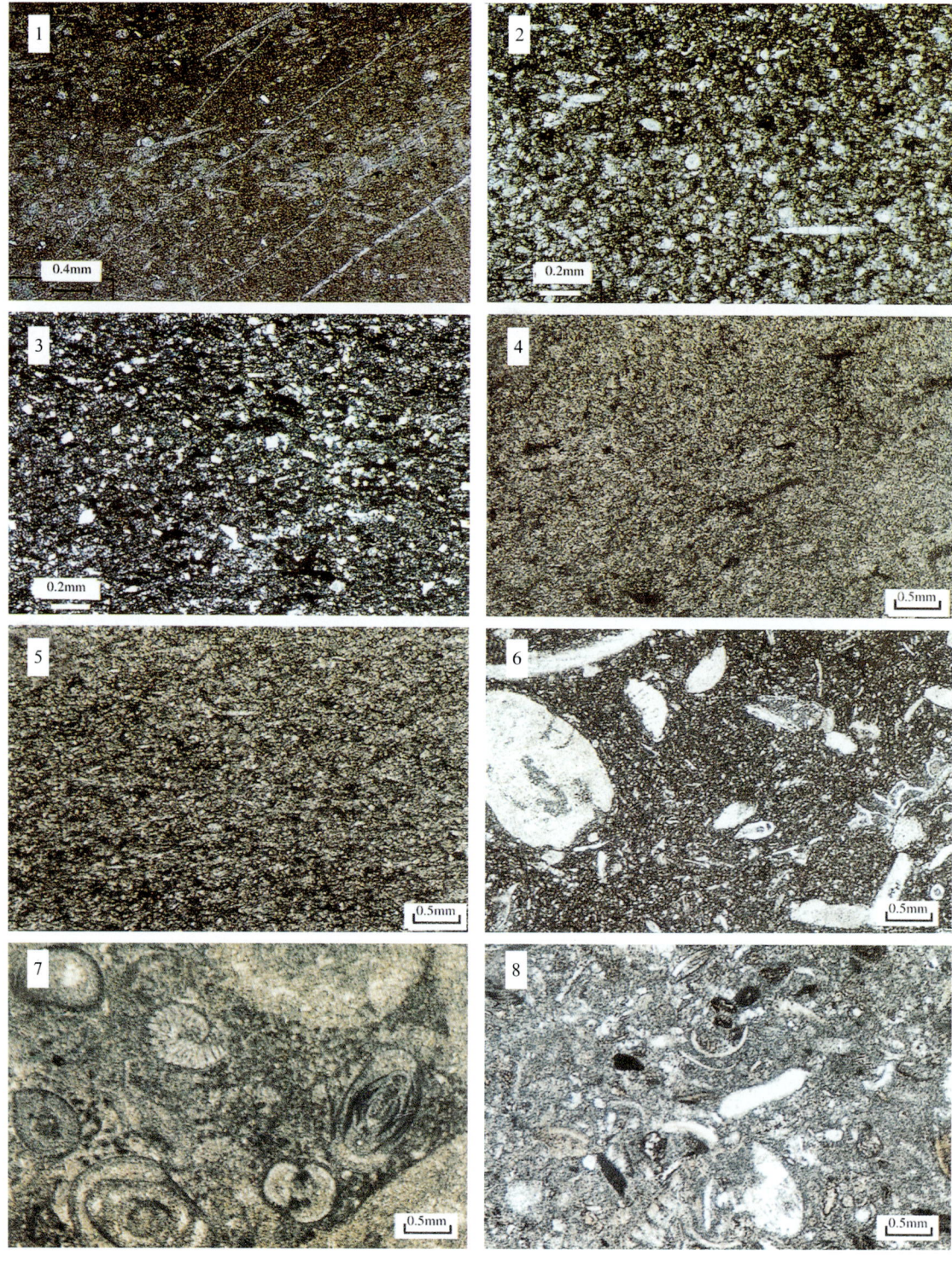

图版 Ⅲ

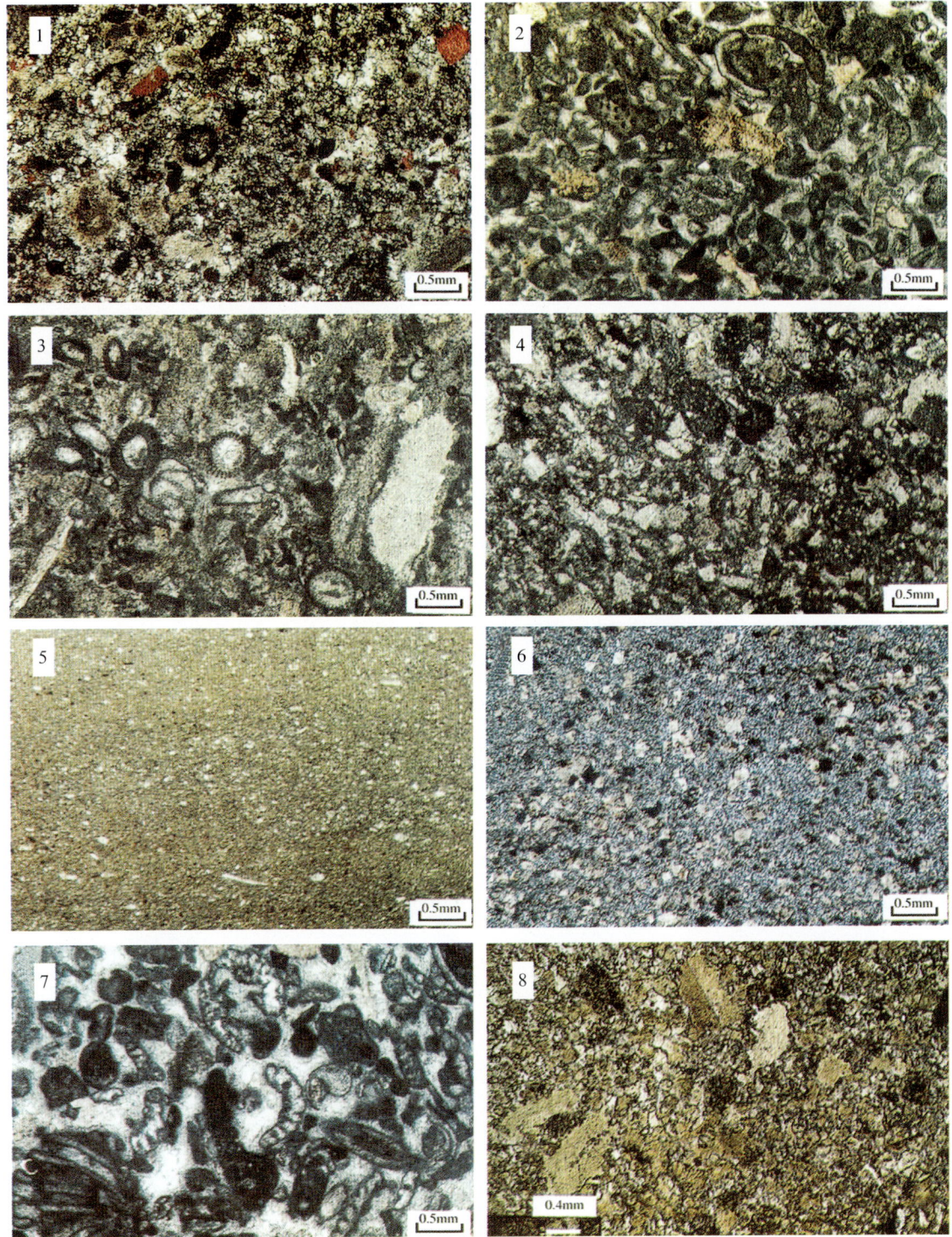

图版 IV

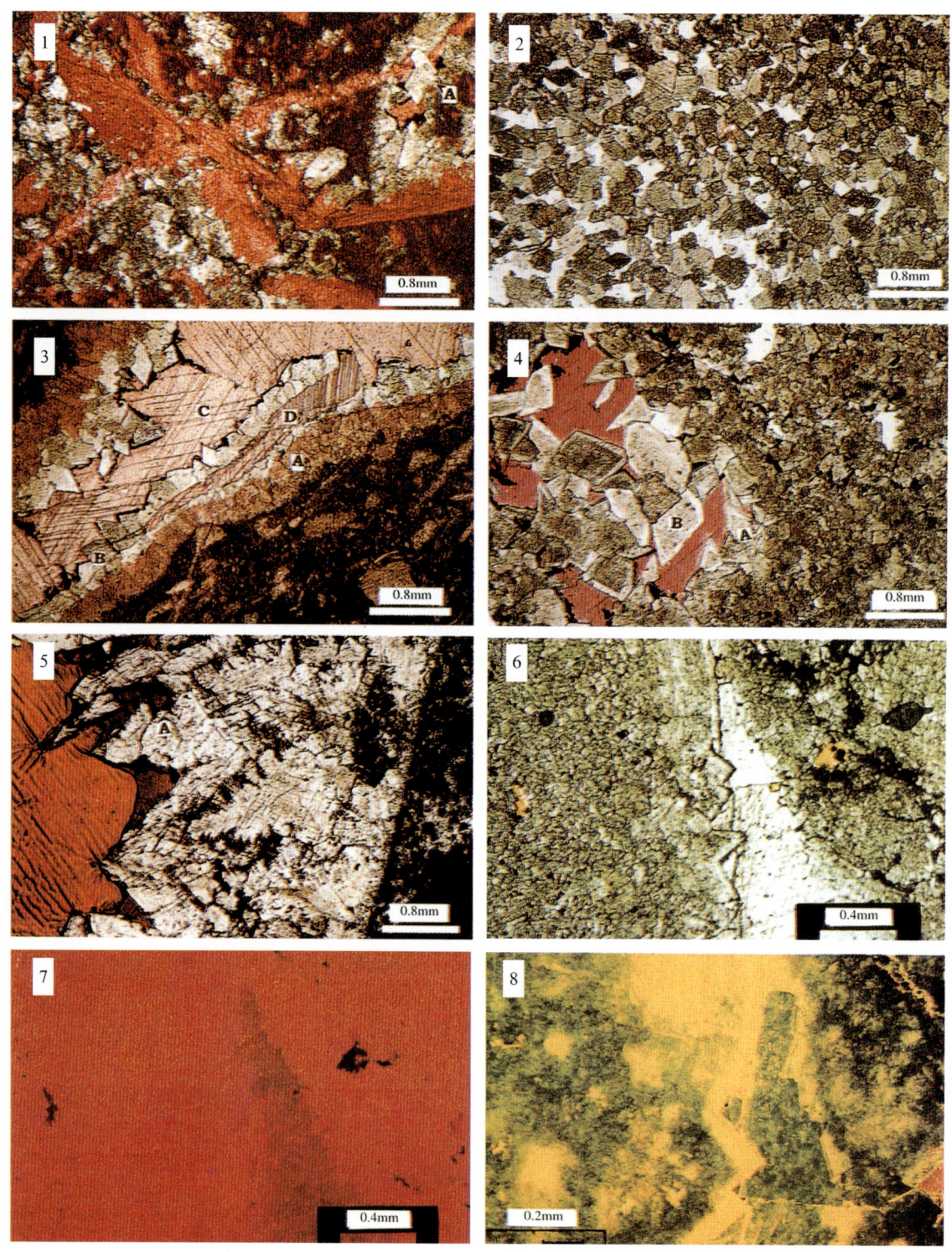

图版 V

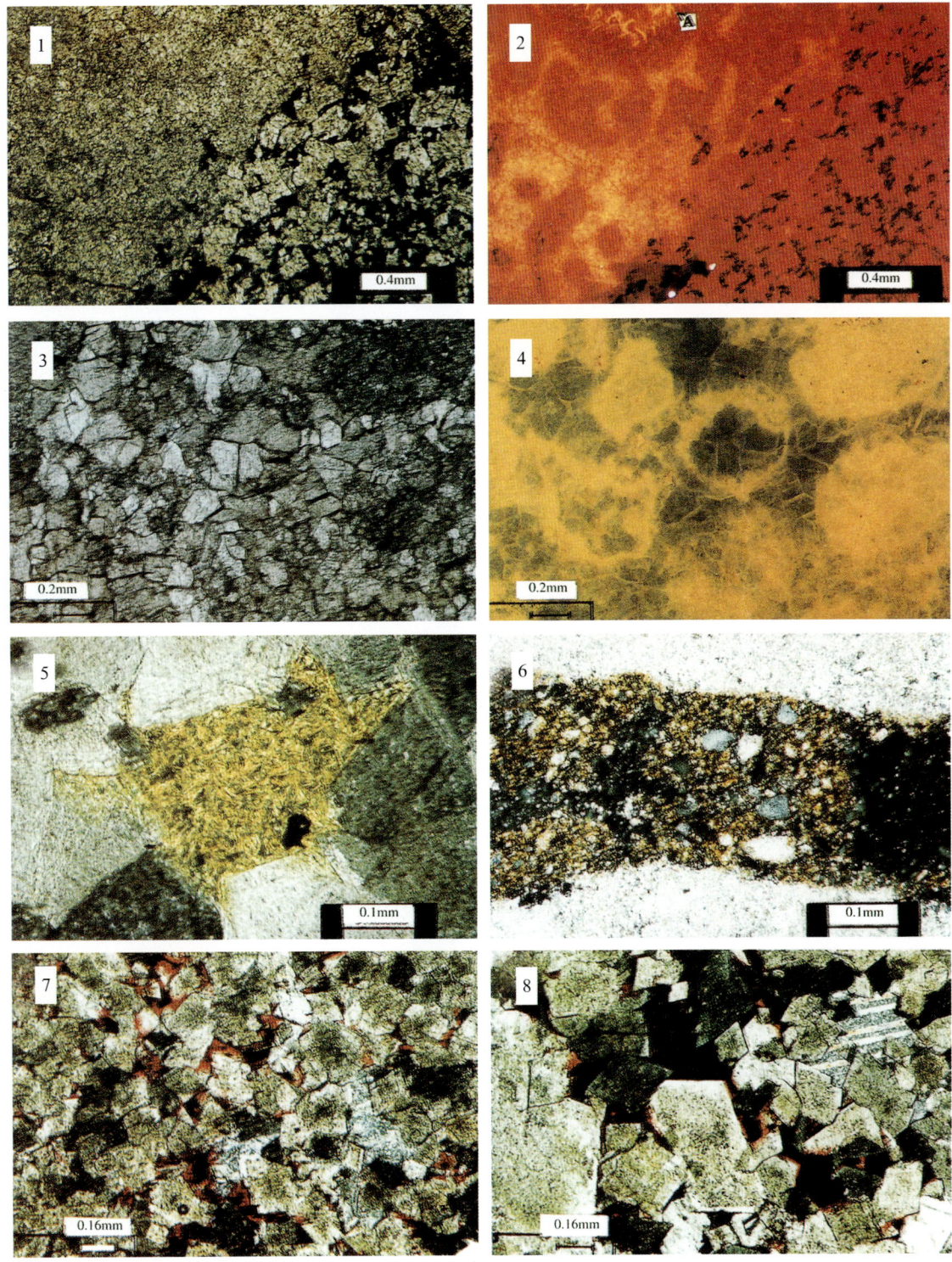

图版 VI

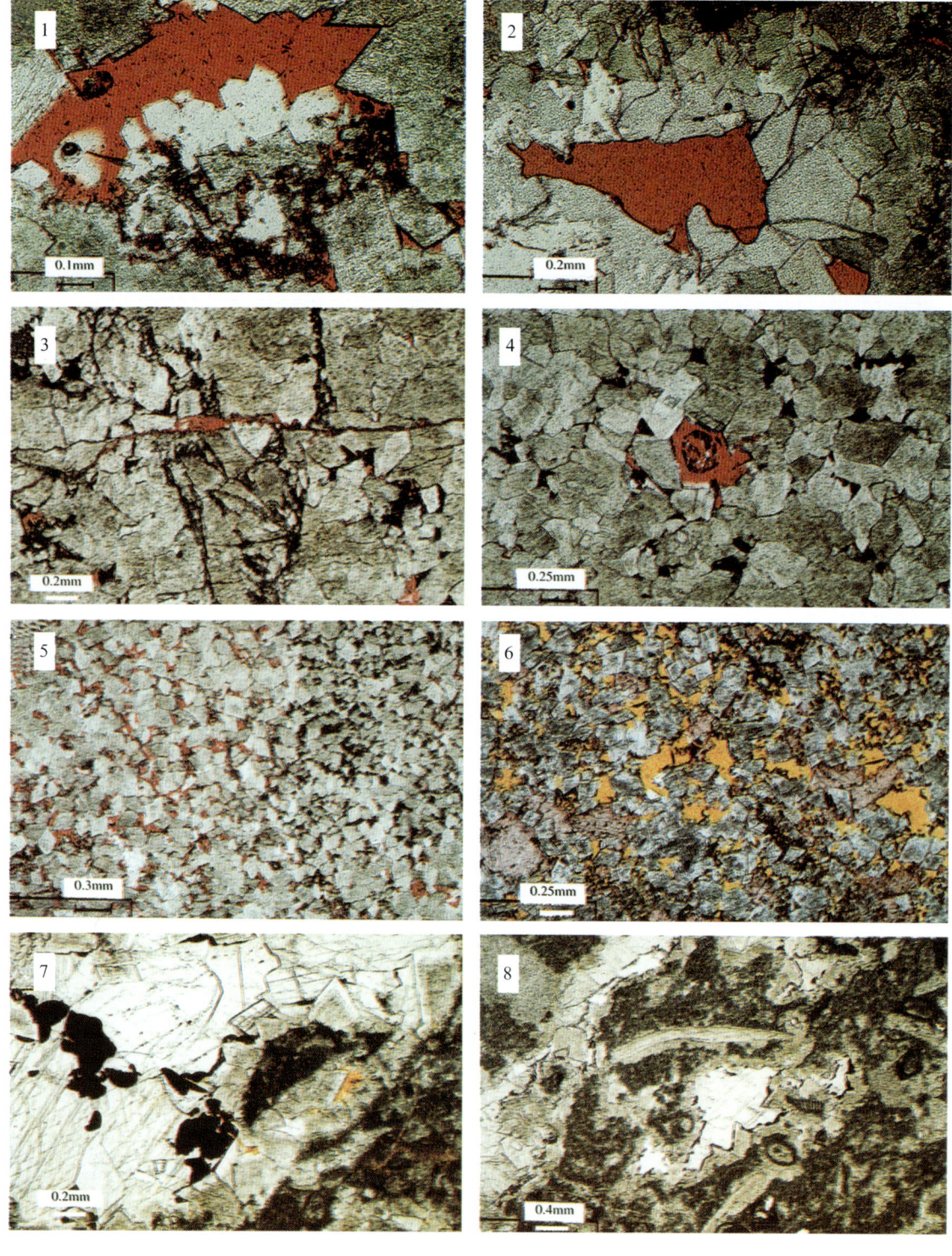

图版VII

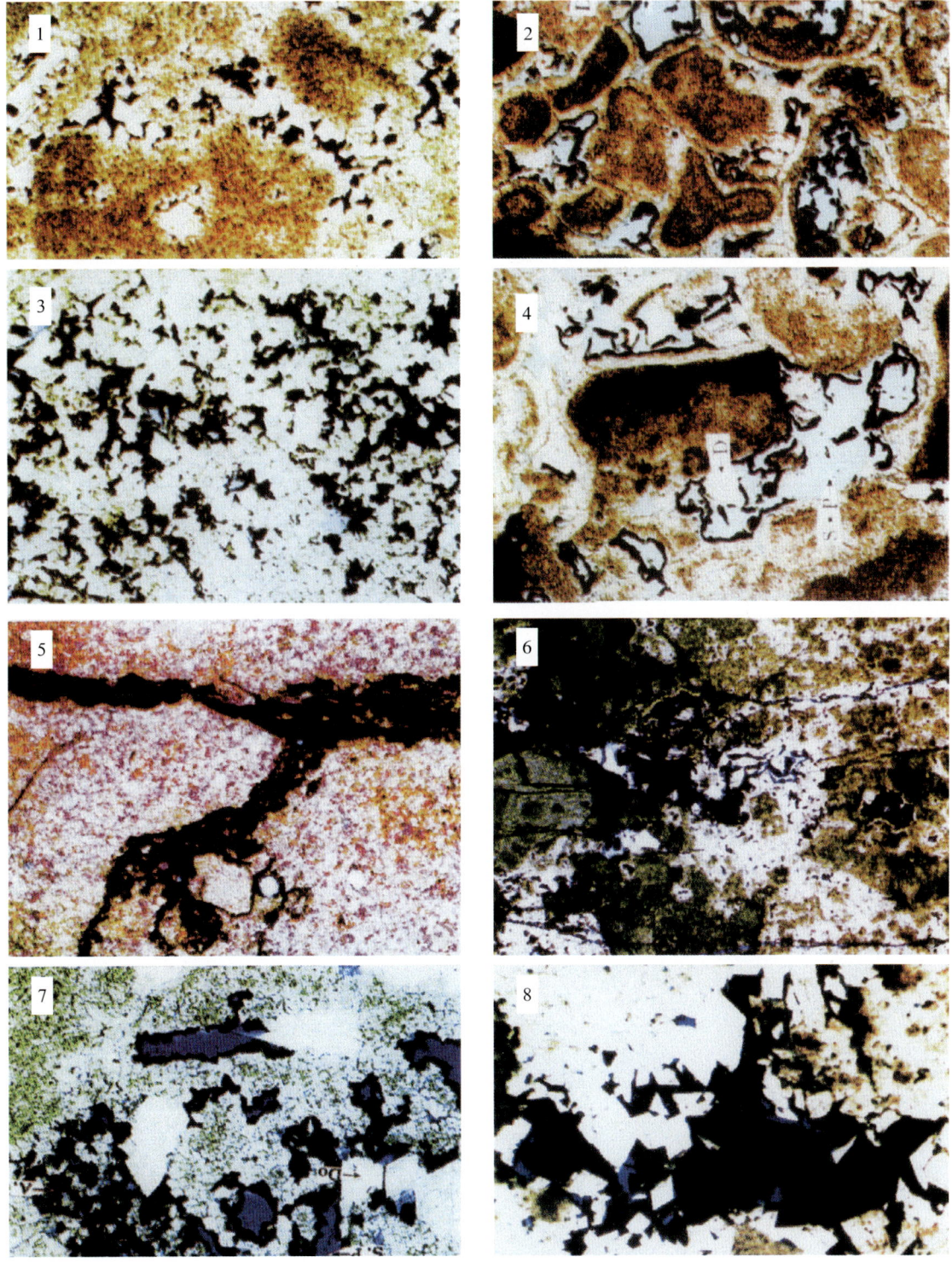

图版 VIII

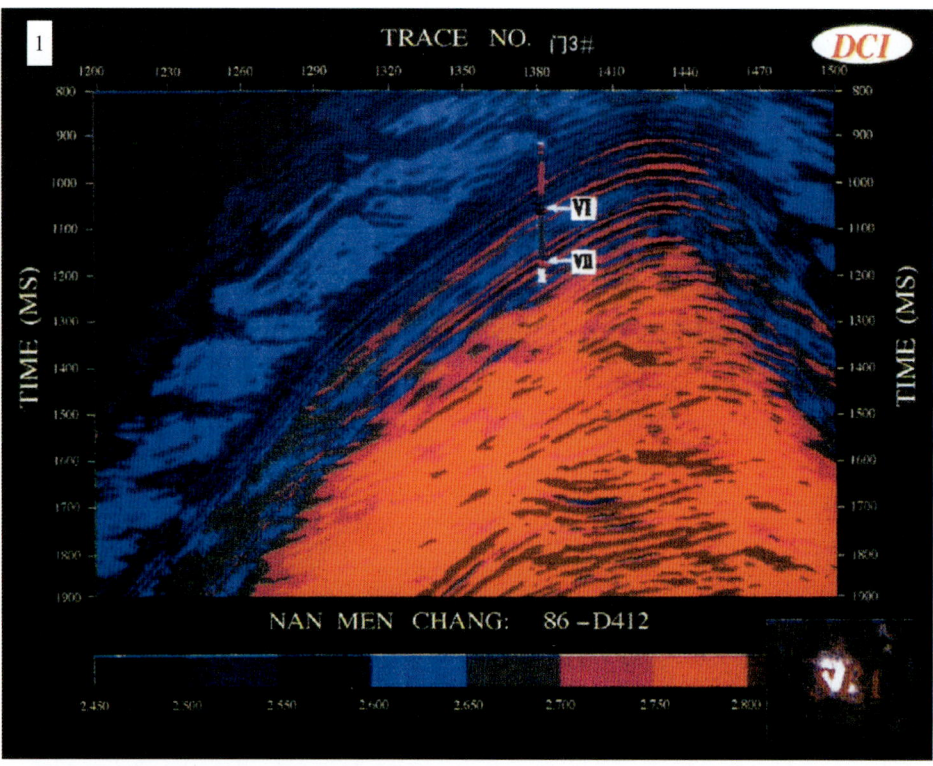

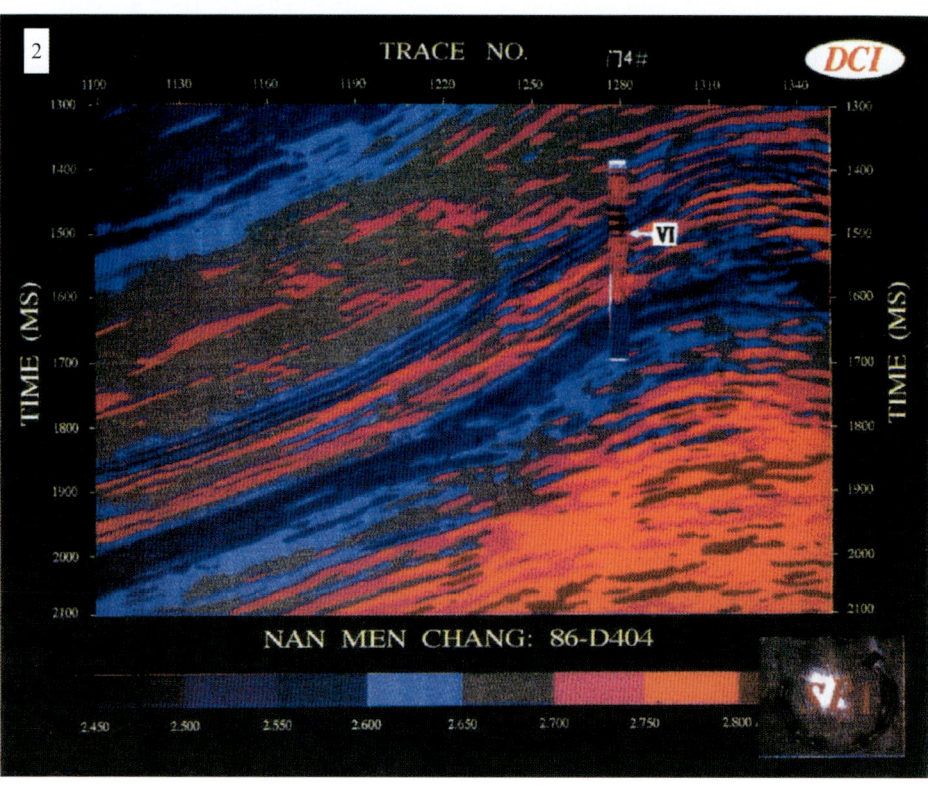